AF558839

Ulf Kaack

Die Marineflieger der Bundeswehr

Piloten und ihre Maschinen

Ulf Kaack

Die Marineflieger der Bundeswehr

Piloten und ihre Maschinen

Seite 122
Bristol B 171 Sycamore Mk 52
Seite 130
Saunders-Roe Skeeter Mk 51
Sikorsky H-34G
Seite 136
Westland Sea King Mk 41
Seite 152
Seite 168
Westland Sea Lynx Mk 88A
Seite 184
Hawker Sea Hawk
Seite 198
Fouga CM 170 Magister
Lockheed F-104G Starfighter
Seite 206
Panavia PA-200 Tornado
Seite 224

Kapitän zur See Matthias Potthoff, Kommandeur Marinefliegerkommando.

Verehrte Leserin, verehrter Leser,

mit dem vorliegenden Buchexemplar finden Sie die Fortsetzung und Ergänzung zur langen Geschichte der Marineflieger. Sie hat sich von Beginn der bemannten und gesteuerten Luftfahrt mit- und ebenso rasant weiterentwickelt. Die Marineflieger trotzen dabei neben dem Element Luft in besonderer Weise weiteren oft widrigen Elementen, wie der See, aber auch der materialzermürbenden, salzhaltigen Umgebung, Stürmen und anderen Wetterphänomenen.

Gleichzeitig gilt es, unterschiedlichste Aufgaben zu bewältigen – mit Blick über den Horizont, über See, auf See und unter See. Vieles ist in dieser besonderen Art des Fliegens einzigartig.

Die Marinefliegerei besteht seit über 100 Jahren und das erfüllt uns mit großem Stolz – nicht nur wegen der zahlreichen bewältigten und zu bewältigenden Herausforderungen, sondern auch, weil wir heute eingebunden sind in Demokratie und freiheitliche Grundordnung. Oft leisten wir einen von außen wenig sichtbaren, aber dennoch erheblichen maritimen Beitrag für die Sicherheit und die Interessen Deutschlands auch fernab der Heimat. Wir blicken zurück auf eine höchst ereignisreiche Historie.

Während des Ersten Weltkriegs machte die technische Entwicklung in der Seefliegerei einen gewaltigen Sprung nach vorn.

Mit dem Ende des Ersten Weltkriegs war ab 1918 die Fliegerei in Deutschland grundsätzlich untersagt. So nahmen auch die Anfänge des maritimen Fliegens zunächst ein jähes Ende.

Als sie schließlich in den 30er-Jahren des letzten Jahrhunderts wieder erlaubt war und besonders im militärischen Bereich – zuvor schon auch außerhalb Deutschlands – eine rasante, wenn auch unheilvolle Entwicklung nahm, spielten die Marineflieger keine tragende Rolle. Die in die Flotte eingebundene eigentümliche Seefliegerei wurde, wenn überhaupt, seitens der Luftwaffe organisiert und realisiert.

Nach dem Zweiten Weltkrieg stellte sich die Marinefliegerei im ureigenen Wortsinne praktisch erst wieder 1958 auf. Die damalige Marine Dienst- und Seenotgruppe in Kiel-Holtenau, das spätere Marinefliegergeschwader 5, erhielt die ersten in Dienst gestellten Pembrokes und Sycamores. Vieles wirkte seinerzeit improvisiert – und war es auch. Praktisch aus dem Nichts mussten die fliegenden Seestreitkräfte neu entwickelt werden. Und das gelang, manchmal auf Umwegen, aus heutiger Sicht hervorragend und in bestechend kurzer Zeit.

Die Entwicklung stellte die Marineflieger und ihre Führung in der Folge immer wieder vor neue Herausforderungen und Zäsuren:
Neben den enormen Sprüngen der Technologien in den frühen Jahren waren dies vor allem die massive Starfighter-Krise, die Wiedervereinigung und die damit verbundene Umgliederung der ehemaligen Bundesmarine und der ehemaligen Volksmarine zur nun Deutschen Marine, die Verschiebung der Bündnisgrenzen, weltweite Auslandseinsätze, aber auch die Bundeswehrreform.

Die sogenannte Friedensdividende der 90er-Jahre griff Raum, das zwischenzeitliche Tauwetter der Blockkonfrontationen und die zunächst notwendige Konzentration auf das eigene geeinte Deutschland verschoben In-

Ab 1938 war die Arado Ar 196 das Standard-Bordflugzeug bei der Kriegsmarine. Sie wurde mittels Katapult gestartet. Das fliegende Personal stellte allerdings die Luftwaffe.

teressen und Wahrnehmungen. Die Folge in den nachfolgenden zwei Jahrzehnten waren schmerzliche Einbußen bei Finanzierung und Schlagkraft, letztlich bei den Fähigkeiten der maritimen fliegenden Komponente der Bundeswehr.

Prägend fand dies Ausdruck in der Außerdienststellung der beiden Jet-Geschwader der Marine und Übergabe der Luftfahrzeuge mit deren Aufgaben an die Luftwaffe. Festzuhalten ist jedoch auch, dass deren Fähigkeiten mit den aktuellen Rahmenbedingungen nicht mehr „1:1" notwendig sind. Zwar sind in diesen Tagen Aufgaben und Erfordernisse gerade auch für die Landes- und Bündnisverteidigung wieder stärker im Fokus, aber Technologien, Strukturen, Gesellschaften und Grenzen in Europa und im Nordatlantischen Bündnis haben sich erheblich verschoben.

Es gilt, zukunftsfähige Antworten zu finden. Wir Marineflieger stellen uns dieser Aufgabe, wir gestalten im Gesamtansatz der Bundeswehr aktiv mit:

Mit der aktuell politisch angezeigten Trendwende für die Bundeswehr und den eingeleiteten Maßnahmen werden die Marineflieger in den kommenden Jahren ihre Fähigkeiten erheblich verändern. Absehbar moderat wachsend, werden die Marineflieger erheblich moderner und sich nachhaltig aufstellen.

- Die inzwischen etwa 50 Jahre alten Sea King Mk 41 werden ab 2019 durch modernste Hubschrauber des Typs NATO Transport-Hubschrauber Sea Lion ersetzt,

Der erste Drehflügler in der deutschen Marinefliegerei war der antriebslose Tragschrauber Focke-Achgelis Fa 330 Bachstelze, der von U-Booten zu Beobachtungszwecken geschleppt wurde.

Mit dem Starfighter hatten die Marineflieger endlich ein schlagkräftiges Waffensystem. Hier ein angehender Flugzeugführer während eines medizinischen Belastungschecks.

die weit mehr als „nur" Transport sicherstellen können.

- Mit den aktuellen Einsätzen zeigte sich, dass auch die Nutzung von unbemannten fliegenden Systemen von Bord der Schiffe sinnvoll sein wird. Die Deutsche Marine wird zeitnah erste größere unbemannte Rotorsysteme für den Bordflugbetrieb auf Korvetten erhalten.

Ohne das technische Personal am Boden läuft im Geschwader nichts.

- Mitte des nächsten Jahrzehnts werden die Bordhubschrauber Sea Lynx Mk 88A ersetzt werden, entsprechende Schritte sind eingeleitet.

- Unsere U-Boot-Jagd- und Seefernaufklärer P-3C Orion werden zurzeit grundlegend modernisiert. Nach Abschluss werden sie auf dem technologisch modernsten Stand sein. Gleichzeitig sind auch hier erste Schritte vollzogen, um sie zum Ende der nächsten Dekade durch Nachfolger zu ersetzen.

- Auch für die beiden im Auftrag des Verkehrsministeriums von den Marinefliegern betriebenen und eingesetzten Umweltüberwachungsflugzeuge Dornier DO 228 hat der Generationswechsel begonnen, einschließlich hoch spezialisierter Ausrüstungspakete.

Die Marineflieger werden also auch weiterhin den wahrzunehmenden Aufträgen der – weltweiten – Seekriegführung aus der Luft gegen mögliche Überwasser- und Unterwasserziele, der Seefernaufklärung, der maritimen Umweltüberwachung sowie des seit 60 Jahren durchgeführten Such- und Rettungsdienstes über See gerecht werden!

Die Deutsche Marine ist tief in ihrer Tradition verwurzelt. Die jüngst geführten, teils heftigen Diskussionen in der Öffentlichkeit, der Politik und natürlich auch in den Streitkräften sind sicherlich noch nicht beendet. Aber gerade dies zeichnet auch uns Marineflieger aus: Eine solche Debatte kann und muss in einer Demokratie geführt werden können. Im Zweifel auch nach dem unlängst durch die Bundeswehr selbst veröffentlichten Motto: „Wir sind dafür da, dass Sie gegen uns sein können".

Ich denke, wir Marineflieger brauchen uns für unsere Leistungen, gerade auch seit 1958, überhaupt nicht zu verstecken.

Mit diesem Buch erhalten Sie inhaltlich detaillierte Porträts von allen Luftfahrzeugen der Marineflieger seit Gründung der Bundeswehr. Besonderen Wert erhält dieses Werk jedoch durch die Erzählungen einzelner Personen, wie Offiziere, Experten, Zeitzeugen – Menschen also, die etwas erlebt und so manche Anekdote oder dramatische Story zu erzählen haben. Allesamt Soldaten, die sich in das Geschichtsbuch der Marine eingeschrieben haben.

Spannende Stunden bei der Lektüre und viel Freude beim Nachschlagen wünscht Ihnen

Ihr
Matthias Potthoff
Kapitän zur See
Kommandeur Marinefliegerkommando

Die aktuelle Luftflotte der Deutschen Marine, wobei die Breguet BR 1150 Atlantic inzwischen außer Dienst gestellt worden ist.

Das Urgestein der Marinefliegerei

Hunting Percival P-66 Pembroke C. Mk 54

Die Pembroke markierte 1958 den Beginn der Marinefliegerei in der zu dieser Zeit im Aufbau befindlichen Bundesmarine.

Das zweimotorige Flugzeug gehört zur Erstausstattung in der Gründungszeit und war das erste Baumuster überhaupt, das für die Seestreitkräfte geradezu sprichwörtlich an den Start ging.

Offiziell begann der Aufbau der Bundeswehr am 12. November 1955. Ein knappes Jahr später, am 24. September 1956, flogen erstmals Flugzeuge der Luftwaffe mit den neuen deutschen Hoheitsabzeichen. Das Bundesverteidigungsministerium orderte im Januar 1957 insgesamt 33 Maschinen vom Typ Pembroke beim britischen Hersteller Hunting Percival Aircraft in Luton, von denen sechs ab dem 16. März 1958 bis zum Jahresende an die Bundesmarine ausgeliefert wurden. Alle Pembrokes der Bundeswehr trugen das Kürzel C.54 hinter der Typenbezeichnung.

In der Truppe wurde sie von allen, die mit ihr zu tun hatten, als die „gutmütige Pem" bezeichnet. „Sie hatte angenehm ausgewogene Flugeigenschaften, war robust und zuverlässig", sagt Wilhelm Schlobinski. Und der muss es wissen, hat er doch in gut 14 Jahren insgesamt 3250 Flugstunden auf der Pembroke absolviert. „Man kann ihren Charakter im weitesten Sinn mit dem der ‚Tante Ju', dem legendären Transportflugzeug Junkers Ju 52, vergleichen. Natürlich waren die Kameraden mit den Jets und den Helikoptern weitaus spektakulärer unterwegs und wurden in der Öffentlichkeit ganz anders wahrgenommen. Aber ich habe die ‚Pem' immer sehr gern geflogen und auch bei den Crews war sie außerordentlich beliebt."

Als Wilhelm Schlobinski am 19. Mai 1958 seinen ersten Flug mit der Percival P-66 Pembroke von Kiel-Holtenau nach Köln-Wahn absolvierte, galt er bei den erst zwei Jahre alten Marinefliegern bereits als alter Hase. Der damalige Oberbootsmann gehört dem Jahrgang 1923 an, wuchs im Lipperland in Nordrhein-Westfalen auf. In der Flieger-

Zeitgenössische Anzeige, mit der sich Hunting Percival Aircraft um zivile und militärische Abnehmer für die Pembroke bemühte.

HJ durchlief er die Segelfliegerausbildung, machte den A-, B- und C-Schein. „Wie so viele Jugendliche damals, wollte ich unbedingt Pilot bei der Luftwaffe werden und meldete mich freiwillig als Längerdienender beim fliegenden Personal, wie es seinerzeit hieß", blickt der Fliegerveteran zurück. Er absolvierte alle Eignungsprüfungen erfolgreich und wurde von den Luftstreitkräften der Wehrmacht angenommen.

Der damals 20-Jährige beendete 1943 die fliegerische Ausbildung in Böblingen bei Stuttgart und besuchte anschließend die Blindflugschule im schlesischen Lüben. Doch statt nun in den Kampfeinsatz an der Front zu kommen, kümmerte er sich fortan als Fluglehrer um den fliegerischen Nachwuchs. Eine Situation, mit der Wilhelm Schlobinski, damals im Rang eines Feldwebels, nicht sehr glücklich war.

Ausbildung auf der Me 109

„Dem damaligen Zeitgeist folgend war ich natürlich scharf darauf, ein Ritterkreuz am Hals zu tragen, wollte an die Front und kämpfen", erzählt er von seiner damaligen Denke. „Ich meldete mich zur Reichsverteidigung in der Hoffnung, gegen die alliierten Bomberströme zum Einsatz zu kommen. Das klappte zunächst und ich wurde auf den Jäger Messerschmitt Bf 109 umgeschult, kam dann bis Kriegsende aber wiederum als Fluglehrer zum Einsatz."

Fliegerveteran Wilhelm Schlobinski blättert in seinem Flugbuch, in dem er alle Starts und Landungen sorgfältig dokumentiert hat. Da werden Erinnerungen wach.

Die Pembroke mit der Kennung SC 301 – exakt die Maschine, mit der Oberbootsmann Schlobinski am 10. Mai 1960 bei Eckernförde notlanden musste.

Dass ihm das wahrscheinlich das Leben gerettet hat, ist ihm heute klar. Allerdings hat Wilhelm Schlobinski kurz vor der deutschen Kapitulation noch einen scharfen Angriff geflogen. Und zwar kurioserweise auf Berlin. Mit der Me 109 warf er vier 50-Kilo-Bomben, die unter den Tragflächen montiert waren, auf die von der Roten Armee besetzten Stadtteile der Reichshauptstadt ab.

Er geriet im Mai 1945 in englische Kriegsgefangenschaft, war aber bereits nach sechs Wochen wieder zu Hause und arbeitete in seinem erlernten Beruf als Werkzeugmacher. Am 1. Oktober 1957 trat er in Cuxhaven in den Dienst der Bundesmarine. Wieder gab es Lehrgänge und Schulungen zu absolvieren. Oberwiesenfeld, Wunstorf und Uetersen waren seine Stationen. Geflogen wurden dort die Ausbildungsflugzeuge Piper L-18C Supercup und Piaggio P-149D.

Mit dem Aufstellungsbefehl Nr. 73 vom 4. Januar 1958 wurde der Aufbau einer Marine-Seenotstaffel angeordnet. Nachdem im März 1958 die Verbindungs-und Transportflugzeuge Pembroke und im Juni 1958 die ersten vier Sycamore-Helikopter in Kiel-Holtenau stationiert waren, wurde die Staffel am 1. Juli 1958 offiziell in Dienst gestellt. Nach Zulauf von sechs Dornier Do 27, zwei Piaggio P-149D und fünf Albatross-Flugbooten im Frühjahr 1959 erhielt die Einheit am 19. Juli 1959 die Bezeichnung Marine Dienst- und Seenotgruppe. Die SAR-Luftfahrzeuge Sycamore und Albatross bildeten dabei die 1. Staffel, die Transport- und Verbindungsflugzeuge die 2. Staffel. Nach der Umbenennung in Marine-Dienst- und Seenotgeschwader im Oktober 1961 erfolgte am 25. Oktober 1963 schließlich die Benennung in Marinefliegergeschwader 5.

Als Wilhelm Schlobinski im Herbst 1958 seinen Dienst in Kiel-Holtenau antrat, stieg er, bildlich gesprochen, direkt ins Cockpit der Pembroke ein. „Die Pem war das Mädchen für alles", sagt der Veteran. „Sie war Transporter und Verbindungsflugzeug, wurde in der Ausbildung und als Aufklärer eingesetzt, außerdem für Vermessungsarbeiten und Krankentransporte. Ab Werk wurde die Maschine in der Farbgebung Alusilber angeliefert. Zu Beginn der 60er-Jahre erhielt sie den Standardtarnanstrich der Bundeswehr. Hinzu kamen die Aufschrift Marine am Leitwerk sowie der geflügelte Anker vor der Kennung."

In ganz Europa war er mit der Pembroke unterwegs. Oftmals galt es, hochrangige Stabsoffiziere zu den Ministerien oder zu NATO-Stellen zu fliegen. Wilhelm Schlobinski brachte eine dringend benötigte Austauschpumpe nach Gran Canaria zum Schulschiff „Deutschland": „Drei Tankstopps mussten wir einlegen und mit zwei Besatzungen fliegen", erinnert er sich, oder an einen Flug nach Lissabon, wo er weiße Uniformen für die Besatzung der „Gorch Fock" ablieferte. „Auch Polit-Prominenz hatten wir an Bord, den späteren Bundeskanzler Helmut

Für seine Verdienste als Fluglehrer wurde Wilhelm Schlobinski 1968 mit dem Bundesverdienstkreuz ausgezeichnet.

Startvorbereitungen auf dem Fliegerhorst Kiel-Holtenau.

Schmidt oder verschiedene Verteidigungsminister beispielsweise."

Natürlich kam der erfahrene Pilot erneut als Fluglehrer zum Einsatz. Ein Ausbildungsflug ist ihm bis heute in Erinnerung. Und zwar am 10. Mai 1960, als er mit seiner brennenden Pembroke mit der Kennung 54+08 durch eine fliegerische Glanzleistung eine spektakuläre Notlandung hinlegte.

Mayday – Mayday – Mayday

„Es war ein Routineflug über der Ostsee, Navigationsausbildung stand auf dem Dienstplan", blickt der damalige Oberbootsmann zurück. „Ich flog den Vogel, neben mir trainierten Navigation-Unteroffiziere den Umgang mit einem neuartigen Decca-Gerät, einem bodengestützten Navigationssystem. Ein Kopilot war darum nicht an Bord und das Steuerhorn deswegen ausgebaut. Wir waren über der Eckernförder Bucht in einer Höhe von etwa 300 Metern mit einer Geschwindigkeit von 300 Stundenkilometern unterwegs und machten uns bereits auf den Rückweg, als es plötzlich laut krachte und ich Flammen sah. Der linke Motor war explodiert."

Augenblicklich blieb der Motor stehen und die Pembroke brach nach links aus. Wilhelm Schlobinski gab geistesgegenwärtig, wie zuvor in Notfallsimulationen vielfach trainiert, Gegenseitenruder rechts. Sofort stellte er die Zündung ab und schloss den Benzinhahn. Ein wichtiger Handgriff, denn bei der sich abzeichnenden Notlandung hätte sich durch entstehenden Funkenflug schnell weiterer Treibstoff entzünden und eine Explosion verursachen können. Er versuchte den Propeller in Segelstellung zu positionieren, was aber wegen der mechanischen Beschädigungen im Inneren des Motors nicht funktionierte. Fest stand: „Wir mussten sofort runter, es gab keine andere Wahl!"

„Mayday – Mayday – Mayday – This is SC 301 – Left engine on fire - Preparing crashlanding eight miles east of Eckernförde" – so hätte der korrekte Notruf lauten müssen. Damit wären alle zivilen und militärischen Institutionen informiert gewesen, allen voran die SAR-Unterleitstelle in Holtenau, die bei maritimen Luftnotfällen in deutschen Seegebieten die Such- und Rettungsmaßnahmen verantwortlich koordinierte. Wie gesagt: hätte. Denn Wilhelm Schlobinski hatte bei diesem Ausbildungsflug weder einen Copiloten noch einen Mechaniker an seiner Seite. Da er sich völlig auf sich allein gestellt auf das Handling des Luftnotfalls konzentrieren musste, bestand keine Gelegenheit zum Absetzen eines Mayday-Funkspruchs. Jetzt musste alles schnell gehen.

„In diesem Moment war ich vollkommen klar im Kopf", beschreibt er seinen Zustand in jener dramatischen Situation. „Der Körper schüttet so viel Adrenalin aus, dass Panik gar nicht aufkommt und kontrolliertes Reagieren möglich ist. Kameraden, die Vergleichbares erlebt haben, berichteten mir später, dass es ihnen genauso ging."

Die brennende Maschine flog in geringer Höhe und ließ sich nur schwer auf Kurs halten. Eine Notwasserung im kalten Wasser der Ostsee ließ sich zum Glück vermeiden. Es gelang, die Küste zu überqueren und in der Nähe des Dorfes Noer ein blühendes Rapsfeld auszumachen. Das ideale Gelände für eine Notlandung.

Mit etwas höherer Geschwindigkeit als bei einem normalen Landeanflug leitete er das Manöver ein. Die Landeklappen waren halb ausgefahren. Es galt, einen Stall, einen Strömungsabriss an den Tragflächen, zu vermeiden, der zu einem Überschlag hätte führen können. Aus diesem Grund wurde auch das Fahrwerk tunlichst nicht ausgefahren. „Es rumpelte gewaltig im Gebälk, als wir Bodenberührung hatten, die Pem verlor schnell an Fahrt", erinnert sich Wilhelm Schlobinski. „Das hochgewachsene Rapsfeld hat die Fuhre gut gebremst. Die Maschine blieb sogar ganz."

Seine sieben Kameraden verließen den brennenden Trümmerhaufen unversehrt. Doch mussten sie zuvor ihrem Piloten beim Ausstieg aus dem Cockpit behilflich sein. Er hatte während des Fluges, wie es üblich war, seine Schultergurte gelöst. Beim Aufsetzen am Boden presste er sich kräftig in die Schale seines Sitzes und erhielt mehrere starke Schläge in den Rückenbereich. Das brachte ihm Prellungen und einen anschließenden zweitägigen Lazarettaufenthalt ein. Übrigens: Der Notruf wurde anschließend vom Boden aus abgesetzt – mittels Telefon von einem nahegelegenen Bauernhof an den Tower des MFG 5.

Der Absturz machte seinerzeit Schlagzeilen in den Kieler Nachrichten.

Totalverlust nach Notlandung

Flugzeug der Bundesmarine fing Feuer — Besatzung gerettet

Eckernförde (KN): Auf einem Übungsflug geriet am Dienstagvormittag bei Noer an der Eckernförder Bucht der linke Motor eines zweimotorigen Flugzeuges vom Typ „Premboke" der Marine-Dienst- und Seenotgruppe Kiel-Holtenau in Brand. Dem Piloten, einem erfahrenen Flugzeugführer, gelang es, die brennende Maschine notzulanden. Dabei erlitt der Flugzeugführer Prellungen. Dennoch konnten er und die sieben Insassen sich rechtzeitig aus dem Flugzeug retten. Eine Freiwillige Feuerwehr versuchte vergeblich, die Flammen zu löschen. Erst die Feuerwehr der Marine-Dienst- und Seenotgruppe dämmte mit Spezialgeräten den Brand ein. Inzwischen war jedoch, wie das Wehrbereichskommando Kiel mitteilte, das Flugzeug soweit ausgebrannt, daß Totalverlust eintrat. Zur Hilfeleistung waren auch zwei Hubschrauber der Marine-Dienst- und Seenotgruppe an den Unglücksort geflogen.

Kurz nach der Notlandung traf die Freiwillige Feuerwehr aus dem benachbarten Suhrendorf ein. Es gelang ihr jedoch nicht, das Feuer mit ihren konventionellen Mitteln wirksam zu bekämpfen. Erst das zusätzlich alarmierte Expertenteam für Flugzeugbrände vom Fliegerhorst Kiel-Holtenau konnte mit Spezialöschschaum die Flammen ersticken. Zwischenzeitlich war auch Staffelkapitän Kapitänleutnant Alfred Prill mit einem Skeeter-Verbindungshubschrauber eingetroffen, um sich vor Ort über das Wohlbefinden seiner Soldaten und den Unfallhergang zu informieren.

Vorbildliche Kaltblütigkeit

In seinem Flotten-Tagesbefehl 3/60 sprach Konteradmiral Rolf Johannesson, der Befehlshaber der Flotte, dem Oberbootsmann Schlobinski seine Anerkennung aus. Ausdrücklich lobte er dessen „vorbildliche Kaltblütigkeit und sein fliegerisches Geschick", gewährte außerdem einen Sonderurlaub von sieben Tagen.

Auf die Frage, ob er in seinem Fliegerleben weitere Luftunfälle erlebt habe, antwortet Wilhelm Schlobinski spitzbübisch grinsend: „Eigentlich darf ich das gar nicht erzählen, aber der Fall ist mittlerweile wohl verjährt. Während des Krieges war ich mit einem Navigationsschüler mit einer Arado Ar 96 auf einem Ausbildungsflug unterwegs. Es war damals unter Fliegern Sitte – und hochgradig verboten – unter Brückenbauwerken und Überlandleitungen hindurchzufliegen. Und genau dabei habe ich eine Bruchlandung hingelegt."

Im Anflug auf eine Oberleitung bemerkte der junge Fluglehrer zu spät eine kleine Kapelle, die darunter stand: „Hübsch anzusehen, mit einem Kreuz auf dem Dach. Ich merkte: Das passt nicht. Aber zum Ausweichen war es zu spät." Er beschädigte das Seitenleitwerk und legte eine Bruchlandung im offenen Gelände hin. Verletzt wurde niemand dabei.

Um die illegale Aktion zu verschleiern, hatte Wilhelm Schlobinski noch vor der Landung durch Wegnehmen der Treibstoffzufuhr einen Motorschaden vorgetäuscht. Anschließend manipulierte er den Argus As 410-Zwölfzylinder, um den untersuchenden Behörden einen Defekt vorzugaukeln.

Das Cockpit war übersichtlich und doppelt ausgelegt für die Bedienung durch den Piloten und den Copiloten.

Außerdem vergatterte er seinen Schüler zu absolutem Stillschweigen. Und siehe da: Das Täuschungsmanöver gelang, man kaufte ihm die Geschichte mit dem Motorschaden ab. Der Veteran lächelt: „Das war ein Verstoß gegen den Paragraphen 92 ‚Fliegerische Zucht und Ordnung'. Hätte man mich erwischt, wäre meine Pilotenkarriere wohl vorbei gewesen und ich wäre hinter schwedischen Gardinen gelandet."

Zwei Percival Pembrokes sind startbereit am Rande der Rollbahn in Parkposition.

Hunting Percival P-66 Pembroke C. Mk 54

Impressionen und Detailansichten

Die im Aeronauticum ausgestellte Pembroke mit der Kennung 54+08 war ursprünglich eine Ausbildungsmaschine bei der Flugzeugführerschule „S" im bayerischen Memmingen. Hier wurde sie im Juli 1959 bei einem Flugunfall schwer beschädigt und außer Dienst gestellt. Später erfolgte die Reparatur mit Ersatzteilen aus zwei weiteren verunglückten Maschinen, so dass sie im Juli 1967 beim MFG 5 – bis zur endgültigen Aussonderung 1970 – erneut in den Flugdienst übernommen wurde.

Das Wrack der abgestürzten Pembroke wurde geborgen und verschrottet. Jahre später fand ein Landwirt beim Pflügen zwei Zylinder des Motors. Wilhelm Schlobinski flog indes weiter. Bis 1972 im Cockpit der Pem, anschließend mit deren Nachfolgerin, der Dornier Do 28. Für seine Verdienste als Fluglehrer wurde er 1968 mit dem Bundesverdienstkreuz ausgezeichnet. 1974 knackte er den geschwaderinternen Rekord von 5000 geleisteten Flugstunden. Als er 1977 im Rang eines Kapitänleutnants feierlich „abgeflogen" wurde und in Pension ging, attestierte ihm sein Flugbuch 5858 Sunden, die er während seiner Dienstzeit bei den Marinefliegern in Kiel-Holtenau in der Luft verbracht hat – davon 3250 an Bord der Percival P-66 Pembroke C. Mk 54.

FLOTTEN-TAGESBEFEHL

Nr. 3/60 (Kommando der Flotte) 23. Mai 1960

Marine Dienst- u. Seenotgr.
Eing.: 4. JUNI 1960
Tgb.-Nr.: 4x
Anlagen:

1+ Bo
1+ Fl S-8
1+ Umlauf

1. Förmliche Anerkennung

Ich spreche dem Oberbootsmann Schlobinski von der Mar.Dienst- und Seenotgruppe meine Anerkennung aus.
Er hat als Führer eines Ausbildungsflugzeuges dieses bei einem Motorenschaden und Brand mit vorbildlicher Kaltblütigkeit und bemerkenswertem Geschick notgelandet, sodaß die sieben Mann der Besatzung unverletzt blieben. Schlobinski selbst trug Verletzungen davon.
Ich genehmige einen Sonderurlaub von sieben Tagen.

gez. Johannesson
Konteradmiral

Eine schriftliche Belobigung sowie sieben Tage Sonderurlaub waren der Lohn für die vorbildliche Notlandung im Rapsfeld.

Hunting Percival P-66 Pembroke C. Mk 54: Technik und Geschichte

Die Percival P-66 Pembroke wurde nach dem Zweiten Weltkrieg als leichtes Transport- und Verbindungsflugzeug in England konzipiert. Ihre Konstruktion basiert auf der Percival Prince, von der ab 1948 insgesamt 75 Exemplare gebaut wurden. Trotz ähnlicher Abmessungen von Rumpf und Tragflächen war die P-66 ihrer Vorgängerin hinsichtlich der Reichweite und Geschwindigkeit deutlich überlegen. Auffälligstes Unterscheidungsmerkmal war das nun zwillingsbereifte Hauptfahrwerk.

Vater der Pembroke war der in Australien geborene Edgar Wikner Percival. Während des Ersten Weltkriegs kämpfte er als Pilot

Die Technik der Pem war ausgereift und robust, Flugunfälle wie der von Wilhelm Schlobinski blieben eine Ausnahme.

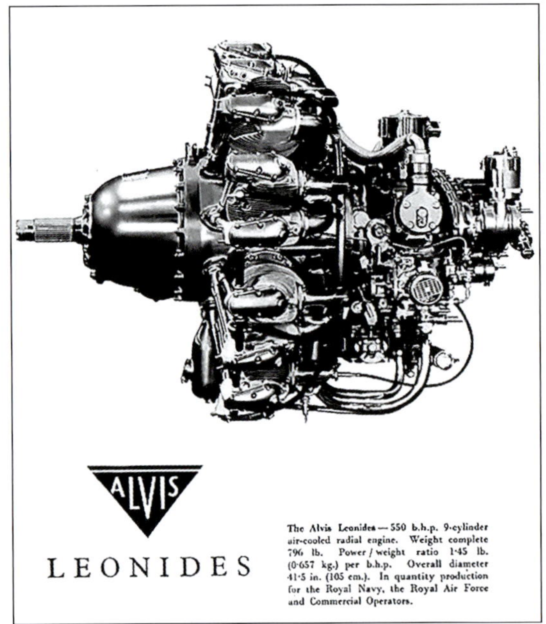

Werbeanzeige des Motorenherstellers.

an der europäischen Westfront und in Ägypten, betrieb anschließend eine Charterfluggesellschaft in seinem Heimatland und wurde 1929 Testpilot beim Luftfahrtministerium in England. 1930 entwarf und baute er den freitragenden Tiefdecker Percival Vega Gull. Fliegerisch setzte diese Maschine Maßstäbe und wurde ein kommerzieller Erfolg. Auf dieser Basis gründete er die Percival Aircraft Company, in der er gleichzeitig Chefkonstrukteur und kaufmännischer Direktor war. Mehrfach änderte das Unternehmen seinen Namen, hieß zuletzt Hunting Aircraft und wurde 1959 mit mehreren britischen Flugzeugherstellern zur BAC, der British Aircraft Corporation Ltd, staatlich zwangsfusioniert.

Eine Pem im Landeanflug.

Die komplett aus Leichtmetall in Halbschalenbauweise gefertigte Pembroke war als Schulterdecker ausgeführt. Ihr Hauptfahrwerk war in die beiden Triebwerksgondeln integriert. Wegen des Pneumatiksystems erhielt die Maschine den scherzhaften Beinamen „fliegende Luftpumpe". Das Bugradfahrwerk war zwillingsbereift, voll schwenkbar und selbstzentrierend, allerdings nicht steuerbar.

Durch ihr günstiges Gewichts-Auftriebsverhältnis benötigte die Maschine eine relativ kurze Startstrecke und konnte auch auf kleinen Flugplätzen starten und landen. Als Antrieb fungierten zwei robuste Alvis Leonides 127-Motoren. Hierbei handelte es sich um luftgekühlte Sternmotoren von über einem Meter Durchmesser – jeweils neun Zylinder, 550 PS und zwölf Liter Hubraum. Aufgeladen waren sie durch einen einstufigen Radiallader. Gebaut wurden die Motoren von der Alvis Car and Engineering Company Ltd in Coventry, die sich vor allem durch den Automobilbau einen Namen gemacht hatte.

Die Motoren trieben über ein Untersetzungsgetriebe jeweils eine dreiblättrige Verstellluftschraube des Herstellers de Havilland mit konstanter Drehzahl an. Ihr Durchmesser bemaß sich auf 2,97 Meter. Der Kraftstoff war in vier Tanks im Flügel untergebracht: Zwei innere mit je 300 und zwei äußere mit 240 Litern Fassungsvermögen. Die hinter den Motoren platzierten Öltanks fassten jeweils 59 Liter Schmierstoff.

Das Multitalent

Das Cockpit war zweifach ausgelegt für die Bedienung durch den Piloten und den Copiloten. Neben allen erforderlichen Instrumenten und Bedienelementen für den Flugbetrieb befanden sich hier die Funk- und Navigationsgeräte. Hinten in der „Röhre"

– wie die Flieger den Raum im Mittel- und Hecksegment nannten – waren Sitze für acht Passagiere entgegen der Flugrichtung montiert. Bei Bedarf ließen sie sich mit geringem Aufwand entfernen und der so entstandene Raum konnte für Transportzwecke genutzt werden. Dafür waren im Kabinenboden verschiede Befestigungspunkte installiert.

Gern erzählen die Pem-Veteranen der ersten Stunde von den antiquierten 12-Kanal-Funkanlagen aus britischer Produktion. Hier mussten die verschiedenen Frequenzen noch durch manuelles Setzen entsprechender Kanalquarze belegt werden. Dafür war der Bordmechaniker zuständig. Die kleinen Quarze waren in einer Art Setzkasten deponiert, vier insgesamt. Nicht selten kam es vor, dass während des Steckvorganges Turbulenzen auftraten, in deren Folge sich die zierlichen Elektronikteile in der ganzen Zelle verteilten. Pilot und Tower waren dann eine ganze Zeitlang taub, während der Mechaniker auf Knien durch die Pembroke rutschte, um möglichst alle Quarze wieder einzusammeln.

Die Royal Air Force orderte 44 Pembrokes als Transportmaschinen und sechs als Fotoaufklärer mit verglaster Bugnase. Auch bei den Luftstreitkräften in Schweden, Finnland, Dänemark, Belgien, Malawi, Rhodesien und dem Sudan waren sie im Einsatz. Fünf Maschinen wurden unter der Bezeichnung President als Zivilvariante gebaut.

Deutschland erwarb, wie bereits erwähnt, 33 Maschinen – sechs für die Bundesmarine, 23 für die Luftwaffe und vier für das Heer. Sie kamen als „Mädchen für alles“ zum Einsatz: Als Transport-, Schulungs-, Vermessungs- und Verbindungsflugzeug sowie als Aufklärer. Die Royal Air Force setzte Pembrokes von 1956 bis 1990 für den regelmäßigen Luftverkehr durch den Berliner Korridor ein. Drei dieser zunächst in Wildenrath, dann in Rheindalen stationierten Maschinen waren mit jeweils fünf Kameras ausgerüstet. Sie lieferten wichtige Erkenntnisse für die britische Militäraufklärung in der DDR.

Anfang 1972 wurden die Pembrokes der Bundesmarine schrittweise durch die Dornier Do 28-D2 Skyservant ersetzt. Sie wurden an Rhein Flugzeugbau in Mönchengladbach überführt. Dieser Prozess war im April 1972 abgeschlossen.

Die letzte Percival P-66 Pembroke C. Mk 54 der Bundeswehr wurde nach 17 Dienstjahren am 31. Juli 1974 außer Dienst gestellt. Sie absolvierte zum Schluss Vermessungsflüge für die Deutsche Forschungs- und Versuchsanstalt für Luft- und Raumfahrt.

Technische Daten der Hunting Percival P-66 Pembroke C. Mk 54

Hersteller	Hunting Percival Aircraft
Ursprungsland	Großbritannien
Erstflug	21. November 1952
Produktionszeit	1953 bis 1958
Stückzahl gesamt	136
Bundesmarine	6
Besatzung	2
Passagiere	8
Länge	14,02 m
Höhe	4,88 m
Spannweite	19,66 m
Leergewicht	4166 kg
Startgewicht	6480 kg
Triebwerk	2 x 9-Zylinder-Sternmotoren Alvis Leonides 127, luftgekühlt
Leistung	2 x 412 kW (550 PS)
Bohrung	122 mm
Hub	112 mm
Hubraum	11,78 l
Höchstgeschwindigkeit	380 km/h
Reisegeschwindigkeit	320 km/h
Reichweite	1850 km
Dienstgipfelhöhe	7680 m
Startstrecke	678 m

Ungewöhnliche und einzigartige Bauweise

Fairey Gannet AS.4

Danach befragt, was denn den Reiz der Fairey Gannet ausmache, muss Kapitän zur See a.D. Eduard Wismeth nur kurz überlegen. „Die Gannet hat archaischen Charme. Ihr plumper Anblick am Boden lässt nicht erkennen, welches Vergnügen es für den Piloten war, sie zu fliegen“, sagt er. „Bei der Gannet war vieles ungewöhnlich: Sie sah für den Betrachter einmotorig aus, hatte aber zwei separat nebeneinander liegende Jet-Triebwerke. Sie waren durch ein Getriebe mit zwei Propellerwellen verbunden. Die für den hinteren Propeller war hohl, in ihr lief gegenläufig die Welle für den vorderen Prop. Gelegentlich flogen wir auch mit nur einem Triebwerk, um Treibstoff zu sparen und so die Flugzeit zu verlängern. Im Betrieb erwies sich die Gannet als zuverlässig. Wenn wir nach dem Flug unsere Maschine abstellten und dabei, wie bei Trägerflugzeugen üblich, auch die Tragflächen falteten, lösten wir auf Luftwaffen-Plätzen immer fassungsloses Staunen aus.“

Die Cockpit-Auslegung war ungewöhnlich und wich vom Standard ab. Viele Schalter

Fairey Gannet im küstennahen Bereich vor einem Aufklärungsflug.

Fairey Gannets im Formationsflug über Schleswig-Holstein.

und Anzeigen befanden sich oft an ungewohnter Stelle. Das Starten der Zwillingsturbine, Typ Double Mamba, erfolgte nicht elektrisch mit einem Anlasser, sondern durch Einweg-Starterkartuschen. Nur vier Stück davon standen zur Verfügung, zwei für jedes Triebwerk. Das Verfahren war im Grunde einfach: Die erste Turbine wurde mittels Kartusche gestartet, die zweite per „Windmilling", also durch den Propellerstrahl der ersten zum Laufen gebracht.

Kapitän zur See a.D. Eduard Wismeth mit einem Modell der Fairey Gannet, für die er sich noch heute begeistert.

Die dreiköpfige Besatzung saß nicht unmittelbar zusammen. Jeder hatte stattdessen ein eigenes, von den anderen getrenntes Cockpit: vorne der Pilot und Kommandant, ein Offizier. In der Mitte der Observer, ein für Taktik, Navigation und Radar zuständiger Offizier. Hinten saß, rückwärts blickend, der Funker, ein Portepee-Unteroffizier. Er hatte neben dem Funkgerät ebenfalls einen Radarschirm und konnte so den Observer unterstützen. Dass der Funker nach achtern blickte, war günstig. Er hatte so alles im Blick, was hinter der Gannet passierte.

„Diese Aufteilung in Einzelcockpits gab dem Piloten das schöne Gefühl, allein in einer Art einsitzigem Jagdflugzeug zu sitzen, aber sich dennoch jederzeit auf Navigator, Funker und Radar-Operator abstützen zu können", sagt der Kapitän zur See. „Die Sprechfunkanlage an Bord fiel gelegentlich aus. Dann benutzte der Observer einen langen Stock mit einer Wäscheklammer, um Informationen per Zettel mit den Cockpits auszutauschen. Das funktionierte zuverlässig. Das gute Flugverhalten der Gannet machte sie zu einem vorzüglichen Formationsflugzeug. Wir jungen Piloten genossen das Fliegen in

Fairey Gannets und Sea Hawks der Royal Navy auf dem Flugdeck des Flugzeugträgers „Ark Royal".

Formation – möglichst eng, auch nachts und sogar in Wolken. Übrigens: Je geringer der Abstand der Maschinen in einer Formation, desto kleiner die Korrekturen und ruhiger der Flug. Wir waren auf diesem Gebiet wirklich gut!"

Eingeschränkte Fähigkeit in der U-Boot-Jagd

Nicht so effektiv war die Gannet in ihrem eigentlichen Metier, der U-Boot-Jagd. Ihre Ausrüstung entsprach seinerzeit nicht mehr dem Stand der Technik. Denn sie war kein Seefernaufklärer, kein Maritime Patrol Aircraft wie die große Lockheed Neptune der US Navy, die mit zwölf Mann Besatzung und umfangreichen Ortungsmitteln große Seegebiete überwachen und großräumig U-Boot-Jagd betreiben konnte. Bei der Gannet handelte es sich dagegen um ein sogenanntes Close Support Aircraft, das, gestützt auf Flugzeugträger oder küstennahe Flugplätze, Schiffsverbänden direkten Schutz gab. Daraus resultierte auch die spezielle Auslegung der Gannet.

„Die Navigation erfolgte mit Karte, Bleistift und Stoppuhr. Der Wind wurde mit einem Blick auf die Wasserfläche bestimmt. Nachts, wenn das nicht ging, wurde der in der Einsatzbesprechung ausgegebene Wind benutzt. Nachts über Wasser zu fliegen erforderte kreative Navigatoren. Ein Funk-

Die Bodencrew macht den U-Boot-Jäger startklar für einen Übungsflug.

Navigationsgerät ADF – Automatic Direction Finding – war eingebaut, hat meines Wissens in keiner Maschine jemals funktioniert."

Für die U-Boot-Jagd verfügte die Gannet weder über MAD noch SNIFFER. Beides war Standard in zeitgemäßen U-Jagdflugzeugen. MAD bedeutet Magnetic Anomaly Detector und ist eine Magnetfeldsonde zur punktgenauen Ortung eines getauchten U-Bootes. SNIFFER ist ein Gerät zum weiträumigen Aufspüren der Abgase eines U-Boot-Schnorchels oder Schiffes. Das Radar der Gannet war im Vergleich zu amerikanischen Geräten drittklassig.

Wichtiges Ortungsmittel in der U-Boot-Jagd aus der Luft sind Ortungsbojen mit Unterwassermikrofonen an einem Kabel. Sie werden im Bombenschacht mitgeführt und im Flug abgeworfen. Per Funk melden sie das Ergebnis an das Flugzeug. Es gab kleinere, leichtere Passiv-Bojen. Sie können Schiffsgeräusche nur hören, aber keine Richtung bestimmen. Aktiv-Bojen sind in der Lage, zusätzlich auch noch das Zielobjekt anzupeilen. Sie sind größer, schwerer, wirkungsvoller und teurer. Die Fairey Gannet hatte bis zu sechs aktive Bojen an Bord. Durch den Abwurf in bestimmter geometrischer Anordnung ließen sich der Kurs und die Position des getauchten U-Bootes genau bestimmen. Danach hätten unweigerlich die Waffen gesprochen, im Frieden allerdings nur simuliert.

„Die Bojen der Gannet waren leider sehr anfällig", erinnert sich Eduard Wismeth. „Meist haben von den sechs geladenen nur bis zu drei wirklich funktioniert. Es war deprimierend, wenn man glaubte, ein U-Boot entdeckt zu haben, und konnte es wegen Bojen-Blindgängern dann doch nicht bekämpfen."

Ausbildung in den USA

Eduard Wismeth aus München, Jahrgang 1931, wollte fliegen. Er meldete sich 1956 zur

Rückkehr einer Gannet-Formation vom Übungsflug.

Luftwaffe. Von Marinefliegern wusste er nichts. Die Antwort auf seine Bewerbung versetzte ihn in Panik: Melden Sie sich bei der 1. Schiffstammabteilung in Wilhelmshaven zum Dienst. Aufgewühlt rief er die Personalstelle in Bonn an und erfuhr so, dass er für die Marineflieger eingeplant sei, die zu wenig Bewerber hätten. Misstrauisch fügte er sich der Situation, erkannte aber bald, welches Glück er hatte: „Marinefliegerei ist wesentlich vielseitiger und interessanter, als bei der Luftwaffe zu dienen. Man ist Fliegeroffizier und Seeoffizier in einer Person."

Schon bald begann für ihn die Flugausbildung bei der US Navy in Florida: „Es war mit Abstand die härteste, die intensivste Zeit meines Lebens. Aber ich zähle sie auch zu den schönsten Erlebnissen, die ich je hatte."

Noch während ein Teil der künftigen Piloten in den USA war, fand bereits die Indienststellung der U-Boot-Jagdstaffel mit 16 nagelneuen Fairey Gannet AS.4 statt. Da die Bauarbeiten auf dem künftigen Marinefliegerhorst Jagel noch nicht abgeschlossen waren, erfolgte dieser feierliche Akt am 20. Mai 1958, ungewöhnlicherweise nicht auf deutschem Hoheitsgebiet, sondern im nordirischen Eglinton in Anwesenheit des deutschen Botschafters Hans-Heinrich Herwarth

Pilotenausbildung bei der US Navy

Jet- und Prop-Nachwuchs wurde hart geschliffen

Mit der Beech T-34 Mentor, hier über dem Areal der Naval Air Station in Pensacola, fand die fliegerische Grundausbildung statt.

Die Ausbildung der künftigen Einsatzpiloten für Jet- und Turbopropflugzeuge der deutschen Marineflieger fand Ende der 50er-Jahre bei der US Navy statt. „Eine bessere Schulung hätte man nicht bekommen können", meint Eduard Wismeth, der an dieser Stelle seine dort gemachten Erlebnisse und Eindrücke schildert.

„Wismeth sofort zum Chef", so wurde ich während der Grundausbildung in Wilhelmshaven aus dem Unterricht gerufen. Ich ahnte nicht, dass diese vier Worte der Beginn meiner Fliegerkarriere waren. „Sie müssen umgehend zur fliegerärztlichen Untersuchung bei der Lufthansa nach Hamburg. Nach Weihnachten melden Sie sich beim Kommando der Marineflieger. Dort werden sie auf die fliegerische Ausbildung in USA vorbereitet".

Flugschüler der US Navy sind Naval Aviation Cadets und werden NAVCADs genannt. Sie sind als Offiziersanwärter in ihrem Rang weder Unteroffizier noch Mannschaftsdienstgrad. Die Flugausbildung ist für sie gleichzeitig auch Offiziersausbildung. Wir als Gefreite OA waren eindeutig Mannschaften und als solche zu erkennen. Mit unseren Matrosenuniformen hätten wir nicht ins dortige Bild gepasst. Deswegen mussten wir umrüsten und galten nun als deutsche NAV-CADs. In der täglichen Khaki-Uniform hat uns nur die deutsche Kokarde an der Mütze von den US-Kameraden unterschieden.

Am 1. Februar 1957 flog wieder eine neue Gruppe von sieben Kameraden mit einer Lockheed Super Constellation der Lufthansa nach New York, von dort weiter nach Florida. Nach 19 Stunden Flugreise erreichten wir Pensacola. Es war noch dunkel und schwüle, feuchte Luft wie in einem Hallenbad empfing uns. Drei Stunden nach Ankunft begann bereits der Dienst. Die Flugschüler der Class 5-57 traten erstmals an: 70 Amerikaner und acht Deutsche.

Nach der kurzen Begrüßung durch einen Offizier wurden wir von Drill Sergeants des US Marine Corps, den Ledernacken, übernommen. Sie hatten den Auftrag, aus einem Haufen von Zivilisten richtige Soldaten zu machen. Diese Marines waren stahlharte Riesenexemplare ihrer Gattung. Allein ihr Anblick löste Respekt aus. Sie sprachen nicht normal, sie schrien uns nur an. Mit voller Lautstärke und im Jargon der US Navy. Wir haben zunächst überhaupt nichts verstanden, doch die Körpersprache dieser Monster war so unmissverständlich: Wir haben immer alles richtig gemacht!

Ziel der Ausbildung war nicht nur, das Fliegen zu lernen. Ziel war der fertige Kampfpilot, der sich verzugslos in den Einsatzbetrieb eines US-Flugzeugträgers einfügt. Entsprechend umfassend, hart und kompromisslos war die Ausbildung.

Die Naval Air Station in Pensacola überwältigte uns. Kein Vergleich zu deutschen Kasernen. Eine riesige, großzügige Anlage von der Fläche einer Kleinstadt mit Unterkünften, Messen, Clubs, Krankenhaus, Kirche, Werkstätten für alles Mögliche, Liegeplätze für Kriegsschiffe bis zum Flugzeugträger und einem Flugfeld für den Jetbetrieb. Die Gebäude waren außen repräsentativ, innen aber spartanisch und funktionell. Wer den Film „Ein Offizier und Gentleman" gesehen hat, der weiß, was ich meine. Er ist ziemlich authentisch.

Wöchentliche Musterung und Besichtigung der Kadetten.

Unsere Verpflegung war hervorragend. Für einen Deutschen, zwölf Jahre nach Kriegsende, geradezu überwältigend mit reichhaltigen Buffets und teilweise exotischen Speisen. Zur Truppenbetreuung gab es einen Golfplatz, Tennisplätze, Sporthallen und Swimmingpools, Motorboote zum Ausleihen, Hobby-Werkstätten und sogar eine Radiostation. Für die Freizeit hat die US Navy sehr viel getan.

Am Anfang der Ausbildung stand die Pre Flight Phase, noch ohne Flugzeug und ohne

Trockenübung am Boden mit dem T-28-Trainer.

Die urwüchsigen North American T-28 Trojan konnten mit ihren 1425 PS jeden Piloten begeistern.

zu fliegen. Vormittags war Unterricht: Fliegertheorie, Menschenführung, militärische Erziehung ... Die Nachmittage gehörten den Ledernacken für Sport und brutale körperliche Ertüchtigung. Wir wurden an unsere Grenzen geführt. Nach drei Monaten war dieser fürchterliche Abschnitt vorüber.

Training für den Einsatz

Jetzt kam das wirkliche Fliegen, zunächst die Primary Phase: die Grundausbildung mit der kleinen Beech T-34 Mentor und 225 PS. Wir lernten Starten, Landen, Procedures, Flugsicherungsverfahren, einfache Kunstflugmanöver, mit denen man sich aus ungewollten Gefahrensituationen retten kann.

Dann folgte die Basic Phase: Bereits mit nur 40 Stunden Flugerfahrung kam der Umstieg auf die prächtige North American T-28 Trojan mit 1425 PS. Dieses Flugzeug war ein Traum: strotzende Kraft, gutmütige Flugeigenschaften, doch Flugleistungen wie ein Kampfflugzeug des Zweiten Weltkriegs. Ziel dieser Phase: fliegerische Präzision, Kunstflug, Formationsflug, Blindflug, Luftziel-Schießen mit MG auf einen Schleppsack mit eingefärbter Munition zur Unterscheidung der Treffer. Schließlich die Flugzeugträger-Ausbildung und als deren krönender Abschluss acht Landungen auf der „Antietam", einem Träger der „Essex"-Klasse. Jetzt waren wir Marineflieger.

Panther und Tracker

Dann, nach 180 Flugstunden, Verlegung nach Kingsville/Texas zum Advanced Training, der echten Einsatzausbildung mit richtigen Einsatzflugzeugen. Nun wurde aufgeteilt in Jet-Flieger und U-Boot-Jäger. Die Jetpiloten stiegen um auf die einsitzige Grumman F9F Panther, die im Korea-Krieg als Jagdbomber von Flugzeugträgern aus einen großen Teil der Kriegslast getragen hat. Die U-Boot-Jäger kamen auf die Grumman S2F Tracker, das modernste trägergestützte U-Boot-Jagdflugzeug der US Navy mit vier Mann Besatzung. Die künftigen Einsatzpiloten erhielten den letzten Schliff und lern-

Grumman S2F Tracker beim Start vom Deck eines Flugzeugträgers unmittelbar im Moment des Katapultabschusses. Das Bugrad hat sich bereits vom Deck gehoben.

Insgesamt 16 Mal landete Eduard Wismeth sicher auf dem Deck des Flugzeugträgers „Antietam" der US Navy.

ten, was sie im Einsatz erwartet. Wir trainierten Einsatzverfahren und Waffeneinsatz, außerdem weitere acht Landungen auf dem Flugzeugträger „Antietam".

Nach 21 Monaten und 360 Flugstunden war das Ziel erreicht: die „Wings of Gold", das Flugzeugführerabzeichen der US Navy. Sie wurden uns im Rahmen einer großen Parade unter den Klängen der amerikanischen Nationalhymne feierlich überreicht. Ich war der einzige Deutsche bei dieser Graduation. Als für mich auch die deutsche Hymne erklang, war ich bewegt und stolz. Eine hochinteressante Zeit war zu Ende. Sie war gnadenlos hart, nach dem Motto der US Navy: Wir vertrauen unsere kostbaren Waffensysteme nur Personen an, von denen wir überzeugt sind, dass sie auch unter großer Belastung funktionieren. Unsere Klasse fing mit 78 Kadetten an, 28 fertige Piloten, darunter alle acht Deutschen, hatten es geschafft. Dieses Ergebnis galt als ganz normal.

Die „Wings of Gold", das Pilotenabzeichen der US Navy.

Zurückgekehrt aus den USA, ging es für die jungen Piloten zügig weiter mit der Umschulung auf die neuen Maschinen.

Die angehenden Jetpiloten stiegen in Kingsville auf die einstrahlige Grumman F9F Panther um.

Captain Eric „Winkle" Brown, eine britische Fliegerlegende, leitete das Trainingsteam der Royal Navy, das die deutschen Marineflieger auf die Einsatzmuster Fairey Gannet und Sea Hawk umschulte.

von Bittenfeld sowie Vizeadmiral Friedrich Ruge, dem Inspekteur der Marine. Am 29. Juni 1958 verlegte die Staffel dann nach Deutschland, auf ihren Marinefliegerhorst Jagel bei Schleswig.

Zurückgekehrt aus den USA, ging es für die jungen Piloten auf dem Fliegerhorst Jagel sofort weiter mit der Umschulung auf die Fairey Gannet. Dort erwartete sie ein Team von Fluglehrern der Royal Navy, um sie auf die britischen Einsatzflugzeuge Sea Hawk und Gannet einzuweisen. Ihr Chef war Commander Eric „Winkle" Brown, eine hochdekorierte Fliegerlegende und der erfahrenste Testpilot der Royal Navy, erinnert sich Eduard Wismeth: „Er sprach Deutsch, kannte den berühmten deutschen Flieger Ernst Udet persönlich und war vor dem Krieg bereits mit ihm in dessen Doppeldecker über Berlin geflogen. Nach dem Kriegsende erprobte Winkle Brown mehr als 50 deutsche Flugzeugtypen von der Do 335 bis zum Düsenjäger Me 262, die sein Lieblingsflugzeug wurde. Auch in Jagel flog er alles, was auf dem Platz rumstand – egal ob Prop, Jet oder Hubschrauber. Er stieg in alles ein, als wäre es sein Auto. Eine handgeschriebene Checkliste von der Größe einer halben Postkarte genügte ihm für alle Flugzeugtypen. Wir wurden von ihm und seinem Team hervorragend auf Sea Hawk und Gannet eingewiesen. Wir schulden ihnen Dank!"

Eduard Wismeth (rechts) und Klaus Reinicke absolvierten gemeinsam eine Vielzahl von Flugstunden.

Bislang hatte die Bekämpfung von U-Booten in der deutschen Marinefliegerei keine große Rolle gespielt, auch im Zweiten Weltkrieg nicht. Unter dem Dach der NATO war das nun alles anders. Der Marine fiel innerhalb des transatlantischen Verteidigungsbündnisses nun auch die Abwehr feindlicher Unterwasser-Streitkräfte in Nord- und Ostsee zu. Besonders auf dem Gebiet U-Boot-Jagd aus der Luft hatte man technisch und personell kaum eigene Erfahrungen. Die jetzigen NATO-Partner und vormaligen Kriegsgegner umso mehr, woran sich die Bundesmarine anlehnte.

Von Beginn an war der Marineführung klar, dass es sich bei der Fairey Gannet nur über eine Einstiegs- und Übergangslösung handelte. „Die Technik entwickelte sich rasend schnell in dieser Zeit. Einerseits bei den U-Booten als potentielle Ziele, andererseits in der Avionik und der Ortungstechnik", weiß auch Fregattenkapitän Klaus Reinicke aus eigenem Erleben. Wie Eduard Wismeth durchlief er zunächst die Pilotenausbildung in den USA. Die beiden Marineflieger absolvierten gemeinsam viele Flugstunden in der Fairey Gannet.

Observer und Radar-Operator

In Bezug auf die Marine ist Klaus Reinicke – 1935 in Wilhelmshaven geboren – familiär

Fairey Gannet AS.4 als Großexponat im Außengelände des Aeronauticums.

vorbelastet, denn sein Vater Kapitän zur See Hans-Jürgen Reinicke war ab 1944 der letzte Kommandant des Schweren Kreuzers „Prinz Eugen". Nach dem Abitur meldete er sich freiwillig zur Europäischen Verteidigungsgemeinschaft – ein nicht realisiertes Militärbündnis, das als Vorläufer der NATO gilt. So landete seine Bewerbung auf dem Tisch der Bundeswehr unmittelbar nach ihrer Gründung. Nach entsprechenden Tests wurde der heutige Fregattenkapitän a.D. angenommen und stieß zur Crew 1/56, dem ersten Marineoffiziers-Jahrgang nach dem Krieg.

Zurückgekehrt aus den USA, wo er die Pilotenausbildung abbrechen musste, ging es für ihn im Mai 1959 gleich weiter nach Nordirland. In Eglinton an der Naval Fighter School der Royal Navy übten die künftigen Beobachter umfänglich und neun Monate lang die Koppelnavigation. Im schottischen Lossiemouth fand daran anknüpfend die Ausbildung der deutschen Gannet-Besatzungen statt. Der seinerzeit 24-Jährige erhielt eine entsprechende Einweisung in Taktik, Navigation, Radar – zunächst auf dem Trainer T.5, dann praxisnah auf der AS.4. Geübt wurde der Einsatz von Torpedos, Minen und Raketen, außerdem Bombenabwürfe sowie die Navigation über See. Auf dem Fliegerhorst in Jagel wurde das Schulungsprogramm fortgeführt.

U-Booten auf der Spur

Das übliche Einsatzgebiet für die U-Jagdstaffel waren die Ostsee bis an die Grenze der DDR, das Skagerrak sowie der gesamte Nordseeraum. Routinemäßig wurden die Bewegungen der militärischen Einheiten des Warschauer Pakts aufgeklärt. Geübt wurde in regelmäßigen Abständen mit den Schiffen der Bundesmarine, die in den ersten Jahren nur in geringer Zahl zur Verfügung standen, sowie im Rahmen großangelegter NATO-Manöver.

Als Übungsziele mussten dabei meistens die U-Boote der Bundesmarine herhalten.

Der Pilot erhält unmittelbar vor dem Start seinen Helm.

Das Aufentern ins Cockpit war für die Gannet-Crew jedes Mal eine sportliche Herausforderung. Und der Ausstieg erst recht.

„Die U-Boote ‚Hai', ‚Hecht' und ‚Wilhelm Bauer' waren die Targets, die wir in den Weiten von Nord- und Ostsee aufspüren und simuliert versenken mussten", erzählt Klaus Reinicke. „Damals – bis 1965 – hatte die norwegische Marine noch die ‚Kaura' in ihrer Flotte. Dabei handelte es sich um U 995, das Typ VII-U-Boot aus dem Zweiten Weltkrieg, das heute als Zeitzeuge, Technikdenkmal und Publikumsmagnet an Land vor dem Marine-Ehrenmal in Laboe ausgestellt ist."

Das Radargerät vom Typ ASV Mk 19 konnte in der Praxis wenig überzeugen. Trotz der Tatsache, dass es optisch mächtig was hermachte: Der Radom, mittig an der Unterseite des Rumpfes platziert, maß knapp anderthalb Meter im Durchmesser und ließ sich im Betrieb einen halben Meter ausfahren. Die Ergebnisse, die das Gerät lieferte, waren indes nicht befriedigend. Der britische Hersteller Ekco gab die maximale Reichweite mit 40 Seemeilen an. „Das traf bei der Darstellung von Landmassen zu", erklärt der einstige Observer. „Schiffe ließen sich hingegen bis zu einer Distanz von 20, unter optimalen Bedingungen höchstens 30 Seemeilen orten. Bei aufgetaucht fahrenden U-Booten mit ihren relativ kleinen Silhouetten konnten wir uns besser auf unsere Augen verlassen. Richtig gut arbeitete das ASV Mk 19 nur bei Ortungen in Flugrichtung in niedriger Höhe. Für den Anflug auf Flugzeugträger war das System hervorragend geeignet, was bei uns deutschen Marinefliegern lediglich während der Ausbildung bei der US Navy vorkam."

Fregattenkapitän a.D. Klaus Reinicke begann seine Karriere bei der Bundesmarine als Navigator und Radar-Operator auf dem englischen Trägerflugzeug.

Geübt wurden U-Boot-Jagdszenarien in deutschen Gewässern häufig, allerdings nur in eingeschränkter Weise, berichtet Klaus Reinicke: „Den Abwurf von Sonobojen haben wir lediglich simuliert. Zum einen waren die ja recht teuer, zum anderen hatten wir seinerzeit kaum Zieldarsteller in Form von U-Booten in der Flotte. Scharf geschossen wurde eh nicht. Realitätsnah geübt haben wir regelmäßig über mehrere Wochen hinweg im Trainingszentrum Eglinton der Royal Navy in Nordirland."

Bereits 1956 hatte der NATO-Rat den Bau eines modernen Seeaufklärungs- und U-Boot-Jagdflugzeugs beschlossen, das multinational entwickelt wurde: die Breguet Atlantic. Im Sommer 1965 begann der Zulauf der sogenannten flüsternden Riesen beim MFG 3, während die Fairey Gannets am 30. Juni 1966 außer Dienst gestellt wurden.

Die militärischen Laufbahnen von Eduard Wismeth und Klaus Reinicke gingen indes weiter. Beide kamen in ihrem Verwendungsbereich zunächst auf der Breguet Atlantic zum Einsatz. In der Folge wurde Eduard Wismeth Staffelkapitän der 1. Staffel des MFG 3, zwischenzeitlich auch Austauschpilot in den USA im Cockpit der Lockheed P2V Neptune und Kommandeur Marineflieger-

Der spätere Konteradmiral Heinz-Harald Hallier in jungen Jahren als Observer in der Gannet.

Lehrgruppe in Westerland auf Sylt. Als Lehrer an der Marineschule Mürwik unterrichtete er die Fächer Luftfahrt und Fliegerkunde. Neben Verwendungen in den Hauptquartieren von NATO und Bundesmarine war er Kommodore des MFG 3 „Graf Zeppelin" und Chef des Stabes Marineflieger-Division. Als Kapitän zur See ging er 1990 in Pension.

Nach seiner Zeit in der aktiven Fliegerei – insgesamt zwölf Jahre – wurde Klaus Reinicke zur Seetaktischen Lehrgruppe in Wilhelmshaven und anschließend ins Flottenkommando in Glücksburg berufen. 1973 ging er für drei Jahre in die USA nach Norfolk zum SACLANT, einem der beiden strategischen NATO-Hauptquartiere. Drei Jahre lang lebte er hier mit seiner Familie. Während dieser Zeit gelang es ihm, eine Partnerschaft zwischen den beiden Marinestädten Norfolk und Wilhelmshaven einzufädeln. Zurück in Deutschland war er Abteilungsleiter in der Marinefliegerdivision in Kiel. Seine Karriere beendete er als Leiter des Bereichs Presse- und Öffentlichkeitsarbeit beim Territorialkommando Schleswig-Holstein der Bundeswehr. 1986 wurde er mit dem Dienstgrad eines Fregattenkapitäns in den Ruhestand verabschiedet.

Eduard Wismeth hat die Fairey Gannet über 600 Stunden geflogen: „Sie war im Betrieb sehr zuverlässig und ist mir richtig ans Herz gewachsen. Ich möchte keine Flugminute mit ihr missen." Dem pflichtet Klaus Reinicke bei: „Besonders die zahlreichen Auslandsaufenthalte und der intensive Kontakt zu den Kameraden der anderen NATO-Staaten bescherten uns interessante Erlebnisse. Und wir dienten einer guten Sache."

Fairey Gannet AS.4: Technik und Geschichte

In beiden Weltkriegen war das Inselreich Großbritannien durch deutsche U-Boote existentiell gefährdet. Hinzu kam, dass in dieser Epoche eine deutliche Verlagerung des See-

Als U-Boot-Jäger im Sinne des Einsatzauftrags bei der Bundesmarine war die Fairey Gannet nur bedingt geeignet. Technik und Konzeption waren bereits bei ihrer Einführung nicht mehr auf aktuellem Stand.

kriegs hinein in den Luftraum zu verzeichnen war. Auch die Seemacht England war binnen weniger Jahrzehnte gezwungen, taktisch und strategisch von großen Kampfschiffen abzurücken und die Gewichtung innerhalb ihrer Flotte hin zu Flugzeugträgern und Luftfahrzeugen zu verlegen. Aus diesem Grund beauftragte die britische Admiralität 1945 die Industrie mit der Entwicklung eines schnellen Luftfahrzeugs zur Suche und Bekämpfung von U-Booten. Es sollte außerdem in der Lage sein, von Flugzeugträgern aus zu operieren, so das geforderte Profil.

Die 1915 gegründete Fairey Aviation Company Ltd war auf die Konstruktion von Seeflugzeugen spezialisiert und schickte im Herbst 1949 ihren Prototyp Fairey 17 gegen die Konkurrenten B-54 und B-88 der Blackburn Aircraft Ltd ins Rennen. Die Flugzeuge ähnelten sich hinsichtlich Design, Ausführung und Motorisierung stark. Die Wahl der britischen Militärs fiel schließlich auf den Fairey-Entwurf, der in der Folge weiterentwickelt wurde.

Ein umfangreiches Testprogramm schloss sich an. Die Briten nahmen Optimierungen unter anderem bei der Flugstabilität und beim Cockpitdesign vor. Am 19. Juni 1950 erfolgte die erste Testlandung auf dem Flugdeck des Flugzeugträgers „Illustrious". Unter Hochdruck wurde der U-Boot-Jäger zur Serienreife gebracht. Ende 1953 orderte die Royal Navy 100 Maschinen des Typs AS.1, die ab April 1954 ausgeliefert wurden. Weitere 83 Exemplare folgten. Die erste Gannet-Staffel der britischen Marineflieger wurde auf dem Flugzeugträger „Eagle" stationiert. Unter der Typbezeichnung T.2 wurden außerdem 35 Einheiten als Trainingsvariante gebaut. Anschließend entstanden 44 Fairey Gannet AEW.3, speziell ausgerüstet für die Luftraumaufklärung und -überwachung. Produziert wurden die Maschinen in den Fairey-Werken in Hayes/Middlesex und Heaton Chapel/Stockport.

Ab 1955 lieferte der Hersteller die modifizierte und leistungsgesteigerte Version Fairey Gannet AS.4 und den dazugehörigen Trainer T.5 an die Royal Navy aus. Die Modelle, für die sich auch die Bundesmarine entschied. Wie bei den Vorgängervarianten handelte es sich bei der AS.4 um einen zweimotorigen freitragenden Mitteldecker mit einem Ganzmetall-Schalenrumpf, der wegen seiner Verwendung als Trägerflugzeug besonders

Wartungsarbeiten an den Double Mamba-Triebwerken mussten in regelmäßigen Intervallen vom technischen Personal vorgenommen werden.

robust ausgeführt war. Um platzsparend geparkt werden zu können, verfügte die Maschine über mechanisch faltbare Ganzmetall-Knickflügel: Die Innenteile ließen sich nach oben klappen, die Außenteile schwenkten nach unten. So konnten sie in der Breite um zehn auf sechs Meter reduziert werden. Für den Einsatz auf Flugzeugträgern befanden sich vorn am Rumpf die Katapultbeschläge sowie ein Fanghaken am Heck. Bug- und Hauptfahrwerk ließen sich hydraulisch ein- und ausfahren, das Bugrad war zwillingsbereift.

Eine Gannet-Besatzung bestand aus drei Personen: vorn im Cockpit der Pilot, dahinter der Navigator und Beobachter sowie der Funker, dessen Cockpit in der Flugzeugmitte in Höhe der Tragflächen-Hinterkanten entgegen der Flugrichtung positioniert war. Die drei Kanzeln waren einzeln angeordnet und verfügten über separate, im Notfall abwerfbare Schiebehauben aus Plexiglas. Die vordere ließ sich hydraulisch öffnen und schließen, die beiden dahinter mussten manuell betätigt werden. Schleudersitze waren nicht vorhanden.

Pilot und Navigator thronten praktisch über dem Waffenraum, der sich durch zwei Klappen an der Rumpfunterseite zum Abwurf öffnen ließ. Er konnte entweder zwei Torpedos oder zwei Fallschirmminen, außerdem Bomben, Wasserbomben sowie zehn Sonobuoys-Ortungsbojen aufnehmen. Unter den Tragflächen konnten 16 Raketen und weitere Sonarbojen mitgeführt werden – eine Möglichkeit, die von den deutschen Marinefliegern jedoch nicht genutzt wurde.

Zwillingsturbine auf Doppelpropeller

Als Antrieb entschied sich Fairey für ein Turboprop-Triebwerk vom Typ Armstrong Siddeley Double Mamba ASMD.3, das im Auftrag der Royal Navy konstruiert wurde. Er bestand aus zwei separaten, nebeneinander liegenden Jet-Triebwerken, die unabhängig voneinander arbeiteten. Über ein kombiniertes Reduktionsgetriebe trieb es zwei gegenläufige Vierblatt-Luftschrauben des Herstellers Rotol an. Die Kraftübertragung erfolgte mittels zweier Koaxialwellen. Die für den hinteren Propeller war innen hohl. In ihr lief gegenläufig die Welle für das vordere Pendant. Eine der beiden Mamba-Turbinen ließ sich während des Flugs abstellen, um Kraftstoff zu sparen und so die Reichweite zu vergrößern. Dann rotierte lediglich ein Propeller. Ein Neustart während des Flugs war durch die Luftströmung problemlos möglich. In einem Rumpfbehälter sowie sechs Flügeltanks konnten 12 593 Liter Treibstoff mitgeführt werden. Das reichte für eine Distanz von rund 1600 Kilometern und eine maximale Flugzeit von fünf Stunden. Durch die Montage von zwei Zusatztanks im Waffenschacht konnte die Kapazität nochmals um 573 Liter erweitert werden, was eine weitere halbe Stunde

Frontansicht der Double Mamba mit den beiden Koaxialwellen zum Antrieb der Propeller.

Die zwei nebeneinander angeordneten Turbinentriebwerke ließen sich einzeln betreiben.

Über 10 000 Flugstunden leisteten die 16 Gannets der Bundesmarine während ihrer achtjährigen Einsatzzeit.

Flugzeit und eine Distanz von 160 Kilometern ermöglichte.

1957 bestellte das Bundesverteidigungsministerium 15 Gannet AS.4 sowie eine Trainingsmaschine T.5 beim englischen Hersteller Fairey. Gewichtige Gründe für diese am 19. Dezember 1955 per Ministererlass getroffene Entscheidung waren die sofortige Verfügbarkeit des Luftfahrzeugs sowie sein unkomplizierter, stabiler und maritimer Charakter. Eine Maschine kostete seinerzeit rund 800 000 D-Mark.

In dieser turbulenten Aufbauphase überschlugen sich die Ereignisse. Parallel zur Beschaffung lief die Ausbildung der künftigen Flugzeugführer in den USA und des technischen Personals in Nordirland. Am 20. Mai 1958 wurde die erste U-Boot-Jagdstaffel der Bundesmarine in Dienst gestellt und der 1. Marinefliegergruppe unterstellt, aus der das MFG 1 entstand. Im Herbst 1961 wurde die Staffel dem MFG 2, seinerzeit noch im Aufbau befindlich, in Schleswig zugeordnet und im darauffolgenden Frühjahr nach Westerland auf Sylt umstationiert, von wo aus sie nahezu autark agierte. Am 1. Oktober 1963 verlegte die U-Boot-Jagdstaffel erneut, und zwar nach Nordholz, und gehörte fortan zum dort beheimateten MFG 3.

Im Betrieb erwies sich die Fairey Gannet als robust und zuverlässig. Doch kurz vor dem Ende der Gannet-Ära ereignete sich ein tragischer Unfall. Die Maschine mit der Kennung UC+115 stürzte unmittelbar nach dem Start in Kaufbeuren ab. Die drei Besatzungs-

Fliegen pur: Bis heute schwärmen ihre einstigen Piloten von der Fairey Gannet und ihrem einzigartigen Charakter.

Bruch war bei der robust konstruierten Engländerin eher selten der Fall. Hier ist bei der Landung das zwillingsbereifte Bugfahrwerk abgeknickt.

mitglieder kamen dabei ums Leben. Ein Pilotenfehler wurde seinerzeit als Ursache ermittelt.

Nach mehr als 10 000 Flugstunden erfolgte am 30. Juni 1966 die Außerdienststellung der verbliebenen 15 Fairey Gannets. Ersatz in Form der Breguet BR 1150 Atlantic stand beim MFG 3 in Nordholz schon bereit.

Bei den Luftstreitkräften der Royal Navy verlagerte sich die Rolle der Gannets Mitte der 60er-Jahre zur elektronischen Aufklärung und zum Materialtransport. Am 15. Dezember 1978 wurde die letzte Maschine dieses Typs aus dem Dienst genommen. Neben England und Deutschland fand die Fairey Gannet auch bei den Streitkräften in Indonesien und Australien Verwendung. Insgesamt 348 Maschinen in verschiedenen Ausführungen wurden bis zum Produktionsende 1959 gebaut.

Fairey Gannet AS.4 als Großexponat im Außengelände des Aeronauticums.

Technische Daten der Fairey Gannet AS.4

Hersteller	Fairey Aviation Company
Ursprungsland	Großbritannien
Erstflug	19. September 1949
Produktionszeit	1953 bis 1959
Stückzahl gesamt	348
Bundesmarine	15 + 1 Trainer T.5
Besatzung	3
Länge	13,56 m
Höhe	4,13 m
Spannweite	16,56 m
Rumpfbreite	5,94 (Tragflächen gefaltet)
Leergewicht	6841 kg
Startgewicht	8898 kg
Triebwerk	1 x Armstrong Siddeley Doppel-Mamba ASMD.3
Leistung	2015 kW (2740 PS)
Steigleistung	605 m/min
Höchstgeschwindigkeit	479 km/h
Reisegeschwindigkeit	400 km/h
Reichweite	1519 km
Dienstgipfelhöhe	7625 m
Bewaffnung	2 Torpedos oder 2 x 450 kg-Fallschirmminen Wasserbomben 16 x 27 kg-Raketen 6 Sonobuoys-Ortungsbojen

Schulungsflugzeug mit langer Lebensdauer

Piaggio P-149D

Ganze Pilotengenerationen von Marine, Luftwaffe und Heer lernten die Piaggio P-149D während ihrer Ausbildung intensiv kennen.

In Fliegerkreisen nennt man sie bis heute Pitschi – verniedlichend, aber durchaus mit Respekt. Innerhalb der Luftflotte der Bundesmarine spielte sie eine eher unscheinbare Rolle, doch im Gespräch mit ehemaligen Marinefliegern, ebenso Piloten von Heer und Luftwaffe, wird sie schnell zum Thema, wenn man alte Fliegergeschichten austauscht. Denn kaum ein Flugzeugführer, der beim Screening, der Eignungs- und Auswahlprüfung, und teilweise später in der fliegerischen Ausbildung nicht im Cockpit der Piaggio P-149D Schweißperlen auf der Stirn hatte.

Der spätere Staffelkapitän der 2. Staffel des MFG 5 Ernst-A. Schneider, wir werden ihn im Kapitel über die Grumman Albatross noch genauer kennenlernen, hat nahezu alle Propellerflugzeuge der Marineflieger selbst geflogen und dabei während der Auswahlschulung bei der Luftwaffe in Uetersen, der späteren Ausbildung auf der Lufthansa-Schule in Bremen sowie später im MFG 5 und der Sportfluggruppe viele Flugstunden auf der Pitschi gemeistert.

„Ab 1959 erhielten alle angehenden Propellerpiloten ihre fliegerische Grundausbildung auf dieser Maschine", erinnert sich der Fregattenkapitän im Ruhestand. Beim Fluganwärterregiment der Luftwaffe in Uetersen galt es zunächst, das Screening, die fliegerische Auswahlschulung, zu bestehen. Hier wurde sozusagen die Spreu vom Weizen getrennt. Wer diesen Lehrgang nicht bestand, für den war die Flugzeugführerlaufbahn beendet. Danach ging es nach Bremen, zur Verkehrsfliegerschule der Lufthansa. Auf dem Lehrplan standen Szenarien wie Instrumenten-, Navigations- und Schlechtwetterflüge, Kunstflug, Nacht- und Überlandflüge, Notverfahren wie Triebwerk- oder Instrumentenausfall, Stalls, also Strömungsabrisse an den Tragflächen, sowie die nach jeder Ausbildungsphase vorgesehenen und oftmals gefürchteten Prüfungsflüge."

Natürlich beinhalteten einige Ausbildungsphasen auch Solo-Flüge. Im Anschluss an dieses fliegerische Programm wurden die künftigen Piloten bei der Flugzeugführerschule „S“ der Luftwaffe in Wunstorf auf den Typen Noratlas und Pembroke weiter ausgebildet. Hier endete die Ausbildung mit dem Erlangen der Blindflug- und Erteilung der jeweiligen Musterberechtigung.

„Die Musterberechtigungen für die nicht bei der Luftwaffe geflogenen Flugzeugtypen, wie Albatross oder Breguet Atlantic, wurde dann im MFG 3 oder entsprechend beim MFG 5 erworben“, sagt Ernst-A. Schneider. „Nach erfolgreicher Beendigung der Schulung in Wunstorf bekamen wir die heiß ersehnte Wing, das Flugzeugführerabzeichen der Bundeswehr. Für die Piloten der Marine natürlich, entsprechend der Uniform, die Goldene Wing.“

Der Schulbetrieb auf die Pitschi umfasste 120 Trainingsstunden hinter dem Steuerknüppel und fand zunächst in Memmingen statt, anschließend in Diepholz und ab 1963 an der Verkehrsfliegerschule in Bremen. Hier sattelte man Anfang der 70er-Jahre auf das amerikanische Schulungsflugzeug Beech 33 Baron um.

Nicht ohne Tadel

Wer die Pitschi flog, stellte ihr gemeinhin ein gutes Zeugnis aus. „Sie war im Großen und Ganzen unproblematisch, hatte ein sportlich ambitioniertes Handling, genügend Motorleistung und galt als zuverlässig“, sagt Ernst-A. Schneider. Was allerdings eingeschränkt betrachtet werden muss, denn besonders in den ersten Jahren traten auf Grund von Konstruktionsmängeln immer wieder Schäden am Fahrwerk, der Steuerung und den Bolzen der Tragflügelaufhängung auf.

Die Trainings-Pitschis der Lufthansa-Verkehrsfliegerschule waren zivil lackiert, Eigner war jedoch die Bundeswehr.

Vermehrt kam es wegen fressenden Kolben auch zu Motorausfällen. Notlandungen waren keinesfalls die Ausnahme, zeitweise wurden sämtlich Piaggios der Bundeswehr aus technischen Gründen vom Flugbetrieb ausgeschlossen.

Neben diesen technisch bedingten Mängeln erwies sich im Flugbetrieb das Trudelverhalten als problematisch. Zwar war es nicht einfach, die P-149D ins Trudeln zu bringen, doch wenn dieser Zustand eingetreten war, musste er schnellstmöglich „recovered“, also der Normal-Flugzustand wiederhergestellt werden. Ansonsten neigte die Maschine dazu, ins Flachtrudeln überzugehen, was überaus schwer wieder abzustellen war.

Auch Ernst-A. Schneider gelang es während seiner Pilotenausbildung in Bremen, die Maschine an ihre Grenzen zu bringen. Er befand sich auf einem Alleinflug nordwestlich der Hansestadt und trainierte Kunstflug mit der Pitschi. Im Ausbildungsprogramm waren einige Flugstunden sowohl mit Fluglehrer als auch eine Solo-Flugstunde dafür vorgesehen: „Dabei wurde uns ein Luftraum mit oberer und unterer Höhenbegrenzung über dem damaligen Flugfunkfeuer ‚Weser‘ zugewiesen. Wir mussten uns bei Beginn und nach Ende des Programmes beim Kontrollturm des Flughafens Bremen in einer vorgegebenen Flughöhe melden. Bei meinem Soloflug wurde ich unplanmäßig vom Bremer Kon-

Startvorbereitungen zum Schulungsflug auf dem Fliegerhorst in Uetersen.

Mobile Betankung neben der Startbahn.

trollturm über Funk zur sofortigen Rückkehr zum Flugplatz aufgefordert. Nachdem ich eine ganze Reihe von Figuren an den Himmel gezaubert hatte, war ich wohl etwas übermotiviert in meinem Flugrausch", lächelt der damalige Leutnant zur See. „Auf den Funkspruch hin legte ich einen sportlichen Immelmann Turn hin – einen halben Looping mit anschließender halber Rolle, nahm das Gas raus und ließ die Maschine mit einer relativ hohen Sinkrate und sehr hoher Geschwindigkeit nach unten rauschen. Vor der vorgegebenen Mindestflughöhe habe ich dann die Pitschi wohl etwas zu hart abgefangen. Irgendwo knackte es kurz leise im Gebälk, sonst gab es aber keine Auffälligkeiten. Die wurden erst am Boden festgestellt: Drei Nieten der rechten Tragflächenbeplankung waren unter der Überbeanspruchung einfach weggeplatzt. Nach einem ebenso intensiven wie lautstarken Gespräch mit dem Fluglehrer, man könnte seinen Monolog auch Anschiss nennen, und einem roten Grad-Slip, der Note Mangelhaft im Bewertungsbogen, blieb das Manöver aber ohne Folgen für den weiteren Ausbildungsverlauf."

Zu Beginn der 60er-Jahre begann für die Piaggio P-149D eine zweite Karriere, die fast drei Jahrzehnte lang andauern sollte. Die Maschine löste den „Gelben Drachen", die Piper L-18, als Trainer beim Screening ab. Diese Flugauswahlschulung durchliefen seinerzeit alle angehenden Piloten von Marine, Heer und Luftwaffe. Sie fand beim Fluganwärterregiment in Uetersen bei Hamburg unter Federführung der Luftwaffe statt. Ursprünglich umfasste sie 15 Flugstunden Auswahlschulung und weitere 10 Stunden zum Erlernen von Grundlagen der terrestrischen Navigation. Wer hier durchfiel, für den war die Fliegerkarriere, wie bereits erwähnt, bei der Bundeswehr üblicherweise beendet.

Dieses Verfahren musste jeder zukünftige Flugzeugführer durchlaufen, egal ob er anschließend auf Jets, Helikoptern oder Propellermaschinen zum Einsatz kommen sollte. Weniger geeignet war das Screening für die angehenden Hubschrauberpiloten. Dieser Meinung ist Fregattenkapitän a.D. Ulrich Cramer, einst Staffelkapitän der 1. Staffel des MFG 5: „Auf der Pitschi wurden die Schüler natürlich auf Geschwindigkeit getrimmt,

Leutnant zur See Ernst-A. Schneider brachte seine Pitschi beim Kunstflug an ihre Grenzen.

damit kein Strömungsabriss an den Flächen auftritt und die Maschine runterfällt. Das ist okay, ein einfaches physikalisches Prinzip. Doch ein Hubschrauber funktioniert komplett anders und viele Aspiranten bekamen anschließend massive Probleme beim langsamen Geradeausflug, beim Hoovern und beim Rückwärtsflug. Eine reine Kopfsache, die in vielen Fällen aufwändig wieder abtrainiert werden musste. Als würde man einen eingefleischten Hockeyspieler auf Golf umschulen."

Rund 6000 geprüfte Pilotenanwärter, 200 000 Flugstunden und über 600 000 Starts und Landungen lautete die Bilanz, als das Screening 1971 von Uetersen nach Neubiberg und zwei Jahre später nach Fürstenfeldbruck verlegt wurde. Am 31. März 1990 war Schluss: Das Ausbildungsprogramm wurde in die USA verlegt und die letzten P-149D wurden aus der Truppe genommen.

„Die Beschaffung der Pitschis in dieser hohen Stückzahl geschah mit Sicherheit vor einem wirtschaftspolitischen Hintergrund", so die Meinung von Ernst-A. Schneider. „Man wollte die brachliegende Luftfahrtindustrie in Bremen – Focke-Wulf und die Weserflug – nach dem Krieg wieder aufbauen, was mit dem Pitschi-Auftrag des Verteidigungsministeriums auch gelang. Zwölf von insgesamt 262 für die Bundeswehr beschafften Maschinen gelangten zu den Marinefliegergeschwadern und standen neben der Pembroke und der Do 27 als Verbindungsflugzeuge zur Verfügung."

Das Gros ihrer Missionen beschränkte sich auf den norddeutschen Raum, vornehmlich als „fliegendes Taxi" für Material und den Personentransport zwischen den Stützpunkten der Bundesmarine. Gegenüber der Percival Pembroke besaß die Pitschi ein Defizit in Sachen Reichweite, Geschwindigkeit und Transportkapazität, war in diesen Punkten der Dornier Do 27 wiederum überlegen. Auch kam die Piaggio P-149D als Zieldarsteller beim Übungsschießen und für die Radareinheiten der Luftwaffe an Land und auf

In Parkposition auf dem Fliegerhorst in Westerland auf Sylt.

Im Formationsflug während eines Flugtags der Marineflieger.

schwimmenden Einheiten zum Einsatz oder wurde zu Trainingszwecken genutzt, um die für den Lizenzerhalt notwendigen Flugstunden zusammenzufliegen. Eine gute Figur machte sie zudem mit Kunstflugvorführungen bei verschiedenen öffentlichen Anlässen der Bundesmarine.

Von einem kuriosen Zwischenfall mit letztendlich glimpflichem Verlauf berichtet die Chronik des MFG 1. Am 27. Juli 1972 ließ sich bei einer Piaggio P-149D des Geschwaders beim Anflug auf den Flugplatz Mariensiel bei Wilhelmshaven das Fahrwerk nicht ausfahren. Kapitänleutnant Linnhof am Steuerknüppel legte eine perfekte Bauchlandung hin. Er blieb unverletzt, sein Luftfahrzeug wurde entsprechend beschädigt. Der geplante Lufttransport am Draht unter einem Hubschrauber zum Fliegerhorst Jagel ging schief. Während der Bergung schaukelte sich die Maschine unter der Sikorsky H-34G auf und musste aus einer Höhe von acht Metern ausgeklinkt werden. Sie fiel hart auf das zwischenzeitlich durch die Instandsetzungstechniker ausgefahrene Fahrwerk. Der Lufttransport wurde abgebrochen, die Pitschi zerlegt und per Lkw nach Jagel transportiert. Dort setzte man die Baugruppen wieder zusammen. Motor, Propeller, ein Fahrwerksbein sowie diverse Kleinteile wurden ersetzt. Der anschließende Werkstattflug verlief ohne Probleme.

Letzte Handgriffe vor dem Anlassen des Triebwerks.

Piaggio P-149D: Technik und Geschichte

Wer meint, dass Piaggio einzig Motorroller herstellen kann, der irrt. Das 1884 gegründete Unternehmen mit Sitz im norditalienischen Villanova d'Albenga baute zunächst Schiffe und Eisenbahnen. 1915 wandte es sich der Konstruktion von Luftfahrzeugen zu und baute diese Sparte, beflügelt durch Rüstungsprojekte im Zweiten Weltkrieg, massiv aus.

Piaggios Entwicklung verlief ähnlich wie bei Dornier. Ab 1945 war den Italienern der Bau von Flugzeugen untersagt. Erst mit Beginn der 1950er-Jahre entwickelte man, zunächst im Verborgenen, das zweisitzige und kunstflugtaugliche Schulungsflugzeug Piag-

„Große Inspektion" bei VFW, den Vereinigten Flugtechnischen Werken in Bremen.

gio P.148, von dem die italienische Luftwaffe 100 Exemplare nach ausgiebigen Tests beschaffte. Darauf basierend entstand die P.149, ausgelegt für vier Personen und statt des starren Spornrades am Heck nun mit einem einziehbaren Bugfahrwerk ausgestattet. Der Erstflug fand am 19. Juni 1953 statt, die Produktion lief im Werk in Genua an.

Die Bundeswehr war zu dieser Zeit auf der Suche nach einer Schulungsmaschine zur Ausbildung der Flugzeugführeranwärter. Gleichzeitig sollte sie als Reise- und Verbindungsflugzeug geeignet sein. Es kam im August 1956 zum Vertragsabschluss mit Piaggio und im Mai 1957 wurde die erste von 72 Pitschis aus italienischer Fertigung an die Bundeswehr ausgeliefert. Es folgten weitere 190 Maschinen, die in Lizenz bei Focke-Wulf in Bremen hergestellt wurden. Weitere Abnehmer waren die Luftstreitkräfte von Israel, Österreich, der Schweiz, Nigeria, Uganda und Tansania.

Dies wird der Hauptgrund für die Kaufentscheidung zugunsten der P.149 gewesen sein. Ähnlich wie bei Dornier lag auch die Produktion bei einem der bis zum Kriegsende größten Luftfahrtunternehmen Deutschlands nahezu komplett am Boden. Seit 1952 versuchten die Hansestädter mit dem Bau von Segelflugzeugen an die Branche anzuknüpfen. Jetzt ging es schlagartig aufwärts: Die Bundesregierung sorgte für die Vorfinanzierung von Maschinen, Werkzeug und Material. Rund 1,5 Millionen D-Mark brachte Focke-Wulf zum Wiederaufbau der zerbombten Halle 2, in der zuvor die legendäre Fw 200 Condor gefertigt wurde, aus eigener Tasche auf. Die Belegschaft wuchs schlagartig auf 700 Mann an. Bereits am 5. November 1957 lieferte Focke-Wulf die erste P-149D an die Bundeswehr ab. Dabei stand das Kürzel D in der Typbezeichnung für den Produktionsstandort Deutschland. Innerhalb von vier Jahren erfüllten die Bremer den Liefervertrag und profitierten durch Wartung und die Herstellung von Ersatzteilen auch weiterhin von der Pitschi.

Gebaut wurde der freitragende Tiefdecker vollständig aus Leichtmetall. In der geschlossenen Kabine waren vorn und hinten jeweils zwei Sitze angeordnet. Für den Schulbetrieb war das Cockpit zweifach ausgeführt. Das großzügig dimensionierte Kabinendach aus Plexiglas ermöglichte eine hervorragende Rundumsicht. Haupt- und Bugfahrwerk ließen sich elektrisch einziehen und ausfahren. Unter der Voraussetzung, dass sich nur zwei Personen in der Maschine befanden und ein Gesamtgewicht von 1470 Kilogramm nicht überschritten wurde, war die Pitschi für den Kunstflug zugelassen.

Piaggio P-149D

Impressionen und Detailansichten

Die im Aeronauticum ausgestellte Piaggio P-149D wurde 1959 bei Focke-Wulf mit der Seriennummer 096 gebaut. Sie leistete 4200 Flugstunden bei rund 8000 Starts und Landungen. Nach ihrer Außerdienststellung 1988 diente sie in der Marinefliegerlehrgruppe in Westerland auf Sylt als technisches Trainingsobjekt. In Einzelteile zerlegt kam die Pitschi 1996 auf dem Landwege ins Museum und kann als Großexponat im Außenbereich des Marinefliegermuseums besichtigt werden.

Über drei Jahrzehnte lang war die Piaggio P-149D eine feste Größe im fliegerischen Ausbildungsbetrieb. 19 Maschinen gingen in dieser Zeit verloren, auch Todesopfer waren dabei zu beklagen. Bereits 1972 begann man schrittweise mit der Außerdienststellung des Baumusters. Am 31. März 1990 schickte man die letzte P-149D aufs Altenteil. Zur Zeit der Ausmusterung war es das dienstälteste Flugzeug der Bundeswehr. Die meisten Pitschis wurden über die VEBEG verkauft und waren noch viele Jahre in Luftsportclubs und privater Hand zuverlässig im Einsatz. Viele von ihnen fliegen noch heute.

Das Tragen eines Fallschirms war nicht nur während der Ausbildung Pflicht.

Für den Vortrieb sorgte der Lycoming GO-480-B1A6, der auf einen dreiblättrigen Verstellpropeller des Typs Piaggio P. 1033G/4DA wirkte. Dieser Motor war auch in der Do 27 verbaut, was Vorteile bei Wartungen, Reparaturen und der Ersatzteilversorgung hatte. Der Sechszylinder-Boxer US-amerikanischen Ursprungs entstammte der Lizenzproduktion von BMW im Werk München-Allach.

Die Bundesmarine erhielt zum Jahresbeginn 1959 die ersten vier von insgesamt zwölf P-149D. Sie dienten als Reise- und Verbindungsflugzeuge, durften auf Flugtagen außerdem ihre Kunstflugeigenschaften zur Schau stellen. In der Luftflotte der Seestreitkräfte war ihr Dasein ein eher unauffälliges.

Hauptbetreiber der Pitschis war jedoch die Luftwaffe. Die Maschinen kamen schwerpunktmäßig in der fliegerischen Grundausbildung in Memmingen, Diepholz und ab 1963 bei der Lufthansa-Schule in Bremen zum Einsatz. Ab 1961 setzte man sie außerdem zum Screening an den Standorten Uetersen, Neubiberg und Fürstenfeldbruck ein.

Technische Daten der Piaggio P-149D

Hersteller	Piaggio/Focke-Wulf-Flugzeugbau GmbH
Ursprungsland	Italien
Erstflug	19. Juni 1953
Produktionszeit	1956 bis 1965
Stückzahl gesamt	626
Bundesmarine	12
Besatzung	1 bis 2
Passagiere	2 bis 3
Länge	8,78 m
Höhe	2,85 m
Spannweite	11,12 m
Leergewicht	1160 kg
Startgewicht	1650 kg
Triebwerk	Lycoming GO-480-B1A6
Leistung	199 kW (270 PS)
Zylinder	6
Bohrung	130,20 mm
Hub	98,40 mm
Hubraum	7,86 l
Höchstgeschwindigkeit	303 km/h
Reisegeschwindigkeit	248 km/h
Reichweite	1060 km
Dienstgipfelhöhe	5380 m

Mit dem Charme des Ursprünglichen

Dornier Do 27

Simpel konstruiert, unproblematisch im Betrieb: die Dornier Do 27.

Für Typen wie ihn findet die schreibende Zunft zumeist Begrifflichkeiten wie Urgestein, Alter Hase oder Mann der ersten Stunde. Und so abgedroschen diese Vokabeln klingen mögen, auf Achim Thamm sind sie uneingeschränkt anwendbar. Der Kapitänleutnant a.D. ist Pilot aus Leidenschaft und konnte diese bei den Marinefliegern ausleben. Ein Luftfahrzeug ist ihm in seiner Fliegerkarriere besonders ans Herz gewachsen: die Dornier Do 27.

„Das war Fliegen pur, ganz im Geiste von Fliegerlegenden wie Ernst Udet, Charles Lindbergh oder Antoine de Saint-Exupéry", kann er sich noch heute für die Do 27 begeistern. „Du und die Maschine. Kein elektronischer Schnickschnack, einfach ein Motor, die Flugphysik und das Wetter ... Mehr braucht man nicht zum Fliegen. Die Do 27 war nicht nur Luftfahrzeug, sie war ein Gefährte."

Eine Meinung, mit der er nicht alleine dasteht. Viele ehemalige Piloten schwärmen noch heute von ihr. Die Maschine war zuverlässig und fehlerverzeihlich. Ein Charakterkopf zwischen all den Diven im Hangar. Klassifiziert war sie als STOL-Flugzeug, was im Englischen Short Take-Off and Landing bedeutet, also Kurzstart und -landung zu Deutsch. „Luftfahrzeuge dieser Art kamen in den 1930er-Jahren auf und nahmen einen Platz zwischen Helikoptern und konventionellen Flächenfliegern ein", beschreibt Achim Thamm diesen Typus. „Mit diesen Eigenschaften war man nicht auf perfekt ausgebaute Flugplätze angewiesen, konnte auch auf einer holprigen Graspiste, in der Wüste, Steppe oder auf einer Schneedecke problemlos runtergehen. Von der gesamten Charakteristik her knüpfte die Do 27 in vielerlei Hinsicht an den legendären Fieseler Storch aus dem Zweiten Weltkrieg an."

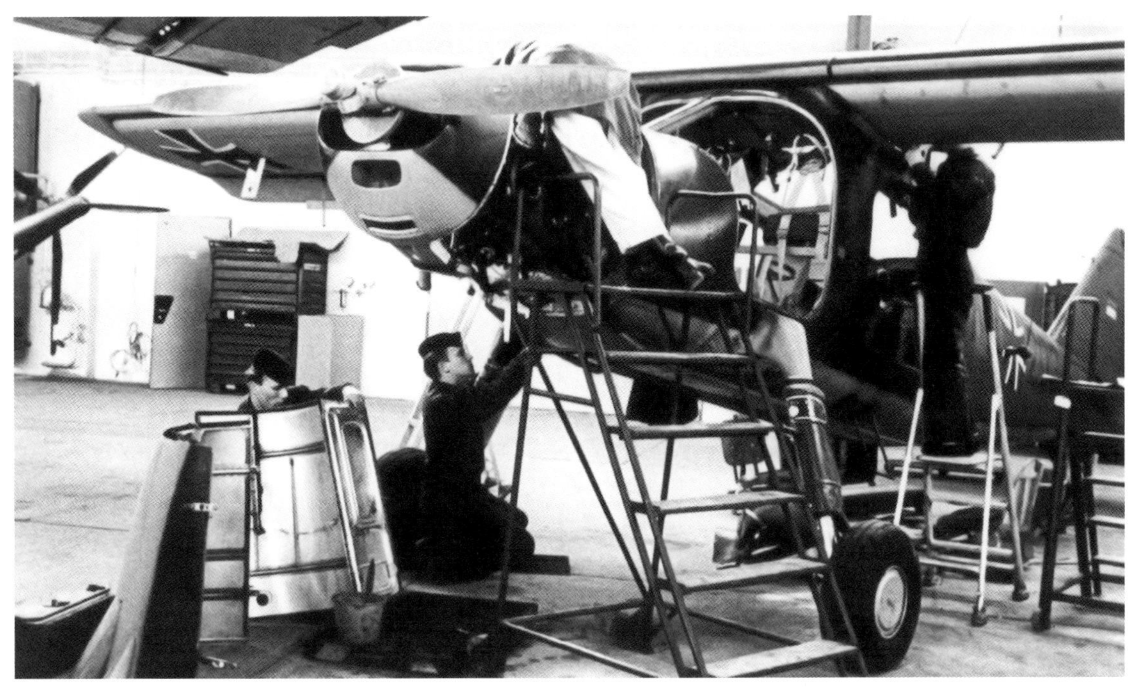

Turnusgemäße Wartung durch das technische Personal des MFG 5.

Achim Thamm – Jahrgang 1933 – stammt aus dem schlesischen Brieg an der Oder. In den Wirren der Nachkriegszeit fand er mit seiner Familie nach langer Odyssee im nordrhein-westfälischen Suderwick ein neues Zuhause. In Bocholt nah der niederländischen Grenze absolvierte der junge Mann eine Lehre zum Elektromaschinenbauer.

Für den Einstieg ins Cockpit wurde dem Piloten und seinen Mitfliegern ein Mindestmaß an akrobatischem Geschick abgefordert.

Die Bundeswehr war gerade gegründet worden und er sah für sich bei der Truppe interessante berufliche Perspektiven. „Mein Lieblingsonkel war während des Krieges bei der Marine", erinnert er sich und lacht dabei. „Er war ein toller Kerl mit hervorragenden menschlichen Eigenschaften. Außerdem beeindruckte mich seine schmucke Uniform. Folglich habe ich mich 1957 freiwillig zur Marine gemeldet. Wehrpflichtig war ich nicht, denn ich gehöre den weißen Jahrgängen an."

Er durchlief die Unteroffiziersausbildung, diverse technische Lehrgänge und war schließlich Erster Wart beim Marine-Dienst- und Seenotgeschwader in Kiel-Holtenau. Hier zeichnete sich Achim Thamm für die Elektrotechnik bei der Percival Pembroke und beim Hubschrauber Bristol Sycamore verantwortlich. Und es entwickelte sich bei ihm der Wunsch, vom Bodenpersonal zum Flieger aufzusteigen. So traf es sich gut, dass die Marineführung zu diesem Zeitpunkt händeringend Flugzeugführer suchte. Der damalige Obergefreite UA stellte ein entsprechendes Gesuch beim Spieß und bekam nach längerer Wartezeit eine Einladung zum Fliegereignungstest nach Hannover. Den bestand er mit Bravour.

Die Langsamkeit entdeckt

„Meinen ersten Flug absolvierte ich am 4. Januar 1961 am Steuerknüppel einer Klemm Kl 107", verrät er nach einem Blick in sein Flugbuch. Auch das Screening – die praktische Eignungsprüfung – meisterte Achim Thamm hinter dem Steuerknüppel einer Piper L-18, dem legendären Gelben Drachen, unter recht provisorischen Bedingungen bei einem Aero-Club auf dem Flugplatz in Bonn-Hangelar.

Er brachte die klassische Pilotenausbildung an den Schulungseinrichtungen in Uetersen, an der Lufthansa-Schule in Bremen und der Blindflugschule in Wunstorf hinter sich, flog dabei Baumuster wie die Piper L-18, Piaggio P-149D, Percival Pembroke und Noratlas. Seinen Militärluftfahrtführerschein stellte ihm am 15. November 1961 der Geschwaderstab des MFG 5 aus. Eine Woche zuvor hatte er seinen ersten Schulungsflug auf der Do 27.

„Bei Windgeschwindigkeiten ab 30 Knoten konnte man mit der Do 27 wie mit einem Helikopter in der Luft stehen", schwärmt Achim Thamm von den Flugeigenschaften der kleinen Dornier. „Einfach die Nase in den Wind stellen, die Landeklappen ausfahren und dann Gas bis zu einer Geschwindigkeit von 30 Knoten geben. Damit konnte man ordentlich Eindruck machen."

Kapitänleutnant a.D. Achim Thamm gehört zur ersten Pilotengeneration der Marineflieger der Bundeswehr.

Auch bei geringen Geschwindigkeiten ließ sich das Flugzeug hervorragend manövrieren, so seine Erfahrung. Erst unter 70 Stundenkilometern kam es im Leerlauf und bei voll gestellten Landeklappen zu einem Strömungsabriss an den Tragflächen. Nach 192 Metern Startstrecke war eine Höhe von 15 Metern erreicht, zur Landung genügten 160 Meter. Mit vollen Tanks lag die Reichweite bei einer Reisegeschwindigkeit von 200 Stundenkilometern bei 600 Kilometern.

Über dem FKK-Strand

Einmal wurde ein Kamerad dabei erwischt, wie er mit kaum mehr als Moped-Geschwindigkeit den Sylter Nacktbadestrand überflog. Prompt gab es peinliche Beschwerdebriefe der sonnenhungrigen FKKler, zumal die Do 27 anhand ihrer Kennung einwandfrei zu identifizieren war. „Man zog sich aus der Affäre, indem der Kommodore des Geschwaders anhand der Protokolle nachweisen konnte, dass zur angegebenen Zeit keine Maschine über Sylt war", grinst Achim Thamm lausbübisch. „Allerdings rechnen alle Flieger in Zulu-Zeit, also nach Greenwich-Zeit eine Stunde früher."

Mit der Do 27 war er in ganz Deutschland unterwegs und auch mal über die Grenzen hinweg in die Nachbarstaaten. Ein besonderes Highlight war für Achim Thamm 1966, damals im Rang eines Oberbootsmanns, die Teilnahme am internationalen Sternflug Baden-Baden, bei dem er zusammen mit seinem Kameraden Karl-Hermann Sollböhmer die Goldmedaille in der Do 27-Klasse erflog. Seine weitesten Flüge führten ihn, allerdings als Do 28-Pilot, nach Frankreich. Er brachte Ersatzteile und technisches Personal zu deutschen Schnellbooten ins französische La Rochelle, die längste Distanz brachte er mit drei Zwischenlandungen zum Tanken mit dem Ziel Biarritz hinter sich.

„Meist kurbelten wir aber zwischen den Militärflugplätzen an der Küste und auf den Inseln hin und her", erinnert sich der Marineflieger, der am 1. März 1974 zum Kapitänleutnant befördert wurde. Er flog Techniker und Ersatzteile dahin, wo sie dringend benötigt wurden, beförderte VIPs und hochrangige Offiziere, flog mit medizinischen Aufträgen und war auch schon mal als fliegender Seehundzähler über dem Wattenmeer unterwegs.

Die Do 27 war damals im deutschsprachigen Raum eine echte Berühmtheit. Die erste Maschine, die von Dornier zivil ausgeliefert wurde, sicherte sich am 5. November 1957 Professor Bernhard Grzimek. Der berühmte Tierfilmer nutzte das Flugzeug mit der Kennung D-ENTE im prägnanten Zebraanstrich für zahlreiche TV-Produktionen, unter anderem im preisgekrönten Film „Serengeti darf nicht sterben". Am 10. Januar 1959 verunglückte sein Sohn Michael damit tödlich, als die rechte Tragfläche mit einem Altweltgeier kollidierte und die Do 27 aus einer Höhe von 200 Metern in einer steilen Rechtskurve abstürzte.

Eine eindrucksvolle Armada von Verbindungsflugzeugen wartet witterungsgeschützt unter dem Hallendach des Fliegerhorstes auf die kommenden Transportaufträge.

Grobe Reparatur mit dem Hammer

Bei den Marinefliegern passierten indes keine schweren Unfälle mit der einmotorigen Dornier. Sie erwies sich als äußerst zuverlässig im Betrieb und in der Wartung einfach zu handhaben. Was vereinzelt zu weit ausgelegt wurde, wie sich Achim Thamm erin-

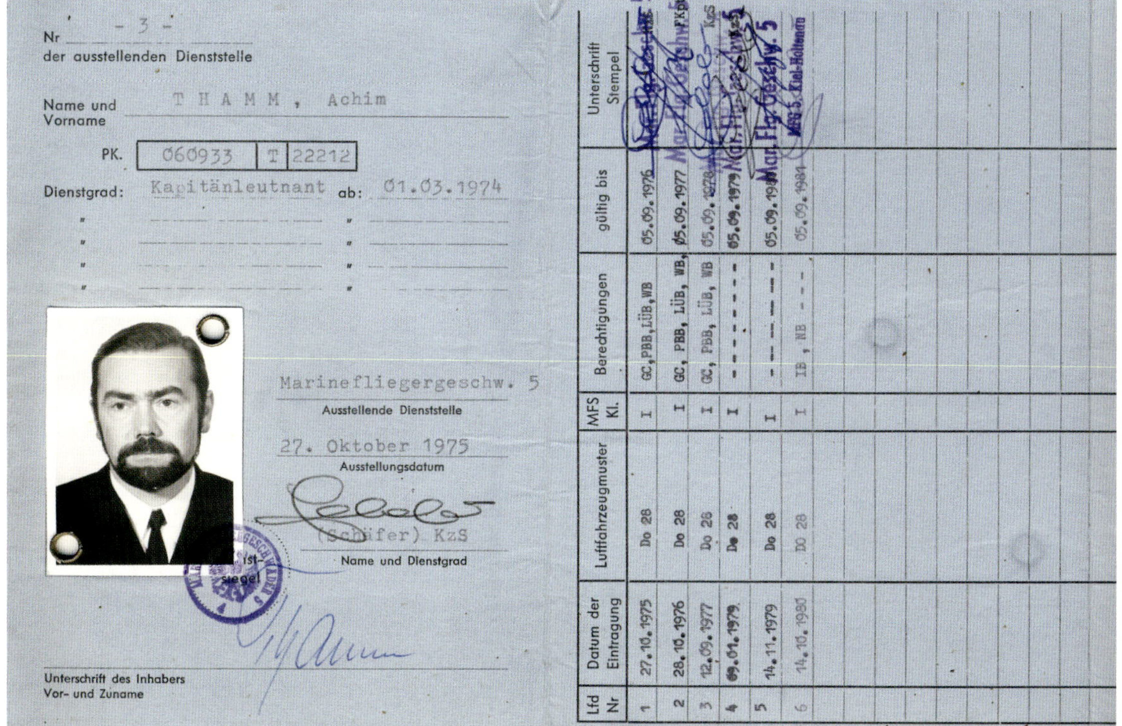

Nr - 3 -
der ausstellenden Dienststelle

Name und Vorname: T H A M M , Achim

PK. 060933 T 22212

Dienstgrad: Kapitänleutnant ab: 01.03.1974

Marinefliegergeschw. 5
Ausstellende Dienststelle

27. Oktober 1975
Ausstellungsdatum

(Schäfer) KzS
Name und Dienstgrad

Dienstsiegel

Unterschrift des Inhabers Vor- und Zuname

Lfd Nr	Datum der Eintragung	Luftfahrzeugmuster	MFS Kl.	Berechtigungen	gültig bis	Unterschrift Stempel
1	27.10.1975	Do 28	I	GC,PBB,LÜB,WB	05.09.1976	
2	28.10.1976	Do 28	I	GC, PBB, LÜB, WB	05.09.1977	
3	12.09.1977	Do 28	I	GC, PBB, LÜB, WB	05.09.1978	
4	09.01.1979	Do 28	I	- - - - -	05.09.1979	
5	14.11.1979	Do 28	I	- - - -	05.09.1980	
6	14.10.1980	DO 28	I	IB , NB - -	05.09.1981	

Achim Thamms Lizenz auf der Do 28 wurde regelmäßig erweitert und erneuert, wie dieses amtliche Dokument nachweist.

nert: „Auf dem Flugplatz Köln-Wahn hatte es stark geschneit und neben der geräumten Landebahn türmte sich der Schnee zu hohen Bergen auf. Ein Kamerad wollte zurück nach Kiel-Holtenau fliegen. Zum Starten drehte er die Do um 180 Grad und blieb mit dem Heck in einem solchen Schneehaufen hängen. Dabei verbog das Leitwerk. Patent wie er war, hat er es mit einem Hammer wieder in Form gedengelt und ist anschließend ohne Probleme zurückgeflogen. Beim Geschwader hat er für diesen operativen Eingriff, der gegen alle Sicherheitsvorschriften verstieß, einen Mordsanschiss und eine Disziplinarstrafe kassiert."

Ihn selbst hat eine Schlechtwettersituation mal auf Helgoland erwischt. Dort sollte er eine Tauchergruppe abholen, als sich kurz nach der Landung der Himmel dicht zog und Seenebel aufkam. Nix ging mehr. „Das war an einem Montag, deswegen war es zunächst nicht so schlimm, auf der Insel gefangen zu sein. Wir machten es uns gemütlich, warteten in der Dünen-Kneipe auf besseres Wetter und pennten in der Helgoländer Kaserne auf dem Oberland, während die Maschine auf dem Dünenflugplatz parkte. Aber nach einigen Tagen wurde es langweilig und wir nutzten ein minimales Loch in der grauen Wolkendecke und starteten Richtung Ostfriesland. Blindflug war mit der Do 27 verboten, aber ich konnte das. Allerdings waren die Flugplätze wegen des Wetters alle black, also aus Wettergründen nicht anfliegbar. Ich habe ein defektes Funkgerät vorgetäuscht und bin ohne Anmeldung und Landeerlaubnis in Nordholz runtergegangen. Solche Bolzen konnte man damals noch bauen, ohne gleich die Fluglizenz zu verlieren."

Achim Thamm in der klassischen Matrosenuniform.

Ab September 1971 wurden die Do 27 der Marineflieger aus dem Dienst genommen. Anfang 1972 kam die Do 28 zur Truppe, kann aber nicht als direkter Nachfolger bezeichnet werden, meint Achim Thamm: „Wir mussten uns damals richtig Mühe geben, die Maschinen angemessen zur Verwendung zu bringen. Schließlich hielten wir zeitgleich auch noch die Pembrokes und die Piaggios zahlreich in den Geschwadern vor, die vergleichbare Aufgaben zu verrichten hatten. Auch die Albatross und die Breguet Atlantic fielen in diese Schnittmenge und selbst die Hubschrauber bildeten eine gewisse Konkurrenz. Transport-, Schulungs- und Verbindungsflugzeuge hatten wir seinerzeit weit über den tatsächlichen Bedarf hinweg. So manche Beschaffung in der Frühphase war wirtschaftspolitisch motiviert. Heute verfügen die Marineflieger über keinerlei Luftfahrzeuge dieses Charakters und man vermisst sie oftmals sehr."

Dornier Do 27: Technik und Geschichte

Nach dem Ende des Zweiten Weltkriegs war es der deutschen Luftfahrtindustrie seitens der Siegermächte verboten, Flugzeuge zu entwickeln und herzustellen. Das führte bei Gründung der Bundeswehr zu der Situation, dass man bei der Beschaffung auf Luftfahrzeuge ausländischer Hersteller zurückgreifen musste. Das war einerseits sinnvoll,

schwächte auf der anderen Seite den ohnehin noch im Aufbau befindlichen Wirtschaftsstandort Deutschland.

Luftfahrtpionier Claude Dornier wollte auf eine Freigabe des Flugzeugbaus im eigenen Land nicht warten. Wie andere namhafte deutsche Konstrukteure verlegte er seine Aktivitäten ins Ausland, in diesem Fall nach Spanien. Dort entstand unter Leitung seines Sohnes Claudius im Februar 1951 die Oficinas Tecnicas Dornier, kurz als OTEDO bezeichnet. Das in Madrid angesiedelte Konstruktionsbüro beteiligte sich an verschiedenen Ausschreibungen und entwickelte für das spanische Militär ein kleines Verbindungsflugzeug mit Kurzstarteigenschaften. Unter der Bezeichnung Do 25 P-1 entstand ein Prototyp, der – angetrieben von einem Elizalde Tigre G-IV-B-Motor mit 150 PS und einer nicht verstellbaren Luftschraube – am 25. Juni 1954 mit Testpilot Ernesto Nienhuisen im Cockpit seinen Erstflug absolvierte. Der zweite Prototyp, die P-2C, verfügte über den mit 225 PS deutlich stärkeren Continental O-470-J mit einem Zweiblatt-Verstellpropeller, der am 8. April 1955 erstmals abhob. Beide übrigens als zweisitzige Schulterdecker gebaut von der spanischen Construcciones Aeronáuticas S.A., abgekürzt CASA.

Etwa zeitgleich erlangte Deutschland seine Lufthoheit zurück und befand sich bereits in der Gründungsphase der Bundeswehr. Eine ideale Konstellation für Claude Dornier. Einerseits hatten sich die beiden Do 25 während ihrer Erprobung hervorragend bewährt, andererseits meldeten die Militärs einen

Gleich soll es losgehen: Betanken und Pre-Flight-Check auf dem Fliegerhorst.

Für die Dreharbeiten zu dem Kinofilm „Verrat auf Befehl" mit William Holden, Klaus Kinski und Ingrid van Bergen wurde diese Do 27 auf dem Fliegerhorst in Uetersen zu einem Fieseler Storch „umgeschminkt".

In Paradeaufstellung am Rollfeldrand

Dornier Do 27

Dienstreise: Mit dem DKW aus dem Geschwaderfuhrpark wird der Kommodore bis zur Maschine gebracht. Der Do-Pilot nimmt ihn in Empfang.

hohen Bedarf an einer Maschine dieser Art für alle drei Teilstreitkräfte an. Die P-2C kam mit spanischen Hoheitszeichen im August 1955 nach Deutschland und wurde einem beeindruckten Fachpublikum präsentiert.

Auch das Militär war interessiert. Die Verhandlungen mit den Offizieren und Beamten des gerade neu geschaffenen Bundesministeriums für Verteidigung im nordrhein-westfälischen Bonn-Hangelar verliefen äußerst erfolgreich für Claude Dornier. Er hatte im Februar 1956 den Vertrag zur Lieferung von insgesamt 469 Maschinen vom Typ Do 27 in der Tasche, was später auf 428 Einheiten reduziert wurde. Diese noch bei der CASA in Madrid entstandene Weiterentwicklung der vielversprechenden Do 25 nach den Wünschen der Bundeswehr bestand aber bislang nur auf dem Reißbrett.

Es waren abenteuerliche Zeiten, in denen Improvisationstalent gefragt war. Die Belegschaft kehrte aus Spanien zurück. Im einstigen Flugzeugwerk von Dornier in München Neuaubing entstanden zu diesem Zeitpunkt Leitern und Alu-Container. Hier galt es, die Produktion in Windeseile auf den Bau von Flugzeugen umzustellen. Einige Ingenieure arbeiteten aus Platzmangel sogar in Dorniers Privathaus in Friedrichshafen.

Unter Volldampf entstand aus der Do 25 zunächst eine Bruchzelle zur Kontrolle der statischen Belastbarkeit, während parallel dazu ein neues Werk für die Serienfertigung errichtet wurde. Die wesentlichen Unterschiede zur Do 25 waren der geteilte Flügel, eine größere Seitenflosse, andere Ruder, Fenster und Türen sowie ein erhöhtes Abfluggewicht. Am 17. Oktober 1956 war es so weit: Flugkapitän Heinrich Schäfer hob mit der Do 27 A erstmals vom zwischenzeitlich wieder freigegebenen Werksflugplatz in Oberpfaffenhofen ab. Die erste Bundeswehrmaschine übergab Claude Dornier am 14. Januar 1957 im Rahmen einer feierlichen Zeremonie an den damaligen Verteidigungsminister Franz Josef Strauß.

Konstruiert war die Do 27 als freitragender Hochdecker mit einem dreiteiligen Rumpf in Ganzmetallbauweise. Der Flügel mit Flügelnase, Flügelende und Vorflügel entstand als Blechkonstruktion. Querruder und Landeklappen bespannte man mit Stoff. Im starren Fahrwerk verbargen sich zwei Luftölfederbeine hinter den Verkleidungen. Die Bremsanlage funktionierte hydraulisch. Am Heck befand sich der Sporn mit einem Vollgummireifen oder ein luftbereiftes und schwenkbares Rad mit Federbeindämpfung. Die wohl

Hinter dem Propeller leistete ein Boxermotor vom Typ Lycoming GO-480-B1A6 zuverlässig seinen Dienst.

prägnanteste Änderung gegenüber der Do 25 war die Motorisierung. Unter der Haube arbeitete nun ein Lycoming GO-480-B1A6 auf eine Hartzeil-Verstellluftschraube aus Metall mit konstanter Drehzahl. Der Boxermotor mit sechs Zylindern realisierte eine Leistungsausbeute von 270 PS. Er wurde von 1954 bis 1978 von dem US-amerikanischen Hersteller in unterschiedlichen Varianten gebaut. Der Treibstoff befand sich in zwei Tanks mit einem Volumen von zusammen 220 Litern in den Flügeln.

Von den 428 durch die Bundeswehr bestellten Maschinen wurden 322 in der A-Version ausgeliefert. Bei den 106 Do 27 B handelte es sich um die Variante mit doppelter Steuerung und Instrumentierung, gedacht vor allem für Ausbildungszwecke. Für die Marineflieger waren zunächst 14 dieser Flugzeuge vorgesehen. Tatsächlich wurden aber neun weitere aus einem Lieferungsüberschuss an das Heer und die Luftwaffe bereitgestellt. Sie kamen bei den Marinefliegergeschwadern 1, 2 und 5 zum Einsatz.

1965 stellte Dornier die Produktion des Baumusters nach 624 fertiggestellten Exemplaren, davon 50 Lizenzbauten bei CASA in Spanien, aus Kapazitätsgründen ein. Zwischen 1970 und 1972 wurden die Do 27 bei den Marinefliegern ausgemustert. Man verkaufte sie über die VEBEG an Fliegerclubs und private Halter oder gab sie kostenlos als Entwicklungshilfe ins Ausland ab.

Lufttransport einer defekten Do 27 durch eine Sikorsky H-34G.

Anfänglich war das Heer der weitaus größte Nutzer der Do 27, bis man erkannte, dass Hubschrauber für deren Belange weitaus besser geeignet waren.

Technische Daten der Dornier Do 27

Hersteller	Dornier-Werke GmbH
Ursprungsland	Deutschland
Erstflug	17. Oktober 1956
Produktionszeit	1956 bis 1965
Stückzahl gesamt	626
Bundesmarine	23
Besatzung	1 oder 2
Passagiere	4 oder 5
Länge	9,60 m
Höhe	2,71 m
Spannweite	12 m
Rumpfbreite	
Leergewicht	1046 kg
Startgewicht	1570 kg
Triebwerk	Lycoming GO-480-B1A6, Boxermotor
Leistung	199 kW (270 PS)
Zylinder	6
Bohrung	130,20 mm
Hub	98,40 mm
Hubraum	7,86 l
Höchstgeschwindigkeit	248 km/h
Reisegeschwindigkeit	205 km/h
Reichweite	840 km
Dienstgipfelhöhe	5500 m

Marinefliegerei im ursprünglichen Sinne

Grumman HU-16 Albatross

Bot im Wasser und in der Luft ein beeindruckendes Bild: die Grumman HU-16 Albatross.

Wer hinter dem Steuerknüppel einer Grumman HU-16 Albatross saß, musste beides sein: ein Seemann mit Pilotenschein und ein Flieger mit Kapitänspatent! Ernst-A. Schneider aus Gettorf, Jahrgang 1940, war einer der wenigen deutschen Marineflieger im Cockpit des legendären Flugbootes.

Der pensionierte Fregattenkapitän erinnert sich an die Zeiten, als sein Jugendtraum begann, in Erfüllung zu gehen: „Ich wollte zur Marine und ich wollte fliegen, damals zu Beginn der 60er-Jahre." Es waren zwei Herzen, die bei dem gebürtigen Sachsen-Anhalter in der Brust schlugen: Es zog ihn in die Lüfte und es zog ihn zur See. „Dass beides mit der Albatross wahr wurde, ist allerdings Glück und Zufall", sagt er.

Verantwortlich für den maritimen Such- und Rettungsdienst aus der Luft im Bereich der Nord- und Ostsee, konnten die Marineflieger ab dem Sommer 1958 bereits Erfahrungen und Einsatzerfolge mit Hubschraubern des Typs Bristol B 171 Sycamore Mk 52 vorweisen. Doch taten sich in der Praxis auch Defizite hinsichtlich der Geschwindigkeit und Reichweite auf. Um diese Lücke im SAR-Dienst zu schließen, entschloss sich die Bundesmarine Ende der 50er-Jahre zur Anschaffung von fünf Grumman-Albatross.

„Die Helikopter erwiesen sich schnell als ein effektives Rettungsmittel", erklärt Ernst-A. Schneider. „Ihre entscheidenden Nachteile waren die relativ geringe Geschwindigkeit und Reichweite, was sie für die Suche nach Havaristen und im Wasser treibenden Schiffbrüchigen nur bedingt geeignet machte. Damals gab es kein GPS und auch die Funk- und Ortungstechnik war bei weitem noch nicht zuverlässig und perfektioniert. Darum etablierte die Bundesmarine mit der Beschaffung der Grumman HU-16 Albatross – dem Typ B mit einer um fünf Meter vergrößerten Spannweite – eine zweite Säule im SAR-Dienst. Hubschrauber und Amphibienflugzeug ergänzten sich in ihren Eigenschaften dabei perfekt."

All hands on deck! Albatross-Besatzung nach der Landung. Zur Sicherheit blieb immer ein Mann im Cockpit sitzen.

Eine Fliegerkarriere

Ernst-A. Schneider kam 1940 in Halle an der Saale zur Welt und wuchs in Trier, im badischen Rastatt und in Sonthofen in Bayern auf. Im Alter von 13 Jahren begann er mit dem Segelfliegen. Nach dem Abitur bewarb er sich als Offiziersanwärter bei der Luftwaffe und bestand alle Tests bei der OPZ, der Offiziersbewerberprüfzentrale, in Köln. „Ich saß dort auf dem Flur, wartete eigentlich nur noch auf meine Papiere", erinnert er sich. „Da kam ein Marineoffizier mit Fliegerschwinge auf der Uniformjacke auf mich zu und fragte, ob er mir helfen könne. In dem kurzen Gespräch gab ich mich als flugbegeistert zu erkennen, worauf dieser Marineoffizier fragte: ‚Sie wollen fliegen? Das können Sie bei der Marine auch!' Schon war ich klassisch schanghait. Meine damalige Entscheidung habe ich nie bereut."

Von 1961 bis 1963 durchlief er die klassische Offiziersausbildung bei der Marine. „Eigentlich wollte ich Jets fliegen, alle Flugzeugführeranwärter waren damals scharf auf einen Platz im Cockpit des F-104 Starfighter", plaudert der Veteran. „Bei der Auswahlschulung im holsteinischen Uetersen habe ich mich dann für die Propellerfliegerei entschieden, da ich für das Cockpit des Starfighters zu groß war."

Während einer Ausbildungspause nach der Auswahlschulung bei der Luftwaffe in Uetersen machte der junge Leutnant zur See Fachlehrgänge in den Bereichen U-Boot-Jagd,

Insgesamt fünf Grumman HU-16 Albatross kamen beim MFG 5 zum Einsatz.

Ortung, Fernmeldewesen und Versorgung. Daran schloss sich 1965 und 1966 die Pilotenausbildung an der Lufthansa-Schule in Bremen an. Sofort folgte die Ausbildung bei der Flugzeugführerschule S der Luftwaffe im niedersächsischen Wunstorf auf der Percival Pembroke. Diese Ausbildung endete mit dem Erwerb der Blindflugberechtigung

„Im Februar 1967 habe ich mich auf eigenen Wunsch zum MFG 5 nach Kiel-Holtenau versetzen lassen", so der damalige Oberleutnant zur See. „Ich war heiß darauf, eine der fünf Albatrosse zu fliegen. Die Seefliegerei übte eine Faszination auf mich aus, die bis heute anhält." Der Plan ging auf und Schneider musste erneut pauken, diesmal ging es um den Erwerb des sogenannten Typeratings für die Albatross, vor allem viel flugzeugbezogene Technik und Verfahren, die SAR-Organisation, aber auch wieder einmal nautische Gesetzeskunde, Seeschifffahrtsstraßen-Ordnung und so weiter, was allerdings in weiten Teilen eine Wiederholung des auf der Marineschule Mürwik Gelernten war.

Komplexes Start- und Landeprocedere

„Gestartet und gelandet wurde sowohl auf Land als auch auf See", erklärt Ernst-A. Schneider die Grumman. „Einleuchtend, dass die Albatross dann ein Flugboot, also ein Wasserfahrzeug, war und sich entsprechend verhalten musste. Trainiert wurden Anlege-, Bojen- und Schleppmanöver. Lichterführung, Flaggensignale und Vorfahrtsregeln galt es ebenso zu beherrschen. Die Albatross hatte sogar einen Anker an Bord, und wenn der ausgebracht war, wurde selbstverständlich ein schwarzer Ankerball gesetzt", sagt er und fügt grinsend hinzu: „Bis auf das eine Mal, als unser Bordmechaniker – ein Hauptbootsmann – vergaß, den Anker an der Kette einzuschäkeln und ihn stumpf in der Kieler Förde versenkte."

Der Stauraum für den Anker war auch Schauplatz für eine weitere Anekdote über eine Albatross, die den Auftrag hatte, eine Abordnung des Marinemusikkorps Nordsee von Wilhelmshaven ins französische Nizza zu fliegen. Dort sollten sie an Bord der „Gorch Fock" einen Staatsempfang musikalisch begleiten. Die Maschine startete schwer beladen mit Instrumenten und dem dazugehörigen Equipment. Kaum war sie auf Höhe, stellte der Pilot eine Missweisung beim Kompass fest. Um rund 30 Grad wich der angezeigte Kurs vom tatsächlichen ab. Der Pilot, ein erfahrener Haudegen mit Kriegserfahrung, löste das Problem pragmatisch und addierte einfach die vermeintlich fehlenden Gradzahlen auf dem Kompass hinzu. Auf diese Weise, ergänzt durch navigatorisches

Nach der Wasserlandung ist der Kapitän im Piloten gefragt.

Im Landeanflug auf die Kieler Förde.

Geschick und Erfahrung, kamen die Musiker planmäßig in der Hafenstadt am Mittelmeer an, während sich die Techniker auf die Fehlersuche am Kompass machten. Doch der Fehler trat nach dem Entladen der Fracht gar nicht mehr auf. Des Rätsels Lösung: Die gewichtigen Verstärker und Boxen des Ensembles waren der Trimmung wegen vorn im Stauraum des Ankers untergebracht worden. Die starken Magnete der Lautsprecher beeinflussten mit ihrer Anziehungskraft die sensible Kompassnadel und führten den Flugzeugführer so auf den falschen Kurs.

Drei Jahre flog er als Copilot, meisterte dabei unter anderem mehr als 200 Wasserstarts und -landungen. Im Mai 1970 absolvierte Ernst-A. Schneider erfolgreich die Kommandanten-Checkflüge und konnte danach als „verantwortlicher Luftfahrzeugführer"– so der in der Bundeswehr bis heute korrekte Ausdruck –, sprich Kommandant, alle anfallenden Flüge verantwortlich durchführen. Der Maschine stellt er ein rundum gutes Zeugnis aus: „Die Albatross war das perfekte Arbeitspferd – zuverlässig, sehr stabil und für den Flugzeugführer gut zu handhaben."

Start und Landung auf See waren natürlich eine andere Hausnummer als vom asphaltierten Rollfeld an Land. Neben der aktuellen Windsituation sind bei einer Wasserlandung Seegang und Dünung zu berücksichtigen. Dabei muss man wissen, dass der herrschende Seegang – abhängig von der herrschenden Windrichtung und -stärke – und die Dünung nicht immer aus der gleichen Richtung kommen. Deswegen wurde generell vor einer Wasserlandung auf See das Landegebiet im Tiefstflug überflogen, um die wassermäßigen Gegebenheiten richtig einschätzen zu können. Zur Erklärung: Mit Dünung werden Wellen bezeichnet, die nicht von aktuellen Windereignissen herrühren. Der nach Abflauen des Windes noch auslaufende Seegang wird als Dünung bezeichnet und muss nicht mit der Richtung des aktuellen Seegangs identisch sein.

Ernst-A. Schneider: „Beim Start nutzten wir, wann immer möglich, unter Berücksichtigung des aktuellen Seegangs und der entsprechenden Rollgeschwindigkeit des Flugzeugs, den Kamm der Welle als Sprungbrett, um die Maschine in die Luft zu bringen. Auch bei der Landung setzten wir bei entsprechendem Seegang mit dem Heckteil der Maschine auf der Spitze eines Wellenberges auf, glitten auf dem achterlichen Teil des Rumpfes ins Tal und steuerten dann weich mit der Nase die nächste Welle wieder hinauf. Sobald das Flugzeug ganz gewassert war, wurde die Schubumkehr aktiviert, um die Landerollstrecke auf dem Wasser möglichst kurz zu halten. Eine Landung quer zur See war möglich und wurde auch trainiert, ist in der Praxis aber immer die schlechtere Lösung."

Das Wassern erforderte eine Menge Wissen und Erfahrung, blieb dabei aber immer

Ernst-A. Schneider durchlief zu Beginn der 60er-Jahre die klassische Marineoffiziersausbildung und wurde 1996 im Rang eines Fregattenkapitäns in den Ruhestand verabschiedet.

mit einem Restrisiko behaftet: So kollidierte am 27. Mai 1964 eine Albatross bei der Landung in der Strander Bucht mit einem massiven Stück Treibholz. Die Maschine schlug leck, blieb aber schwimmfähig und konnte schwer beschädigt eingeschleppt und im Bereich des Marinefliegerhorstes Kiel-Holtenau mit einem geschwadereigenen Kran an Land gesetzt werden.

Raketenstarts

Selbst bei rauem Seegang der Stärke vier und Windgeschwindigkeiten um fünf bis sechs Beaufort konnte die robuste Maschine noch sicher auf dem Wasser landen. Für den Start in solchen Grenzsituationen stand das System JATO – Jet-Assisted Take-Off – zur Verfügung. „Das war äußerst wirksam und sah spektakulär aus", erinnert sich der pensionierte Pilot. „Der Bordmechaniker montierte am hinteren Teil des Rumpfes, an den auf beiden Seiten befindlichen Türen, an speziell dafür vorgesehenen Aufhängungen auf jeder Seite zwei Starthilferaketen mit jeweils 1000 Pound Schubleistung. Während des Startvorgangs wurden sie durch einen Knopf am Steuerhorn aktiviert. Das gab dann abrupt richtig Speed. Die Raketen hatten eine sichere Brenndauer von mindestens 14 Sekunden. Rund zehn Sekunden konnte die Albatross auf dem Strahl reiten und so Höhe gewinnen. Mit den restlichen vier Sekunden wurde dann Fahrt aufgenommen. Die abgebrannten Raketen warfen wir anschließend einfach ab, aber nicht ohne zuvor das Abwurfgebiet auf Menschen, Fahrzeuge oder Bebauung zu überprüfen. Nicht ökologisch, aber effektiv."

Zur Albatross-Besatzung gehörten neben Pilot und Copilot außerdem ein Bordmechaniker, ein Funker sowie ein Navigator. Die Ausrüstung mit der Funk-, Peil- und Ortungstechnik der fünf Neubauten für die damalige Bundesmarine war seinerzeit hochmodern. Die Bordmechaniker verfügten über eine erweiterte Erste-Hilfe-Ausbildung für die mögliche Erstversorgung von geborgenen Personen. Oftmals flog auch ein Arzt mit.

Hauptaufgabe der Albatross Besatzungen bei SAR-Einsätzen war die Suche nach Havaristen und Schiffbrüchigen mit Unterstützung der Funk- und Ortungstechnik. Natürlich wurde auch optisch gesucht, bei Nacht mit eingeschaltetem schwenkbarem Landescheinwerfer. Nach Lokalisierung des Zielobjektes erfolgte die gezielte Heranführung der operativen Rettungseinheiten – SAR-Hubschrauber oder die Seenotkreuzer der DGzRS. Dabei übernahm die Maschine oftmals die Funktion des On Scene Commander, des Einsatzleiters vor Ort, und bildete die Schnittstelle zwischen den Rettern, der Leitstelle RCC Glücksburg und dem MRCC Bremen, der Seenotleitung der DGzRS. Auch für solche einsatztaktischen Aufgaben waren die Besatzungen geschult.

Wasserspiele mit der Grumman HU-16 Albatross, gefunden im Bildarchiv des MFG 5.

Im Hexenkessel Nordsee

„Meinen wohl spektakulärsten Einsatz erlebte ich noch als Copilot am 15. Januar 1968 in der Nordsee, rund 50 Seemeilen nordwestlich von Helgoland", erinnert sich der fliegende Retter. „Es herrschte schwerer Orkan. Es pfiff mit siebzig Knoten, in Böen Windstärke 12. Für einen Start war das Wetter eigentlich schon über der Grenze des Machbaren, als der Fischkutter ‚Adonis' einen Mayday-Notruf in den Äther schickte."

Die drei Fischer wollen ihr Schiff trotz der tobenden See verlassen, so die Meldung über UKW. Dann riss der Funkkontakt ab. Eine exakte Position des Havaristen konnte nicht eingepeilt werden. RCC Glücksburg alarmierte daraufhin über den Gefechtsstand

Bei langsamer Vorrausfahrt wird nochmals die komplette Funktionsbereitschaft der Maschine geprüft.

Über eine betonierte Piste mit Zugang zur Förde wurden die Albatrosse auf dem Fliegerhorst in Kiel-Holtenau zu Wasser gebracht und an Land geholt.

des MFG 5 die Albatross, Rufzeichen „Dumbo 30". Sie stand auf dem Fliegerhorst Kiel-Holtenau an 365 Tagen im Jahr rund um die Uhr in Bereitschaft.

„Zu dieser Besatzung gehörte ich damals als Copilot", berichtet Schneider weiter: „Ground-Check und das Warmlaufen der Motoren dauerten 15 Minuten. Als wir am Ende des Rollweges auf das östliche Ende der Startbahn einkurven wollten, machte der Weststurm uns das Leben sehr schwer. Obwohl beide Triebwerke mit fast voller Leistung liefen, drohte das Flugzeug immer wieder nach links auszubrechen. Nur mit Mühe gelang es, das Flugzeug auf dem Rollweg zu halten. Mit Hilfe eines Schleppers klappte es schließlich, die Albatross auf die Startbahn

Ablaufbahn vom Ober- zum Unterland auf dem Marinefliegerhorst Kiel-Holtenau.

zu bringen. Ein Manöver, das in keinem Handbuch zu finden ist und beim Nichterfolg unausdenkbare Konsequenzen gehabt hätte."

Kurze Zeit später war die Albatross in der Luft und verschwand in der Dunkelheit mit Kurs Nordwest. „Wir gingen davon aus, dass die ‚Adonis' auf Tiefe gegangen war – was sich im Nachhinein auch als Fakt herausstellte", erinnert sich Ernst-A. Schneider. „Das dänische RCC Karup war die koordinierende Leitstelle und hatte uns ein Suchgebiet zugewiesen, wo wir unsere Tracks abflogen. Außerdem waren zwei dänische SAR-Hubschrauber im Einsatz. Der erste dänische Hubschrauber, Rufzeichen ‚Trepan 1', dessen rotes Rotationslicht wir in der Dunkelheit sehen konnten, gab unvermutet einen Mayday-Ruf ab. Er hatte einen Triebwerksausfall und verlor sehr schnell an Flughöhe. Da er aber – Gott sei Dank – zwei Triebwerke hatte, konnte er eine Notwasserung verhindern. Wir geleiteten ‚Trepan 1' bis nach Esbjerg an der dänischen Küste und flogen dann wieder zurück in das Suchgebiet. Zwischenzeitlich hatten die Dänen einen zweiten Hubschrauber, Rufzeichen ‚Trepan 4', gestartet, mit dem wir bald Funkkontakt hatten. Die Zeit lief uns und den Schiffbrüchigen davon."

Der Faktor Zeit ist entscheidend bei der Seenotrettung. Es geht primär nicht um das Ertrinken oder wie lange sich die Menschen über Wasser halten können. Es geht um das Thema Unterkühlung. Im Januar bei der seinerzeit herrschenden Wassertemperatur von zwei Grad hat ein im Wasser treibender Mensch ohne wirksamen Kälteschutz kaum mehr als zehn Minuten Überlebenszeit.

Doch die drei Fischer hatten sich nach dem Absacken ihres Kutters „Adonis" auf ein Rettungsfloß geflüchtet. Durchnässt, aber von ihrem dicken Ölzeug dennoch einigermaßen vor der Kälte geschützt, klammerten sie sich in der tosenden See an ihr Schlauchboot. Sämtlich Fackeln waren abgebrannt, fast alle Seenotraketen verschossen: Plötzlich ver-

Die Besatzung gelangte in der Regel trockenen Fußes an Bord ihrer Maschine.

nahmen die drei Männer das tief-sonore Motorengeräusch der Albatross in der stürmischen Nacht. Einer von ihnen hatte noch eine wasserdichte Taschenlampe bei sich und schickte ein schwaches Lichtsignal gen Himmel.

„Dieses kaum zu erkennende Aufblitzen in der Dunkelheit und der durch Wellenberge und Gischt behinderten Sicht nach unten wurde von mir entdeckt. Reiner Zufall und Glück für die Schiffbrüchigen. Wir hielten sofort darauf zu, nicht sicher, ob es eine Täuschung war. Beim Anflug zischte plötzlich eine rote Leuchtkugel in den Nachthimmel. Wir hatten die Schiffbrüchigen gefunden", berichtet Schneider weiter.

So gut es ging, fixierte die Albatross die Fischer auf dem kleinen Rettungsfloß mit dem Landescheinwerfer. „Wir haben eine Leuchtboje abgeworfen, die Schiffbrüchigen im Kreis immer wieder umflogen und per Funk den dänischen Hubschrauber herangeführt. Der hat die Männer schließlich hochgewinscht und auf direktem Weg mit starken Unterkühlungen nach Esbjerg ins Krankenhaus geflogen. Das war ein Paradebeispiel für das Zusammenarbeiten aller Rettungskräfte über nationale Grenzen hinaus!"

Ende der Dienstzeit

Mehr als 900 Flugstunden hat Ernst-A. Schneider im Cockpit der Grumman Albatross absolviert. Den Rekord hält Kapitänleutnant Hannes Kölle, der 2650 Sunden hinter dem Steuerknüppel der Albatross vorweisen kann. Die Statistik dokumentiert: Exakt 15323 Stunden und 40 Minuten waren die fünf Albatross-Flugboote in der Luft, was 3 930 000 Kilometern Flugstrecke entspricht oder alternativ fast 100 Erdumrundungen. Dabei kamen auf jede Flugstunde vier Wartungsstunden durch die Techniker am Boden.

Am 1. Oktober 1971 erfolgte die Außerdienststellung der Grumman HU-16 Albatross. Damit endete die Epoche der Amphibienflugzeuge bei den deutschen See- streitkräften, denn die Beschaffung von adäquatem Ersatz war nicht notwendig. Wesentliche Teile der Aufgaben, die bislang von den Albatross-Maschinen wahrgenommen wurden, übernahmen nun die Breguet BR 1150 Atlantic und die Dornier Do 28-D2

Jetzt übernimmt das technische Personal.

Grumman HU-16 Albatross

Impressionen und Innenansichten

Blick ins Innere einer Albatross: Diese seltenen Bilddokumente machen deutlich, dass den Flugzeugführern, Funkern und Navigatoren auf diesem Baumunster eine erhebliche fachliche Qualifikation abverlangt wurde.

Cockpit links - Pilot

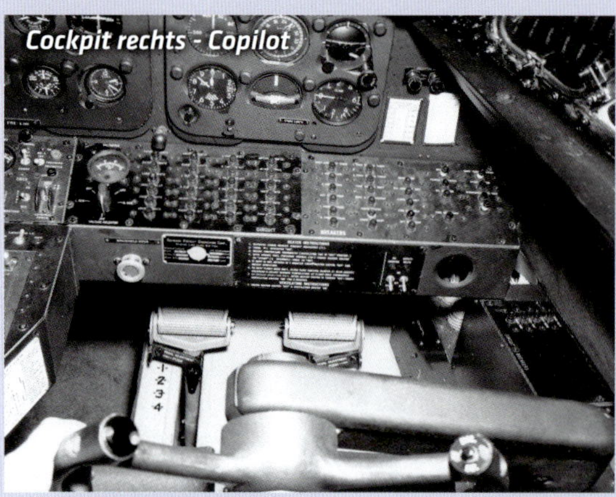

Cockpit rechts - Copilot

Arbeitsplatz Bordfunker

Overhead Panel

Mittelkonsole zwischen den Piloten

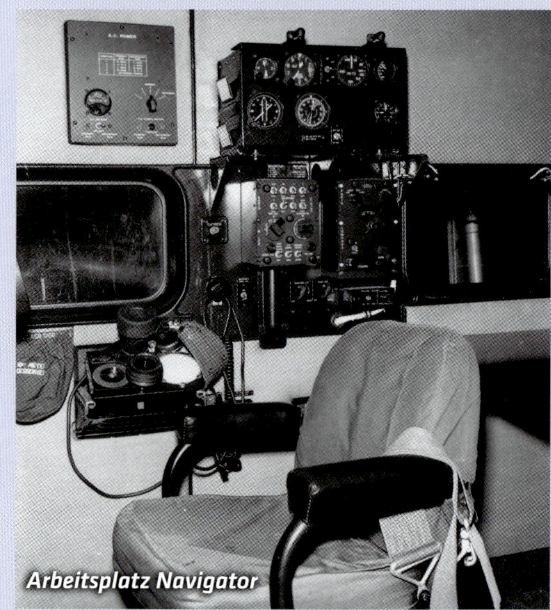

Arbeitsplatz Navigator

Skyservant. Mit Einführung der Westland Sea King Mk 41 stieß 1975 zudem ein SAR-Hubschrauber zu den Marinefliegern, der die wesentlichen Eigenschaften der Sikorsky H-34G und der Grumman Albatross in sich vereinte.

Nach der Außerdienststellung der Albatross Ende September 1971 war die Karriere von Ernst-A. Schneider noch lange nicht beendet. Er war Einsatzpilot auf der Breguet Atlantic beim MFG 3 „Graf Zeppelin" in Nordholz, Staffelkapitän der 2. Staffel des MFG 5, hatte verschiedene Verwendungen beispielsweise in der NATO und bei der Kommandobehörde der Marineflieger, wo er unter anderem als Fachreferent für SAR, Lufttransport und auch maßgeblich für die Einführung der DO 28-D2 Skyservant verantwortlich war. Auch bei der Erarbeitung der Einsatzkonzepte zur Aufklärung und Überwachung von Meeresverschmutzungen in Nord- und Ostsee und bei der Einführung der Ölüberwachungsflugzeuge – zunächst die Do 28 und später die Do 228 LM – war er maßgeblich beteiligt. Ende September 1996 schied Ernst-A. Schneider als stellvertretender Kommodore des Marinefliegergeschwader 5 aus dem Militärdienst aus.

Aufmerksam schauen die Mannschaftsdienstgrade beim Zuwassergehen zu.

Grumman HU-16 Albatross: Technik und Geschichte

Die Grumman HU-16 Albatross ist ein robustes Amphibienflugzeug, das sich vor allem durch seine hohe Reichweite sowie gutmütige Flugeigenschaften auch in Schwerwettersituationen auszeichnete. Sie wurde von der US-amerikanischen Grumman Aircraft Engineering Corporation in Bethpage auf Long Island in New York entwickelt. Dies geschah Mitte der 1940er-Jahre zunächst ohne einen festen Auftrag und auf eigenes Risiko. Der Startauftrag zum Bau von zwei Prototypen kam dann von der US Navy. Bei der Maschine handelte es sich um eine Neukonstruktion in der Nachfolge der erfolgreichen Grumman-Flugboote Goose, Widgeon und Mallard.

Ihren Erstflug absolvierte die Albatross am 24. Oktober 1947. Von 1949 bis 1954 entstanden 459 Flugzeuge von diesem Typ, die in

Propellerwechsel durch das technische Personal des MFG 5.

mehr als 15 Ländern vornehmlich im SAR-Dienst – dem internationalen maritimen Such- und Rettungsdienst – aber auch als U-Jäger zum Einsatz kamen. Hauptnutzer waren die US Air Force, die US Navy und die US Coast Guard. Um der Forderung des US Air Rescue Service nach operationeller Feinprofilierung nachzukommen, wurde das A-Modell weiterentwickelt und bekam unter anderem eine um rund fünf Meter größere Spannweite. Das B-Modell, das anschließend auch beim MFG 5 geflogen wurde, machte seinen Erstflug am 16. Januar 1956.

Konstruiert war die Grumman HU-16 Albatross als freitragender Hochdecker in Ganzmetall-Halbschalenbauweise. Stützschwimmer an den äußeren Tragflächen gaben dem Flugzeug beim Rollen auf dem Wasser die notwendige Seitenstabilität. Gleichzeitig hatte jeder Stützschwimmer eine eingebaute Tankgruppe. Je ein abwerfbarer Zusatztank konnte auf jeder Seite unter den Tragflächen angebracht werden. Das Hauptfahrwerk der Maschine wurde während des Fluges und bei Wasserlandungen eingezogen.

Als Antrieb fungierten zwei luftgekühlte Sternmotoren des Herstellers Wright vom Typ R-1820-76A Cyclone mit jeweils neun Zylindern und 2850 PS Gesamtleistung. Zur Aufladung hatten sie Einstufen-Zweigang-Turbolader, die hydraulisch betätigt wurden. Die beiden Ganzmetall-Dreiblattpropeller mit 3,34 Metern Durchmesser konnten zur Schubumkehr verstellt werden. Der Treibstoffverbrauch im Normalbetrieb lag bei rund 200 Litern pro Stunde je Motor. Mehr als

Die Piloten des MFG 5 überführten die Maschinen nach ihrer Ausmusterung in die Vereinigten Staaten.

50 000 dieser bewährten Flugzeugmotoren entstanden ab 1931 in immer wieder optimierten Varianten bei Curtiss-Wright in Roseland, New Jersey, und diversen Lizenzunternehmen. Beim Marinefliegergeschwader 5 waren von 1959 bis September 1971 insgesamt fünf Amphibienflugzeuge des Typs Albatross für SAR-Einsätze in Nord- und Ostsee rund um die Uhr in Alarmbereitschaft. Sie wurden 1956 bei Grumman bestellt, hatten die Baunummern 146426 bis 146430 und trugen, nach mehreren Umnummerierungen, zum Schluss die Kennungen 60+04 bis 60+08. Neben dem SAR-Dienst wurden die Flugzeuge auch zu Kranken- und Transplantattransporten, zur taktischen Aufklärung in der Ostsee, zu Personen- und Materialtransporten und im Winter zur Eisaufklärung eingesetzt.

In den Monaten Juli bis August 1968 wurden von Angehörigen der 1. Staffel noch drei weitere Flugzeuge Albatross, in diesem Falle A-Modelle mit kürzerer Tragfläche, von St. Hubert in Kanada nach Kiel-Holtenau überführt. Diese drei Flugzeuge kamen im gleichen Jahr zu VFW nach Bremen zwecks „Germanisierung". Im Flugdienst des Geschwaders wurden diese Flugzeuge jedoch nicht mehr eingesetzt, da zwischenzeitlich die Außerdienststellung der Albatross beschlossen worden war, was zu ihrer Verschrottung führte.

Die fünf aktiven Grumman Albatross verkaufte die Bundeswehr in die USA, hat Ernst-A. Schneider recherchiert. „Sie wurden von Piloten der damaligen 1. Staffel des MFG 5 überführt. Die Maschine mit der Seitennummer 60+04 steht auf dem Flugplatz der Ohio State University. Vor einigen Jahren sollte sie für die Offshore-Bodenschatzsuche umgerüstet werden. Das Programm wurde begonnen, aber nie zu Ende geführt. Die 60+05 bis 60+08 wurden zügig an die Luftwaffe Indonesiens verkauft und flogen dort im militärischen Dienst bis Anfang 1980. Erstere befindet sich heute als Großexponat in einem Museum in Chino in Kalifornien."

Was hier aussieht wie ein Luftnotfall, ist ein Wasserstart mit Hilfsraketen.

Technische Daten der Grumman HU-16 Albatross

Hersteller	Grumman Aircraft Engineering Corporation
Ursprungsland	USA
Erstflug	16. Jan. 1956, A-Modell am 1. Okt. 1947
Produktionszeit	1947 bis 1959, alle Modelle
Stückzahl gesamt	466
Bundesmarine	5, 3 weitere nicht im Einsatz
Besatzung	5
Passagiere	11
Länge	19,15 m
Höhe	7,87 m
Spannweite	29,46 m
Leergewicht	10 380 kg
Max. Startgewicht	17 010 kg (Land) 15 422 kg (Wasser)
Triebwerk	2 x 9-Zyl.-Sternmotor Wright R-1820-76A Cyclone
Leistung	2 x 1050 kW (1425 PS)
Bohrung	155,6 mm
Hub	174 mm
Hubraum	29,88 l
Tankvolumen	4060 l
mit Zusatztanks	6330 l
Höchstgeschwindigkeit	385 km/h
Reisegeschwindigkeit	275 km/h
Zusatzantrieb	4 Starthilfsraketen System JATO (Jet-Assisted Take-Off), je nach Bedarf wurden 2 oder 4 Raketen als Starthilfe benutzt
Reichweite	5575 km
Dienstgipfelhöhe	7165 m

Der flüsternde Riese

Breguet BR 1150 Atlantic

Breguet Atlantic in der Sigint-Variante, gut zu erkennen an der langen schwarzen Signalantenne in der Mitte der Rumpfunterseite.

Wenn Fregattenkapitän Heiko Millhahn morgens nach Nordholz ins Geschwader fährt, zaubert sie ihm stets ein Lächeln ins Gesicht: die Breguet BR 1150 Atlantic mit der Kennung 61+06, die als Torwächterin an der Hauptzufahrt zum MFG 3 steht: „An Bord der alten Dame habe ich eine ganze Anzahl meiner insgesamt 3000 Flugstunden auf der Atlantic hinter mich gebracht. Schön, dass ich sie fast jeden Tag wiedersehe. Es waren hervorragende Flugzeuge mit einem ganz eigenen Charakter."

Hinzu kommen in seinem Flugbuch aktuell weitere 2000 Stunden auf der Lockheed P-3C Orion, doch davon später mehr. Heiko Millhahn ist Kommandeur der Fliegenden Gruppe beim MFG 3, doch wäre sein Traum vom Fliegen fast geplatzt: Nach dem Abitur meldete sich der Berliner zur Luftwaffe, wollte Flugzeugführer auf der Transall werden. Während der Pilotenausbildung in Goodyear/Arizona bei der US Air Force wurde er im Eignungsverfahren ausgesiebt. Durch seine erstklassigen theoretischen Leistungsnachweise ergab sich jedoch die Chance für ihn, als Luftfahrzeugoperationsoffizier zu den Marinefliegern zu wechseln. Noch zwei Jahre gingen ins Land, bevor Heiko Millhahn 1997 erstmals in der BR 1150 von der Nordholzer Startbahn abhob. Zunächst als Navigator, später dann als Tactical Coordinator: „Ich habe mit der Atlantic bei diversen NATO-Manövern viele schöne Ecken auf der Welt kennengelernt", blickt er zurück. „Island, Frankreich, Kanada, die USA …"

Doch 1999 wurde es ernst für den damaligen Oberleutnant zur See. Im ehemaligen

Die 61+06 steht als Torwächter an der Hauptzufahrt zum MFG 3.

Jugoslawien eskalierte der Konflikt zwischen Albanien und Serbien. Die NATO griff im Rahmen der Operation „Allied Force" in Form eines Luft-Boden-Kriegs ein. Heiko Millhahn war mit der Breguet Atlantic mitten im Geschehen: „Täglich starteten wir morgens um 3 Uhr in Nordholz, sammelten im rheinland-pfälzischen Büchel weitere Fermeldeexperten ein und waren nach drei Stunden Flugzeit im Einsatzgebiet. Hier war der Luftraum voller Stahl. Über uns AWACS-Aufklärer, Tankflugzeuge und Drohnen, unter uns kurbelten die Tornados. Wir waren dabei der permanenten Bedrohung durch Luftabwehrraketen und die MIG 29-Jagdflieger der Serben ausgesetzt. Unter dem Strich gab es aber kaum Gegenwehr, ich selbst war nie in einer kritischen Situation. Aber erhöhte Wachsamkeit war bei diesen Aufklärungsflügen das höchste Gebot. Das waren reale Einsätze."

Kidnapper und Terroristen

Ähnlich dramatisch war vier Jahre später ein Einsatz, der sich über mehrere Wochen hinzog. 2003 entführten salafistische Terroristen in der algerischen Wüste 32 Sahara-Touristen aus Deutschland, der Schweiz, Österreich und den Niederlanden. Es entwickelte sich ein sechsmonatiger internationaler Nervenkrieg auf diplomatischer Ebene. Der damalige Bundeskanzler Gerhard Schröder und Außenminister Joschka Fischer brachten sich ein, um die darunter befindlichen 16 deutschen Staatsbürger frei zu bekommen.

„Seit dem Anschlag auf die Twin-Towers in New York waren wir bereits im Zuge der Operation ‚Enduring Freedom' in die internationale Terrorbekämpfung eingebunden und hatten dauerhaft zwei BR 1150 mit zwei Besatzungen im Einsatz, die von Mombasa in Kenia aus operierten", erklärt Fregattenkapitän Millhahn. „Jetzt flogen wir – nach Sardinien verlegt – jede Nacht über der Sahara und versuchten, irgendwelche Hinweise auf die Geiseln und Entführer zu finden. Unser Auftrag bei dieser als ‚Blue Fox' bezeichneten Mission: größere Personenansammlungen, Transportbewegungen, Zeltdörfer und Fahrzeuge mit unseren Infrarotsensoren in der Wüste auszumachen und dieses Lagebild anschließend an das Hauptquartier und die Bodentruppen zu melden. Es war die sprichwörtliche Suche nach der Stecknadel im Heuhaufen. Und es war nervenzehrend, weil wir bei aller Professionalität gedanklich auch immer bei den Geiseln waren. Nach 177 Tagen kamen sie gegen Zahlung eines Lösegelds frei, eine junge Touristin war zuvor an einem Hitzschlag gestorben."

Im Formationsflug über der Nordsee. Am Heck der Maschinen gut zu sehen ist der Stinger, die Antenne des MAD-Gerätes.

Provisorium beendet

Die Ära Breguet Atlantic endete 2005 für Heiko Millhahn mit dem Beginn der Umschu-

Heiko Millhahn, damals Oberleutnant zur See, in der Bugnase der BR 1150.

Oberleutnant zur See Wolf Eberhard Ramin und links daneben Obermaat Rolf Demler während der Ausbildung in Patuxent River bei der U-Boot-Jagdstaffel VP2, Patrol Squadron Thirty, mit dem MPA P-3A Orion.

lung auf das neue MPA Lockheed P-3C Orion. Eine im weitesten Sinne ganz ähnliche Erfahrung machte zu Beginn der 60er-Jahre Fregattenkapitän a.D. Wolf Eberhard Ramin bei der Einführung der Breguet Atlantic. Er hat diese von Anfang an erlebt und selbst mitgestaltet.

Im April 1958 kam der gebürtige Nordhesse zur Bundesmarine. Nach der üblichen Marineoffiziersausbildung mit Fahrtzeit auf Minensuchbooten meldete er sich zur Ausbildung als Marinefliegeroffizier. Man suchte Ende 1960 Offiziere aus der Flotte, die im Hinblick auf den Ausbau der Marinefliegerkräfte zu einer weiteren Ausbildung bereit waren. Ebenso wurden Portepee-Unteroffiziere für die Bedienung der Unterwasser- und Überwassersensoren, als Bordmechaniker und als Bordfunker gesucht.

Ausgebildet in den Staaten

Die Ausbildung der – später offiziell so genannten – Flugzeugoperationsoffiziere wurde ab 1961 nicht mehr in England, sondern bei der US-Marine in San Diego/Kalifornien, in Pensacola/Florida, in Corpus Christi/Texas und in Norfolk/Virginia durchgeführt. Wolf Eberhard Ramin erinnert sich:

„Nach einer langen Flugreise Ende August 1961 landete eine erste Gruppe von fünf jungen Offizieren in San Diego und meldete sich bei der CIC School der US-Marine in Point Loma zu einem Einführungskurs in die U-Boot-Jagd. Die praktischen Übungen erfolgten an Bord eines Zerstörers. Die weiteren Stationen waren dann im Mekka der amerikanischen Marineflieger – in Pensacola, in Corpus Christi und in Norfolk. Hauptinhalte waren Meteorologie, Motorenkunde, Aerodynamik, Überleben auf See und an Land, simulierter Fallschirmabsprung und Notverfahren sowie astronomische und Funknavigation. Letzter Teil der Ausbildung war Elektronik in der Marineschule für Flugzeugelektronik in Norfolk. Die ersten Flugstunden im ‚fliegenden Klassenzimmer' waren im Dezember 1961 zu absolvieren. Der härteste Teil der Ausbildung war Sport – vor allem Schwimmen – und physische Belastbarkeit. Unvergessen ist die Bewältigung eines anspruchsvollen Hindernisparcours und der Lauf hin und zurück von jeweils sechs Meilen – ohne Pause, versteht sich. Mit Anfangsbuchstabe R hatte man allerdings vor dem Parcours etwas Zeit zum Luftholen. Unsere Klasse bestand aus fünf Deutschen und 16 Amerikanern. Wer in der Ausbildung nicht mithalten konnte, wurde abgelöst. Die Ausbildung beim Naval Air Training Command endete 1962 mit der feierlichen Verleihung der Fliegerschwinge der US-Marine."

Wolf Eberhard Ramin war einer der ersten Offiziere in der neu aufgestellten 1. Staffel des Marinefliegergeschwaders 3 in Nordholz. Die erste Phase war gekennzeichnet durch Improvisation und Neues. Als Beispiel mag

Die Operatoren saßen längs zur Flugrichtung an ihren Arbeitsplätzen.

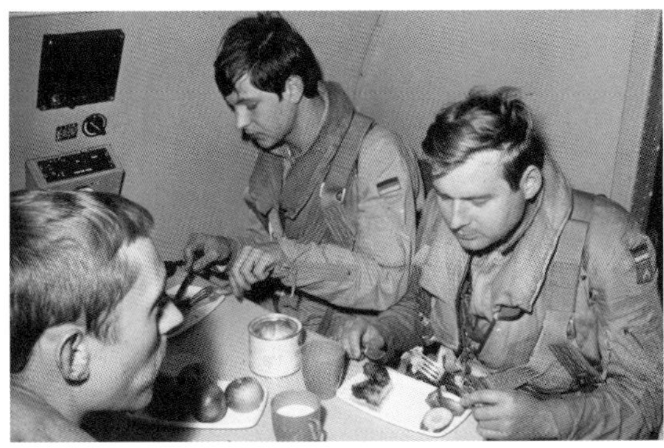

Gemeinsame Mahlzeiten gehörten während der teilweise langen Einsätze dazu.

die Tatsache dienen, dass anfangs nur Handbücher für die BR 1150 in französischer Sprache vorlagen. Lediglich der Staffelkapitän, Fregattenkapitän Herb, und Oberleutnant zur See Ramin hatten ausreichend Sprachkenntnisse in Französisch, so dass Konferenzen der beiden über die richtige Übersetzung an der Tagesordnung waren – zum Vorteil des Ganzen. In einer Art Trockenübung war intensive Gerätekunde eine gute Grundlage für den Betrieb eines modernen Waffensystems mit zwölf Mann Besatzung.

Vor dem Zulauf der Serienmaschinen erfolgte mit den ersten beiden Besatzungen eine Ausbildung bei der US-Marine auf den Marineflugplätzen Patuxent River nahe Washington/DC, und Jacksonville/Florida. Diese Ausbildung war jeweils einer aktiven MPA-Staffel der US-Marine übertragen worden, ausgerüstet mit dem Flugzeugmuster P-3A. Bei der Elektronikschule der Flotte in Norfolk durchliefen die beiden Besatzungen einen Kursus „U-Boot-Abwehr".

„Im Frühjahr 1965 wurden aus Individuen Besatzungen", erinnert sich Wolf Eberhard Ramin. „Im Nachhinein erwies sich diese Schulung als ein Riesenschritt beim Aufbau des MFG 3, da die Geräteausrüstung der P-3A fast identisch mit der der Breguet Atlantic war."

Schon bei der Beschaffung der Fairey Gannet war der Marineführung klar, dass es sich hierbei um eine Übergangslösung handelte. Technologisch und taktisch befand sich die Ortung und Bekämpfung von U-Booten in den 50er- und 60er-Jahren im Umbruch. Mit modernen Ortungsverfahren – vor allem in der weitreichenden passiven Unterwasserortung – wurden neue Maßstäbe gesetzt. Gleichzeitig wuchs das Bedrohungspotential, vor allem durch die sowjetische U-Boot-Flotte.

„Mit der Breguet Atlantic hatten wir ein leistungsfähiges Flugzeug, das mit denen der NATO-Partner mithalten konnte", sagt Fregattenkapitän a.D. Ramin. „Das stellten wir im Vergleich bei den großen, weiträumi-

Der Navigator am Kartentisch überprüft die aktuelle Position und die Flugroute. Daneben der Bordfunker an seinem Arbeitsplatz.

Die 61+03 in einer Sonderlackierung. Sie wurde als letzte Breguet Atlantic am 20. Juni 2010 in Nordholz außer Dienst gestellt.

gen Seemanövern fest. Vor allem die praktische Erfahrung an Bord der P-3A gab uns großes Selbstvertrauen. Die Aufgaben in der Seeraumüberwachung und ein denkbarer Waffeneinsatz sind komplex. Dabei muss man wissen, dass die U-Boot-Jagd eine vielschichtige Angelegenheit ist. Einflussfaktoren sind die ozeanografischen und bathythermografischen Verhältnisse in den verschiedenen Seegebieten, die Sicht- und Wetterverhältnisse, die Fähigkeiten der U-Boote und ... die Leistungsfähigkeit der Besatzung und das eigene Können."

In der aktiven Zeit von Wolf Eberhard Ramin bis 1971 sind in seinem „Aviators Flight Log Book" Trainingsflüge auf den Typen Grumman S2 Tracker, Douglas R4D, dem Wasserflugzeug Martin P5M, Lockheed P-3A der US-Marine sowie Einsatzflüge als Flugzeugoperationsoffizier auf den Flugzeugmustern Gannet und Breguet Atlantic verzeichnet. Insgesamt 1515 Stunden war er in der Luft.

Im Verlauf seiner Karriere wurde Fregattenkapitän a.D. Ramin Operationsstabsoffizier im Stab des Flottenkommandos, G2 und Marineberater beim Deutschen Militärischen Vertreter im NATO-Hauptquartier Shape. Weitere Stationen mit Führungsaufgaben waren die Marinefliegerdivision in Kiel, die NATO-Verteidigungsakademie in Rom und die Arbeitsgruppe der Marine in Bonn, die sich mit der Datenbasis der Abrüstungsverhandlungen befasste. Die deutsche Vereinigung hat Fregattenkapitän Ramin aktiv mitgestaltet. Im Stab des Bundeswehrkommandos Ost war er ab 1990 mit 15 Mitarbeitern zuständig für innere Führung, Truppeninformation, politische Bildung und zum Teil protokollarische Aufgaben. Wolf Eberhard Ramin trat 1993 in den Ruhestand. Die Marineflieger waren und bleiben seine militärische Heimat.

Im SAR-Einsatz

Klassifiziert als SAR-Einsatzmittel ersten Grades, mussten die BR 1500 des MFG 3 bei

Wartungsarbeiten am Leitwerk auf einem Zivilflughafen.

weiträumigen Suchen über See innerhalb von drei Stunden in der Luft sein. „Wenn sich ein Seenotfall ereignete, waren die Hubschrauber des MFG 5 das erste Einsatzmittel", sagt Wolf Eberhard Ramin. „Doch insbesondere bei der Suche nach im Wasser treibenden Personen oder Havaristen in weiträumigen Seegebieten waren wir als ‚fliegendes Auge' gefragt. Ebenso bei der Suche nach Überlebenden beim Untergang von U-Hai im Spätsommer 1966. Als der deutsche Frachter ‚München' im Dezember 1978 mitten im Atlantik in schwerem Sturm kenterte und sank, waren zeitweise zehn BR 1500 bei der internationalen Suchaktion nördlich der Azoren beteiligt."

Der Dienst während der teilweise bis zu zwölf Stunden und mehr dauernden Aufklärungsflüge war kein Zuckerschlecken, weiß der Offizier: „Über solch lange Zeiträume im abgedunkelten Flugzeugbauch auf Radarschirme zu starren und komplizierte elektronische Systeme zu bedienen, verlangte den Soldaten einiges ab. Voll konzentriert in der Monotonie."

Im Weißbuch 1970 der Bundeswehr hatte der damalige Verteidigungsminister Helmut Schmidt neue Stellenzulagen für Dienste mit erhöhten Anforderungen, unter erschwerten Bedingungen und mit physischen und psychischen Belastungen angekündigt. Dazu gehörten entsprechend belastete Flugzeugführer und Besatzungsangehörige. 250 D-Mark pro Mann im Monat, so wünschten sich die Langstrecken-Crews die neue Zulage. Das Ministerium dachte anders: Die Piloten sollten 200 D-Mark bekommen, die Mitflieger mit lediglich 100 D-Mark abgespeist werden. Das führte zu einem Eklat auch mit der Marineführung, die sich auf die Seite der Politik schlug. Am Ende einigten sich die Parteien auf einen Kompromiss.

Der Beobachterplatz in der Plexiglaskuppel bot eine grandiose Aussicht.

Die 61+02 verholt auf dem Fliegerhorst Nordholz in ihre Startposition.

Minister an Bord

Eine hervorragende Sicht genoss man in der Atlantic während des Fluges in der Plexiglaskuppel an der Bugnase, dem Platz des Beobachters. Das dachte sich offensichtlich auch Verteidigungsminister Georg Leber, was Ernst-A. Schneider, unserem Albatross-Piloten aus dem vorherigen Kapitel, unverschuldet Ärger mit dem Inspekteur der Marine einbrachte. Und diese Anekdote geht so: In den 70er-Jahren waren zahlreiche Politiker des Bundestages zu Gast an der Küste. Mit einem komprimierten Info-Programm stellte sich die Marine den Parlamentariern vor.

Georg Leber war von einer Visite auf einem Zerstörer mit einer Sea King nach Jagel geflogen worden. Ernst-A. Schneider – seinerzeit Korvettenkapitän – hatte den Auftrag, den Verteidigungsminister von hier aus

Die Technik-Trainer Breguet Atlantic 61+00

Nach offizieller Zählweise der Bundeswehr gab es 20 Breguet Atlantic in der Luftflotte der Marineflieger. Doch das ist nicht ganz exakt. Eine weitere Maschine im Bestand war die 61+00.

Hierbei handelte es sich um einen Prototyp des Herstellers mit der Seriennummer P-03, der für die praxisnahe Ausbildung des technischen Personals Verwendung fand. Er war im Bereich des Vorderrumpfs 90 Zentimeter länger als die Serienausführung und nicht mehr flugfähig.

Die 61+00 kam 1979 zur Marinefliegerlehrgruppe nach Jagel und wurde im Zuge der Verlegung des Ausbildungsbetriebs im Juni 1973 nach Westerland umstationiert. Hier verblieb sie für den Trainingsbetrieb bis Januar 1989 und wurde anschließend verschrottet.

Im Anflug auf den britischen Militärflughafen in Gibraltar.

gemeinsam mit dem Inspekteur der Marine, Vizeadmiral Günter Luther, mit der Breguet Atlantic nach Köln-Wahn zu fliegen. Die Besatzung war vor der BR 1150 angetreten, Ernst-A. Schneider machte als Pilot und Kommandant pflichtgemäß Meldung und zeigte Georg Leber, immerhin sein oberster Vorgesetzter, die Maschine. Der äußerte spontan den Wunsch, den Flug angesichts des blauen Himmels über Norddeutschland aus der exklusiven Beobachterperspektive in der Nase der Maschine zu erleben.

„Ich musste ihm mitteilen, dass das angesichts der im Flugauftrag vorgesehen Flugdurchführung nach IFR, also Instrumentenflugregeln, wenig Sinn machte, da man kaum etwas sehen kann", erklärt der 1996 pensionierte Fregattenkapitän. „Leber lächelte und fragte, ob er als Verteidigungsminister eine andere Flugdurchführung befehlen könne. Und ja, das durfte er und tat es anschließend auch. Wir flogen nach Sichtflugregeln und Leber genoss den Flug in der Bugkanzel sichtlich. Hinter ihm stand unser Navigator und erklärte ihm anhand einer Karte die Landschaft, die wir überflogen. Einzig Vizeadmiral Luther machte einen äußerst zerknirschten Eindruck. Warum, das erfuhr ich nach der Landung. Als der Minister verschwunden war, faltete mich der Marineinspekteur nach allen Regeln der Kunst. Er hatte vorgehabt, während des Fluges Lobbyarbeit für die Marine zu machen und Leber einige wichtige Zugeständnisse abzuringen. Dass er mich für das Scheitern seiner Mission verantwortlich machte, empfand ich seinerzeit als hochgradig ungerecht. Heute kann ich über diese Episode schmunzeln."

Das Cockpit der Breguet Atlantic. Unter der Mittelkonsole befindet sich der Zugang zur vorderen Beobachterkanzel.

Übrigens war der Beobachterplatz in der Plexiglaskuppel bei den Atlantic-Crews keinesfalls so beliebt, wie man meinen mag. „Einmal kollidierte eine BR 1500 so unglücklich mit einer Möwe, dass das Tier die Kuppel durchschlug, den Beobachter schwer am Kopf verletzte und quer durch die Zelle bis nach hinten vor die Operatorkonsolen geschleudert wurde", sagt der pensionierte Fregattenkapitän. „Seitdem war ein Helm an diesem Platz vorgeschrieben. Außerdem war es wirklich nicht angenehm, dort zu sitzen, wenn die Maschine stundenlang im Tiefflug mit 500 Stundenkilometern über die Meeresoberfläche flog. Nicht jeder Magen konnte das ab."

Breguet BR 1150 Atlantic: Technik und Geschichte

Der NATO-Rat beschloss 1956, die Entwicklung eines einheitlichen Seeaufklärungs- und U-Boot-Abwehrflugzeugs für die Mitgliederstaaten des transatlantischen Militärbündnisses voranzutreiben. Gedacht war es als Nachfolger für die Lockheed P2V-7 Neptune. Im folgenden Jahr formierte sich eine Expertengruppe, die einen Rahmenkatalog für das neue Maritime Patrol Aircraft, kurz MPA, ausformulierte. Bereits in dieser Frühphase verabschiedeten sich Großbritannien, Belgien

Atlantic-Armada 1977 auf dem Flugtag des MFG 3.

und die USA aus dem multinationalen Projekt. Übrig blieben neben Deutschland noch die Niederlande, Frankreich und Belgien.

An einer Ausschreibung beteiligten sich 26 Unternehmen, von denen Ende 1957 noch Avro Aircraft, Nord Aviation und Breguet mit ihren Entwürfen im Rennen waren. Letztlich wurde der Vorschlag von Breguet einstimmig angenommen. Es kam zur Gründung des Konsortiums SECBAT, der Société Européenne pour la Construction du Breguet Atlantic. Beteiligt waren zunächst sieben Firmen, darunter Dornier aus der Bundesrepublik Deutschland. In Kooperation mit den Militärs liefen die Entwicklungsarbeiten an. Die Kosten dafür teilten sich die Unternehmen nach einem festen Schlüssel. Dornier war mit 19,1 Prozent dabei.

Fregattenkapitän Karl Friedrich Schinkel betrachtet die AS-12-Lenkflugkörper unter den Tragflächen seines Flugzeugs.

Verschiedene europäische Firmen waren am Bau des MPAs beteiligt – darunter Dornier, wo Rumpfheck und Leitwerk entstanden, Breguet mit dem Bau von Cockpit, Rumpfvorderteil und Rumpfmittelteil, Fokker lieferte das Flügelmittelstück inklusive der Triebwerksgondeln und Rolls-Royce die Motoren. Für die Endmontage zeichnete wiederum Breguet verantwortlich. Der Erstflug der BR 1150 fand am 21. Oktober 1961 statt. Drei Prototypen entstanden für die Flugerprobung, wovon einer durch einen Bruch im Mittelflügelbereich im April 1962 abstürzte. Im Jahr darauf lief die Serienfertigung an, 1965 stellte Frankreich die erste Maschine offiziell in Dienst.

Der Stutzen zur Betankung befindet sich in einem Hauptfahrwerkschacht.

Die französische Marine beschaffte insgesamt 42 Breguets Atlantic, 21 die Bundesmarine. Die Niederlande erwarben neun Maschinen, Italien 18 und Pakistan drei gebrauchte Exemplare von den Franzosen. 1974 lief die Serienfertigung aus. Drei Jahre später entschloss sich Frankreich zu einer Weiterentwicklung, die den Namen Atlantic 2 ANG – Atlantic Nouvelle Generation – trug. An ihrem Bau beteiligten sich unter anderem MBB und Dornier. Ihr war kein großer Erfolg beschieden. Lediglich 28 Flugzeuge erwarben die französischen Marineflieger.

Ausgewogene Konstruktion

Bei der Breguet BR 1150 Atlantic handelt es sich um einen von zwei Turboprop-Triebwerken angetriebenen freitragenden Mitteldecker. Der obere Teil des Ganzmetall-Schalenrumpfs ist als klimatisierte Druckkabine ausgeführt. Sie nimmt die Bugkanzel, das Cockpit, die taktische Auswertzentrale sowie Ruheräume, WC, Küche und die Heckbeobachterstation auf. Die Fahrwerk- und Waffenschächte befinden sich ohne Druckausgleich im unteren Bereich.

Bei den beiden Rolls-Royce Tyne RTY.20 Mk 21 Propellerturbinen handelte es sich seinerzeit um die stärksten Propellerturbinen der westlichen Welt. Jede für sich hatte eine Leistung von 6118 PS. Die Reichweite war mit rund 9200 Kilometern angegeben, die maximale Flugdauer mit 18 Stunden. Wegen der relativ geringen Lärmemissionen ihrer Triebwerke wurden die Breguets auch als flüsternde Riesen bezeichnet.

Neben den beiden Flugzeugführern befand sich in der Regel eine zehnköpfige Besatzung an Bord. Die Operatoren arbeiteten an Bildschirmen und Konsolen. Hier bedienten sie die Sensoren und werteten die Daten aus. Hinzu kamen der Navigationsoffizier und der Operationsoffizier – Tactical Coordinator, kurz Tacco genannt –, bei denen alle einsatzstrategischen Fäden zusammenliefen. Fun-

Bauchlandung der 61+05 im Mai 1985 in der Nähe des Fliegerhorstes Nordholz.

Totalverlust: Im April 1978 verunglückte die 61+07 während eines Trainingsflugs. Sie überschlug sich nach einem zu spät eingeleiteten Abfangmanöver im Anflug auf die Landebahn.

ker und Bordmechaniker komplettierten das Team. In der verglasten Bugnase war zudem Platz für einen Beobachter, der bei Bedarf die optische Aufklärung im Nahbereich wahrnehmen konnte.

Zum Aufspüren von U-Booten verfügten die Breguet Atlantic über eine Sonaranlage mit abwerfbaren Sonarbojen und ein Seeüberwachungsradar mit 360 Grad Rundumsicht. Die dazugehörige Antenne befand sich in einem ausfahrbaren Radom an der Bugunterseite. Ein EMS-System unterstützte die Radaranlage. Sie erfasste die Radarstrahlung von Objekten auf große Distanzen, konnte diese analysieren und zuordnen. Getauchte U-Boote ortete man mittels abgeworfener Sonarbojen und des MAD-Systems. SNIFFER wiederum ermöglichte die thermische Lokalisierung von heißen Abgasemissionen.

Eine Bewaffnung der MPAs war nur für den Kriegseinsatz und bei Manövern vorgesehen, denn in Friedenszeiten hätte sich eine tonnenschwere Waffenladung negativ auf die Reichweite, die Flugdauer und die Wirtschaftlichkeit ausgewirkt. Ausgelegt war die Atlantic für den Abwurf von zielsuchenden Torpedos der Typen Mk 44 und Mk 46 sowie Wasserbombern. Bis 1981 war außerdem eine Ausrüstung mit je zwei Lenkflugkörpern AS-12 unter den Tragflächen möglich.

Unter der Tragfläche montiert: vorn der Behälter für das Aufklärungskamerasystem, dahinter ein AS-12-Flugkörper.

Neben den Seefernaufklärern betrieb das MFG 3 außerdem fünf Breguet BR 1150 M Atlantic, die sogenannte Sigint-Variante. Sie dienten zur elektronischen und Fernmeldeaufklärung. Ihre Ausrüstung erhielten diese Maschinen, die höchster Geheimhaltung unterlagen, in den USA. Besonders im Kalten Krieg waren diese Aufklärungsflugzeuge beauftragt, die Arbeitsfrequenzen der Radar- und Feuerleitsysteme sowie die Kommunikationssysteme des Warschauer Pakts im täglichen Betrieb, bei Übungen und Manövern auszuspähen. Ziel war es, Sprach- und Befehlsinhalte zu erfassen, zu analysieren und zuzuordnen. Optisch auffälliges Merkmal der BR 1150 M waren die im Waffenschacht untergebrachte Signalantenne und zwei lange Antennen unter den Tragflächen.

Vier Jahrzehnte im Einsatz

Der Beschaffungsbeschluss des Verteidigungsministeriums für die Atlantic fiel am 21. Oktober 1958, Mitte 1963 erteilte man den Auftrag zur Lieferung von 20 der neuen MPAs für die Marineflieger. Der Stückpreis dafür lag bei 18,5 Millionen D-Mark. So viel musste Bonn seinerzeit für ein U-Boot, drei Starfighter oder 18 Panzer auf den Tisch blättern. Der Systempreis lag sogar bei 22,5 Millionen D-Mark.

Die erste Breguet Atlantic traf am 10. Dezember 1965 in Nordholz beim MFG 3 ein. Die letzte Maschine wurde am 11. Juni 1969 ausgeliefert. Zwischen 1969 und 1971 baute man fünf von ihnen in den USA zu Sigint-Messflugzeugen um. Von 1981 bis 1986 erfolgte eine umfangreiche Kampfwertsteigerung der 14 MPAs bei Dornier, wobei ein neues Radar eingebaut und die gesamte Missionsanlage auf den neuesten technischen Stand gebracht wurde.

Als erstes Luftfahrzeug der Bundeswehr überquerte die Breguet Atlantic mit der Kennung 61+15 am 14. Mai 1968 den Nordpol. Im April 1975 absolvierte eine BR 1500 den längsten Flug, den je ein Flugzeug der Bundeswehr ohne Unterbrechung geflogen war. Er dauerte 20 Stunden und 20 Minuten, wobei rund 9000 Kilometer zurückgelegt wurden.

Die Atlantic galt als äußerst zuverlässig. Technische Probleme bei ihr waren eine Seltenheit. Lediglich eine BR 1500 musste als Totalverlust verbucht werden, als am 25. April 1978 in Nordholz die 61+07 während eines Trainingsflugs verunglückte. Geübt wurde eine steile Landung mit 40 Grad Klappenstellung. Dabei fing der Pilot die Maschine zu spät ab. Sie landete auf dem Overrun, überschlug sich und brannte aus. Pilot und Copilot blieben dabei unverletzt. Der Bordmechaniker kam mit leichten Verletzungen davon.

Am 3. Mai 1985 war die 61+05 während eines Pilotentrainingsflugs zu einer Notlandung gezwungen, weil beim Fliegen mit nur einem Motor aus unbekannter Ursache auch das zweite Triebwerk stehen blieb.

In der Nähe des Fliegerhorstes Nordholz legte die Maschine eine Bauchlandung auf einer sumpfigen Wiese hin und stoppte nach einer Rutschpartie über mehrere hundert Meter unmittelbar vor einer Hochspannungsleitung. Die drei Crewmitglieder stiegen unverletzt über eine Strickleiter ins Freie. Die

Instandsetzungsarbeiten an der geöffneten Triebwerksgondel. Der Propeller und die Turbine sind bereits demontiert.

Maschine konnte instand gesetzt und wieder eingesetzt werden. Eine weitere Bruchlandung hatte sich bereits am 24. September 1971 mit der 61+20 ereignet, bei der die Besatzung ebenfalls unverletzt blieb und die Atlantic repariert werden konnte.

Im Oktober 1988 wurde planerisch festgesetzt, die MPAs bis 1996 durch zwölf Lockheed P-3C Orions zu ersetzen, was aus Kostengründen verschoben werden musste. Darum gab es zwischen 1995 und 1998 eine erneute Modernisierung, die in diesem Fall die Navigations- und Kommunikationssysteme betraf. Tatsächlich leitete die Marineführung die Außerdienststellung der Breguet Atlantic um die Jahrtausendwende ein, als für die MPAs neue Aufgabenstellungen zur Krisenbewältigung innerhalb von NATO-Missionen akut wurden. Gleichzeitig sank ihr Klarstand inakzeptabel, während der Instandhaltungsaufwand und die damit verbundenen Kosten immens anstiegen.

Im Juni 2006 ersetzte man die MPAs durch acht Lockheed P-3C Orions. Zwei Sigint-Maschinen blieben noch im Dienst, bis die Ära Breguet BR 1150 Atlantic am 20. Juni 2010 mit der Landung der 61+03 auf dem Rollfeld des Fliegerhorstes in Nordholz nach fast 45 Jahren zu Ende ging.

Technische Daten der Breguet BR 1150 Atlantic

Hersteller	Dassault-Breguet
Ursprungsland	Frankreich
Erstflug	21. Oktober 1961
Produktionszeit	1961 bis 1974
Stückzahl gesamt	67 + 3 Prototypen
Bundesmarine	20 + 1 Technik-Trainer
Besatzung	12
Länge	31,75 m
Höhe	11,36 m
Spannweite	36,30 m/38,06 m nach Modernisierung
Rumpfbreite	2,90 m
Leergewicht	25 700 kg
Startgewicht	43 500 kg
Triebwerk	2 x Rolls-Royce Tyne RTY.20 Mk 21 Propellerturbinen
Leistung	2 x 4500 kW (6118 PS)
Höchstgeschwindigkeit	650 km/h
Reisegeschwindigkeit	570 km/h
Steiggeschwindigkeit	12,5 m/sek
Reichweite	8000 km
Dienstgipfelhöhe	9145 m
Startstrecke	1200 m
Landestrecke	1500 m

Grob, robust und genügsam

Dornier Do 28-D2 Skyservant

Mit einem Augenzwinkern wurde sie als das hässlichste Flugzeug der Welt geschmäht, als Bauernadler, Lego-Bomber, Schweine-Boeing, fliegende Baracke oder NATO-Taxi tituliert: die Dornier Do 28-D2 Skyservant. Optisch wirkte sie träge und behäbig, in der fliegerischen Praxis wusste sie zu überzeugen. Das MFG 5 erhielt ab April 1972 insgesamt 20 dieser fliegenden Alleskönner. Die letzte davon blieb bis Dezember 1995 im Dienst.

„Die Do 28 war ein zuverlässiges Arbeitspferd – grob, robust und genügsam, dabei aber anspruchsvoll zu fliegen", weiß Ernst-Werner Pohl zu berichten. Der Kapitänleutnant a.D. hat mehr als 5800 Stunden hinter dem Steuerhorn der Skyservant verbracht. So viel wie kein anderer Pilot bei den Marinefliegern und der Luftwaffe.

Dabei war es zunächst nie sein Ziel, Flugzeugführer bei der Bundeswehr zu werden. 1943 im ostpreußischen Rastenburg geboren, wuchs er im hessischen Gießen auf. Er machte eine Lehre zum Elektromechaniker, dann rief die Bundeswehr. Anderthalb Jahre für 60 D-Mark Wehrsold im Monat genügten dem jungen Mann nicht. Es zog ihn zur Bundesmarine, wo er sich schnell zu einer Dienstzeit von vier Jahren überreden ließ. Es war der 1. Oktober 1963, als er mit dem Dienstgrad eines Matrosen mit der Grundausbildung begann.

Ernst-Werner Pohl schlug die Unteroffiziers-Laufbahn ein und absolvierte den Elektronikgrundlagen-Lehrgang. Beim MFG 2 in Eggebek arbeitete er als Flugregelmechaniker. Hier war gerade der F-104G Starfighter frisch stationiert worden und er war nun für die Hydraulik der sensiblen Jets mitverantwortlich.

Vom Techniker zum Piloten

Für den Traum vom Fliegen entwickelte der damalige Obermaat immer noch keine Leidenschaft: „Das war eine andere Welt, meilenweit entfernt", erinnert er sich. „Obwohl mich eine Sache faszinierte: Ich konnte mir nicht vorstellen, dass man die Nord- und die Ostsee gleichzeitig aus der Luft sehen kann. Die vom Flug zurückkehrenden Starfighter-Piloten hatten für diesen Gedanken nur ein Schmunzeln übrig."

Das Ende seiner Dienstzeit zeichnete sich ab und Ernst-Werner Pohl hatte bereits ein technisches Studium im Zivilleben ins Auge gefasst, als ein kleiner weißer Ball seinem Leben im Herbst 1966 eine entscheidende Wende gab. Er wurde Geschwadermeister im Tischtennis. Als Anerkennung für den sportlichen Erfolg wurde ihm die Ehre eines Freiflugs in einer Piaggio P-149D zuteil. Am Steuerknüppel saß der Staffelchef Kapitänleutnant Horst Müller persönlich. „Wer kotzt, der zahlt 'ne Kiste Bier! – hat unser durchaus robust zu nennender Vorgesetzter vor dem Start bekannt gegeben", grinst Ernst-Werner

Trotz verschiedener wenig schmeichelhafter Bezeichnungen wie Bauernadler oder Lego-Bomber genoss die Do 28 einen hervorragenden Ruf in der Bundeswehr.

Das übersichtliche Instrumentenbrett war zweifach ausgelegt.

Die einzige Do 28 der Bundeswehr in der Ausführung A1, im Programm von Dornier die Vorläuferin der Skyservant.

Pohl. „Die beiden hinter uns sitzenden Kameraden würgten ihr Mittagessen halbverdaut in ihre Marineschiffchen, während ich unter Aufbringung der letzten Kräfte meinen Mageninhalt bei mir halten konnte. Das hat den Chef so beeindruckt, dass er mich überzeugte, in die fliegerische Laufbahn bei der Marine zu wechseln."

Nachdem er alle Eignungsprüfungen, Gesundheitschecks und die obligatorische Sprachschulung erfolgreich durchlaufen hatte, begann Ernst-Werner Pohl im Oktober 1967 mit der klassischen Pilotenausbildung zunächst in Uetersen auf der Piaggio P-149D, anschließend an der Verkehrsfliegerschule in Bremen auf der Debonair und der King Air von Beechcraft mit Erlangung der Blindfluglizenz. Es folgte ein letzter Lehrgang auf der zweimotorigen Noratlas in Wunstorf. Am 1. April 1970 kam Ernst-Werner Pohl im Rang eines Bootsmanns schließlich zum MFG 5.

Die ersten beiden Jahre – rund 300 Flugstunden – in Kiel-Holtenau verbrachte er im Cockpit der Percival Pembroke. Im Frühjahr 1972 lieferte Dornier die ersten Do 28-D2 aus, während zeitgleich die alten Pembrokes ausgemustert wurden. Im Spätherbst war die Umrüstung abgeschlossen. Parallel dazu wurde Ernst-Werner Pohl in Wunstorf auf der Skyservant geschult. Außerdem hatte er den Lehrgang zum Offizier des militärfachlichen Dienstes durchlaufen und war zum Oberleutnant zur See befördert worden.

Unterwegs in ganz Europa

„In den nächsten Jahren war ich häufig als fliegender Taxifahrer in ganz Europa zwischen den Stäben und Kommandobehörden der NATO unterwegs", blickt der ehemalige Pilot zurück. Der Schwerpunkt lag aber in Deutschland. Kiel, Schleswig, Husum, Helgoland, Nordholz, Jever, Köln/Bonn, Oberpfaffenhofen ... Personentransporte und Kurierflüge zwischen den Standorten sowie die Versorgung der SAR-Außenstellen Borkum und Helgoland und nach der Wiedervereinigung auch Parow bei Stralsund waren der Alltag. Auch die Versorgung der Marineschiffe und -boote fernab ihrer Heimathäfen gehörte zu den Aufgaben. Wenn mal dringend ein Ersatzteil oder ein Techniker gebraucht wurde, egal ob in Schottland, Frankreich, Italien, Griechenland oder Norwegen: Die Do 28 stand für den Transport bereit.

„Wo immer im westeuropäischen Ausland die Flotte oder unsere anderen Marinefliegergeschwader ein Ersatzteil brauchten, es im Depot vorhanden und nicht schwerer als 500 Kilogramm war und in die Skyservant von den Ausmaßen her reinpasste, die Dos der zweiten Staffel des MFG 5 lieferten es innerhalb von 24 Stunden", lächelt Ernst-Werner Pohl. „Mancher Jetpilot vom MFG 1 oder MFG 2 war froh, wenn er an einem Freitag mit einer Do 28 nach Hause geflogen wurde, weil sein Jet ihm die Dienste versagte. Krankentransporte und Flüge mit Transplantaten waren nichts Außergewöhnliches. In den 90er-Jahren, nach dem Zusammenbruch des Warschauer Paktes, wurden dann auch Flugplätze in Polen angesteuert."

Erinnerungen an eine Pilotenkarriere bei der 2. Staffel des MFG 5, versehen mit den Autogrammen der Kameraden.

Auch VIP-Flüge mussten durchgeführt werden. Dazu waren die „Very Important Persons" in sechs Klassen aufgeteilt. Ganz oben auf der Prioritätenliste stand der Bundespräsident, das untere Ende der Skala besetzten Einsatzoffiziere im Rang eines Kapitäns zur See. Promis hat Ernst-Werner Pohl öfter mal durch die Luft kutschiert, wie er sagt. Mehrfach die schleswig-holsteinischen Ministerpräsidenten Uwe Barschel und Björn Engholm. An einen Flug mit einem Bundespräsidenten-Ehepaar – den Namen behält er diskret für sich – erinnert er sich besonders: „Wir sollten das Staatsoberhaupt und seine Gattin von der Kieler Woche zurück nach Köln-Wahn fliegen. Gerade waren wir gestartet und hatten noch keine 300 Meter Höhe erreicht, als sich die Frau des Präsidenten abschnallte und sich ziemlich zügig nach achtern auf die kleine Bordtoilette begab. Das brachte natürlich die gesamte Trimmung durcheinander und die Maschine stellte die Nase bedenklich steil nach oben. Eine ziemlich heikle Situation war das. Jeder andere hätte einen Anschiss der verschärften Gangart gekriegt."

Ein anderes Mal flog er die Eltern eines Kadetten der „Gorch Fock" nach Schottland. Ihr Sohn war bei Arbeiten in der Takelage aus dem Mast gefallen. Er war schwer verletzt, überlebte aber den Unfall. Der Vater war so glücklich, dass er dem Piloten 100 D-Mark in die Tasche seiner Fliegerkombi steckte. Natürlich durfte er kein Geld entgegennehmen. Die Besatzung der Skyservant hat den Betrag schließlich gemeinsam der Deutschen Gesellschaft zur Rettung Schiffbrüchiger gespendet.

Doch wie flog sie sich denn so, die Do 28-D2? Was sagt der erfahrene Praktiker? „Die

Nach seinem letzten Flug hat Ernst-Werner Pohl seinen Pilotenkoffer mit allen Flugunterlagen und Utensilien aufbewahrt.

Bauchansicht einer Öl-Do vom Boden aus.

Do war durchaus anspruchsvoll für ihren Piloten, eine gutmütige Diva", umreißt Ernst-Werner Pohl die Eigenschaften und den Charakter des Luftfahrzeugs. „Sie verlangte einem enorme Aufmerksamkeit und Können ab, revanchierte sich dafür mit ihren Qualitäten: Leistung, Sicherheit und Zuverlässigkeit. Der Klarstand bei der Do 28 lag im Schnitt bei 90 Prozent."

Vor allem mussten die Flugzeugführer Kraft in den Oberarmen haben. Durch das relativ große Leitwerk war die Maschine ziemlich seitenwindempfindlich. Der Druck darauf musste am Steuerhorn ständig korrigiert werden. Jede Windböe musste ausgeglichen werden. Wenn man da nicht kräftig zupackte und das Steuer dem Piloten aus den Händen glitt, konnte das schmerzhafte Verletzungen auf den Oberschenkeln nach sich ziehen – oder zu einem kompletten Kopfstand der Maschine führen, wie es einem Piloten in Osnabrück widerfuhr. Bei seitlichen Winden ab 25 Knoten erteilte der Tower kategorisch keine Startgenehmigung.

Ernst-Werner Pohl: „Von den Piloten wurde der relativ hohe Steuerdruck nicht unbedingt als negativ empfunden, vermittelte er doch einen guten Kontakt zur Maschine. Man fühlte sich oft wie zu Lindberghs Zeiten. Die gesamte Steuercharakteristik ist deutlich filigraner, als sie die plumpe Optik der Skyservant zunächst vermuten lässt. Man erwartet einen ‚trägen Koffer', wird dann aber ganz schnell angenehm überrascht. Fliegerisch ist sie einfacher zu handhaben als ihre deutlich kleinere und leichtere Vorgängerin, die einmotorige Do 27."

Die Do 28 war vor allem für ihre Kurzstarteigenschaften bekannt. Betankt und voll beladen benötigte sie etwa 220 Meter Startstrecke, um sich bei knapp 130 Stundenkilometern von der Piste zu lösen. Bei der Landung im Steilanflug kam der Pilot bei voll ausgefahrenen Landeklappen mit einer 150

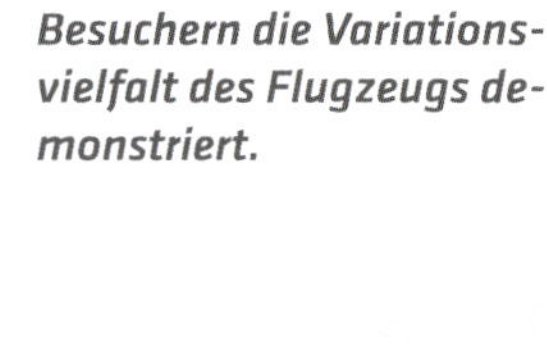

Beim Flugtag wird den Besuchern die Variationsvielfalt des Flugzeugs demonstriert.

Meter langen Ausrollstrecke klar. Punkten konnte das Flugzeug auch mit seinen bemerkenswerten Steigleistungen. Am 15. März 1972 stellte Pilot Frank Tuytjens sechs FAI Weltrekorde in Steig- und Höhenleistungen mit verschiedenen Nutzlasten in seiner Klasse auf.

Im Cockpit ging es im Vergleich zu anderen Flugzeugen der Bundeswehr recht großzügig zu. „Auch auf Langstreckenflügen hatten wir Flugzeugführer hier einen recht komfortablen Arbeitsplatz", meint der pensionierte Kapitänleutnant, schränkt aber ein: „Allerdings waren die Temperaturen für uns nicht immer angenehm. Die Heizung war nicht besonders zuverlässig. Des Öfteren fiel sie aus und man hatte dann bei zwei Grad Außentemperatur noch gut zwei Stunden Flugzeit vor sich. Bei vielen Kameraden gehörte im Cockpit neben Utensilien wie Karten, Handbuch und Headset auch ein Katzenfell zur Abwehr der Zugluft im Nacken-Schulterbereich zur persönlichen Ausrüstung."

Bei einem Februar-Flug mit hohen Minustemperaturen sollte der damalige Admiral Wellershoff von Eggebek nach Köln-Wahn gebracht werden. Etwa 20 Minuten nach dem Start quittierte die Heizung in knapp 3000 Metern Höhe ihren Dienst. Die Frage aus dem Cockpit an den Herrn Admiral, ob man umkehren und nach Kiel zum Wechseln der Maschine fliegen solle, wurde mit einem klaren Nein! beantwortet. In wie viele Decken sich der spätere Generalinspekteur der Bundeswehr gehüllt hat, ist nicht mehr bekannt. Es waren mehrere.

Eine Skyservant des MFG 5 überfliegt das Marine-Ehrenmal in Laboe an der Kieler Förde.

Doch auch bei hohen Temperaturen kam es bei den ersten ausgelieferten Do 27 vereinzelt zu Problemen. Bei extremer Hitze im Cockpit brachen bei festem Zupacken Teile des Steuerhorns einfach ab, was in der Truppe durchaus mit Amüsement kommentiert wurde. Das Manko wurde durch den Hersteller jedoch zügig durch stabileren Ersatz ausgeräumt.

„Außerdem hätten wir uns, gerade auf langen Flugdistanzen, einen Autopiloten gewünscht", sagt Ernst-Werner Pohl. „Platz für den Einbau eines solchen Gerätes war ausreichend da. Die Führung argumentierte, es sei zu schwer. Dabei wog es gerade mal 1,6 Kilogramm."

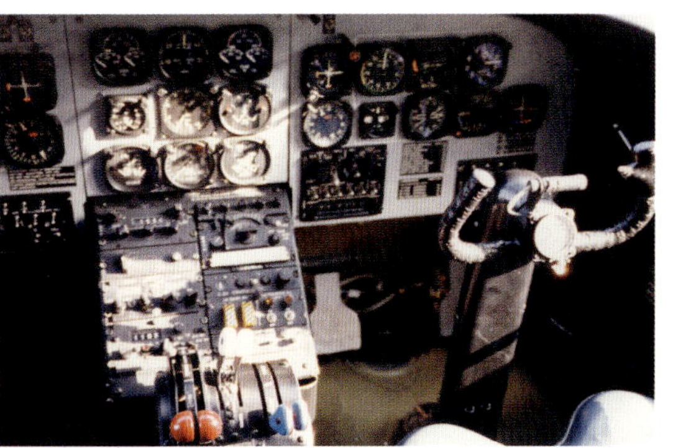

Das Cockpit war eigentlich ein angenehmer Arbeitsplatz, wäre da nicht die störanfällige Heizung gewesen.

In der Tat litt die Skyservant in unbeladenem Zustand unter Kopflastigkeit. Zum Ausgleich wurde eine Halterung für vier 20-Liter-Kanister konstruiert und im Heck der Maschinen montiert. Bei Leerflügen wurden diese zum Ausgleich der Trimmung mit Wasser befüllt und bei der Beladung entsprechend geleert. „Auf dem Fliegerhorst im dänischen Karup haben wir die Kanister einfach mal direkt aus der Maschine heraus entleert", erinnert sich Ernst-Werner Pohl grinsend. „Da kam gleich die Flugplatzfeuerwehr in voller Besetzung angerauscht, weil sie die Wasserpfütze unter unserer Do für Treibstoff hielten."

Ein weiteres Manko war der Höllenlärm, den die beiden Lycoming-Kolbentriebwerke verursachten. Während des Starts wurden 110 Dezibel in der Kabine gemessen, im Flug noch 90 Dezibel. Das nervte nicht nur die Piloten und die Passagiere. Auch bei den zivilen Nachbarn der Fliegerhorste führte der Radau zu heftigen Beschwerden. Ursache des hohen Geräuschpegels war die Zwangskühlung der Triebwerke, die zu erheblichen Resonanzschwingungen führte. Technische Abhilfe in Form eines Turboladers in Kombination mit einer Abgasdrossel im Auspuffsystem, was im Nebeneffekt einen wirtschaftlicheren Betrieb mit sich gebracht hätte, bot Hersteller Dornier zwischenzeitlich an. Im Verteidigungshaushalt fiel diese Optimierungsmaßnahme dem Rotstift zum Opfer.

Richtig brenzlige Situationen hat der Marinefliegerveteran mit der Do 28-D2 kaum erlebt. Über dem Ärmelkanal erwischte Ernst-Werner Pohl einmal eine extreme Schlechtwettersituation. An seiner Maschine trat in 4000 Metern Höhe starke Vereisung auf. So war er gezwungen, auf 700 Meter runterzugehen. Der Eisbesatz löste sich, so dass er unter Sichtflugbedingungen den angesteuerten Fliegerhorst erreichte. Ein anderes Mal ist er bei einer Landung durch eine heftige Windböe von der Piste abgekommen und durch die Scheinwerfer der Runway-Beleuchtung gerollt. „Da ist nix bei kaputtgegangen, aber so eine Sache geht natürlich gegen die Fliegerehre", plaudert er. „Meinem Chef gegenüber habe ich einfach behauptet, es wären zwei Starfighter hinter mir im Anflug gewesen. Das hat er mir abgekauft und die Sache war erledigt."

Ungleich gefährlicher war eine Situation, die Ernst-Werner Pohl als Ausbilder erlebte. 1976 hatte er die Lizenz als Fluglehrer erworben und schulte nun das fliegende Personal

Auch die Freunde von ferngesteuerten Flugzeugmodellen hatten ihre Freude an der Skyservant.

auf der Do 28 teilweise auch auf dem Fliegerhorst Wunstorf. Mit einem Schüler, der eigentlich auf seine Umschulung vom Starfighter auf den Tornado wartete, trainierte er hier den Einmotorenflug, also praktisch den Ausfall eines Triebwerks. Eigentlich keine große Herausforderung: Steht der rechte Motor, wird die Maschine voll ausgetrimmt und fliegt sich anschließend wie mit zwei Triebwerken. Etwas problematischer ist der Stillstand des linken Lycomings. Dann versucht die Maschine eine Kurve nach links einzuleiten. Diesem Bestreben kann der Pilot mit der Trimmung nicht beikommen, muss also manuell mit Steuerausschlägen korrigieren.

„Wir waren in etwa 3000 Fuß Höhe, also etwa 1000 Metern, und ich nahm das rechte Triebwerk außer Betrieb", erinnert sich der damalige Oberleutnant zur See, dem sein Schüler, ein Major der Luftwaffe, ein gewaltiges Ei ins Nest legte. „Anstatt den Propeller in Segelstellung zu bringen, was in einer solchen Situation der nächste Schritt gewesen wäre, hat der Schüler aus mir bis heute unbegreiflichen Gründen auch noch den linken Motor ausgeschaltet. Wir waren ohne Antrieb, de facto im Segelflug. Nun waren die Starteigenschaften der Do nicht die besten und ich hatte echte Schwierigkeiten, die Motoren wieder anzulassen. Ich musste das Flugzeug auf den Kopf stellen, um entsprechend Druck auf die Propeller zu kriegen. Zum Glück sprangen beide Triebwerke wieder an. Die Alternative wäre eine Notlandung gewesen."

Umweltsündern auf der Spur

Mit der Ölüberwachung begann 1986 ein neues Kapitel in der Marinefliegerei. Zwei Skyservants des MFG 5 wurden mit modernster Sensortechnik ausgerüstet, um in der Nord- und Ostsee Umweltsünder zu ermitteln, die illegal Öl von ihren Schiffen aus verklappen. Täglich waren Ernst-Werner Pohl und seine Kameraden nun auf festgelegten Standardrouten als „fliegende Detektive" unterwegs. Dabei mussten die Piloten zunächst auch in die Rolle des für diesen Zweck speziell geschulten Operators an der Sensoren-Konsole schlüpfen. Ein nicht beliebter Kelch, der an ihm vorbeiging: It's nice to be a radaroperator, but it's higher to be a flyer, so ein damaliger Spruch. Später übernahmen dann auf Elektronik spezialisierte Portepee-Unteroffiziere diesen Job, die mit ihrer Qualifikation auch in der Lage waren, bei Systemausfällen die notwendigen Reparaturen in der Luft durchzuführen.

Der Transport von kranken und verletzten Personen zählte zum Einsatzspektrum.

Üblicherweise führten die Kontrollrouten rund um Fehmarn, durch die dänische Südsee bis Møns Klint und kurz vor Wismar an der damaligen Grenze zur DDR. Nach der Wende wurde das Gebiet ausgedehnt bis östlich von Rügen in die Pommersche Bucht. Anschließend ging es über Flensburg hinweg in die Nordsee, über die Nordfriesischen Inseln, Helgoland und das Verkehrstrennungsgebiet hinein in die Elbmündung.

„Einerseits waren wir damals glücklich über den neuen Aufgabenbereich, auf der anderen Seite war der Job wenig beliebt", so der ehemalige Marineflieger. „Man war stundenlang immer in den gleichen Seegebieten unter-

Kaum ein Pilot der Bundeswehr hat mehr Flugstunden auf der Do 28 absolviert als Ernst-Werner Pohl, hier bei den Feierlichkeiten anlässlich seiner 4000. Flugstunde.

wegs, startete und landete immer auf dem gleichen Fliegerhorst – auf die Dauer langweilig und fliegerisch wenig anspruchsvoll. Wenn wir mal einen Umweltsünder erwischt haben, wurden die Daten an die auswertenden Stellen und die Ermittlungsbehörden abgegeben. Damit war für uns der Fall – mit Ausnahme bei eventuellen Zeugenaussagen vor Gericht – meist erledigt und man hörte nichts mehr davon."

Im März 1991 kam die erste Do 228 LM zum Geschwader. Zur gleichen Zeit wurde die erste Do 28-D2 aufs Altenteil geschickt. Die beiden Öl-Dos, so ihre Bezeichnung bei der Truppe, wurden im September 1994 nach Außerdienststellung der 2. Staffel des MFG 5 zum MFG 3 nach Nordholz verlegt und mit ihnen ihre Besatzungen. Nach fast einem Vierteljahrhundert in Kiel-Holtenau wechselte Ernst-Werner Pohl, der im letzten Jahr Staffelkapitän der 2. Staffel des MFG 5 war, noch einmal das Geschwader.

Hier wurde er mit dem Dienstgrad eines Kapitänleutnants am 26. September 1996 in den Ruhestand verabschiedet. Zuvor hatte er weitere 1000 Flugstunden auf der Do 228 LM absolviert – rund ein Sechstel des Pensums, was er hinter dem Steuerknüppel der Do 28 geleistet hat. Sein letzter Ölflug fand am 24. November 1995 von 8.50 bis 11.25 Uhr über dem Verkehrstrennungsgebiet in der Deutschen Bucht nördlich der Ostfriesischen Inseln statt, verrät sein Flugbuch ganz sachlich.

Verkehrsflughafen lahmgelegt

Eine amüsante Anekdote über den Bauernadler steuert Wulf „Buddy" Beeck bei, den wir später noch als Starfighter-Piloten kennenlernen werden. Der damalige Kapitänleutnant war zu Beginn der 80er-Jahre als Lehrer für die Tornado-Besatzungen in Cottesmore in England stationiert. In der Regel ging es für ihn und seine Kameraden per Transall übers Wochenende zurück nach Deutschland. Einmal stand für diesen Transfer eine Do 28 zur Verfügung.

Er erinnert sich: „Irgendwo über Wasser zwischen England und dem Festland war un-

Diese Karikatur nimmt das provisorische Trimmen mittels Wasser in Kanistern launig aufs Korn.

übersehbar ein Leck am linken Motor zu erkennen. Die Motorgondel färbte sich zusehends mit schwarzem Motoröl und man sah dicke Tropfen nach hinten wegfliegen. Es dauerte nur Minuten, bis der linke Motor abgestellt wurde."

Das war für ihn als Pilot kein Grund zur Sorge. Das rechte Triebwerk lief mit sonorem Brummen ruhig weiter. Aber: Kurze Zeit später tauchten auch hier an der Motorgondel dünne Ölstreifen auf. Im Cockpit entschied man sich zur Notlandung der „kränkelnden Einmotorigen" auf dem internationalen Flughafen Schiphol in Amsterdam.

„Wir gingen auf der Hauptstartbahn herunter und unsere beiden erleichterten Piloten versuchten verzweifelt, die Do 28 alleine mit dem rechten Motor von der Bahn zu rollen, was kläglich scheiterte", plaudert Beeck lächelnd. „Die Maschine war bei heftigem Seitenwind nicht annähernd auf einem geraden Kurs bis zur nächsten Abzweigung zu einem Taxiway zu halten. Wir mussten aussteigen. Da standen wir nun samt Do 28 mitten auf der Hauptstartbahn eines der belebtesten Passagierflughäfen Europas und blockierten den gesamten Flugbetrieb. Zwar erschienen gleich mehrere Löschfahrzeuge der Flughafenfeuerwehr samt hochoffiziellen Flughafenvertretern, doch unser Vogel ließ sich auch per Hand nicht von der Bahn bewegen. Wie viele Flüge an diesem Tag in Schiphol ausfielen und wie viele Landungen auf andere Plätze umgeleitet werden mussten, ist mir nicht bekannt. Die Gesichter der wenig

Öl-Do: Gut erkenbar unten am Rumpf ist der SLAR-Sensor.

amüsierten örtlichen Flughafenvertreter ließen erkennen, dass es etliche waren."

Dornier Do 28-D2 Skyservant: Technik und Geschichte

Mit der Do 28 wollte Dornier Ende der 50er-Jahre an den mit der Do 27 erzielten wirtschaftlichen Erfolg anknüpfen. So entstand auf der Basis der mit 628 Exemplaren gebauten Erfolgsmaschine ein zweimotoriger Hochdecker. Dabei wurden wesentliche Komponenten des Vorgängers übernommen. Durch die nun zweimotorige Ausführung wurden zwar Geschwindigkeit und Sicherheit gewonnen, in Sachen Kapazität und Komfort für die Passagiere ließ sich hingegen mit der Do 28 in den Varianten A und B kein Mehrwert erzielen. Gegen die internationale Konkurrenz hatte Dornier einen schweren Stand.

Dornier produzierte zwischen 1959 und 1966 insgesamt 121 dieser Mehrzweckflugzeuge der Typen A und B, die hauptsächlich

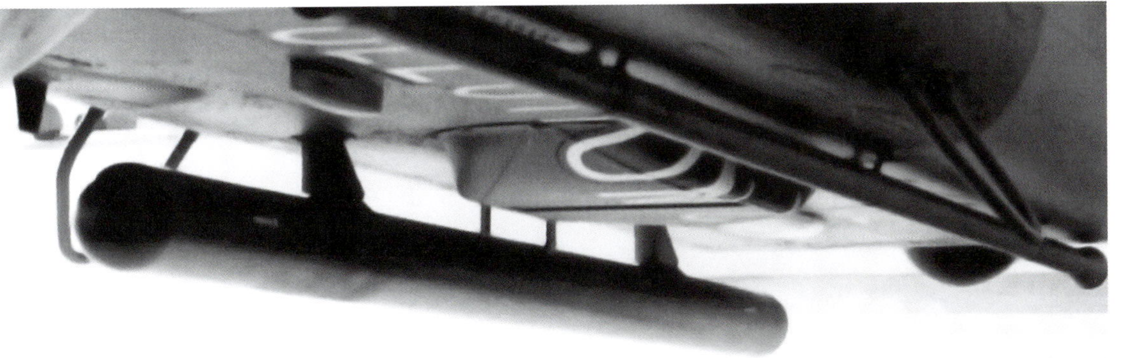
SLAR-Sensor montiert an der Bodenwanne einer Öl-Do.

Ab 1986 nahmen zwei Skyservants die Überwachung potentieller Umweltsünder in der Nord- und Ostsee wahr.

in Entwicklungsländern zum Einsatz kamen. Die Do 28 überzeugte hier durch ihre Fähigkeit, auf äußerst kurzen und unbefestigten Pisten starten und landen zu können. Das Bundesverteidigungsministerium beschaffte lediglich ein Flugzeug dieses Typs, das ab 1961 mit der Kennung CA+041 von der Flugbereitschaft genutzt wurde. Der damalige Verteidigungsminister und begeisterte Flieger Franz Josef Strauß hat diese Maschine auf seinen Dienstreisen vielfach persönlich geflogen.

In Kenntnis der Schwächen und des relativ geringen Absatzes der Do 28 begann Dornier 1965 mit der Entwicklung eines völlig neuen Flugzeugs, der Do 28-D1 Skyservant. Wesentliche Konstruktionsmerkmale des Vorgängers wurden zwar übernommen, das Leistungs- und Anforderungsprofil jedoch deutlich ausgeweitet. Der Prototyp V1 startete erstmals am 23. Februar 1966 auf dem Dornier-Werksflugplatz in Oberpfaffenhofen.

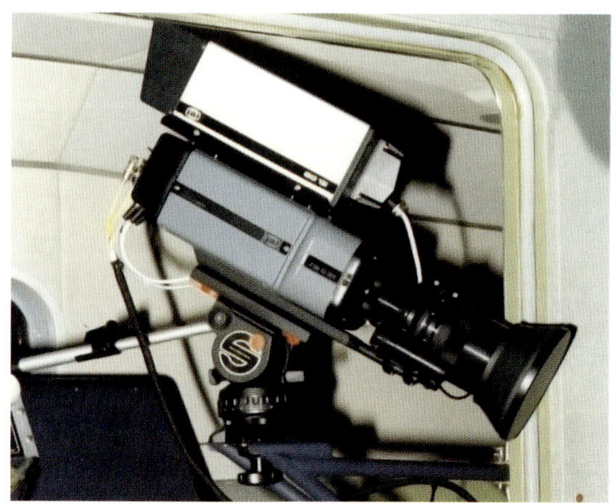

Mittels seinerzeit modernster Video-Technik suchten die Öl-Dos nach Umweltsündern auf See.

Durch den kastenförmig gestalteten Rumpf war das Platzangebot in der Maschine deutlich angewachsen. Zwölf Passagiere konnten nun befördert werden, womit sich die neue Do 28 zu einem kleinen Passagierflugzeug entwickelt hatte. Anwendungen als Zubringer, Lufttaxi oder Linienflieger zu den Nordseeinseln hatte der Hersteller im Auge. Vor allem aber die Absatzmärkte in Afrika und Südamerika, wo die Skyservant ihre Trumpfkarten, kurze Starts und Landungen auf unbefestigten Flugplätzen, ausspielen konnte.

Die Exportlieferungen der Do 28-D1 liefen 1968 an. Im Folgejahr bestellte die Flugbereitschaft der Luftwaffe vier Maschinen als VIP-Flugzeuge, die 1970 geliefert und bereits vier Jahre später wieder abgegeben wurden. Doch dann griff die Politik in das Geschäft des traditionsreichen deutschen Flugzeugbauers ein. Wegen der seinerzeit herrschenden politischen Situation beschloss die Koalition aus SPD und FDP unter Bundeskanzler Willy Brandt einschneidende Beschränkungen für den Export technologischer Güter in Entwicklungs- und potentielle Krisenländer.

Solide Konstruktion

Damit brach für Dornier ein wesentlicher Absatzmarkt schlagartig weg. Um die Verluste auszugleichen, war es naheliegend, die entstandenen Defizite durch einen lukrativen Staatsauftrag zu kompensieren. Mit dem Verteidigungsministerium wurde eine Spezifizierung erarbeitet, aus der die Dornier Do 28-D2 Skyservant für Bundeswehrzwecke als leichtes Transport- und Verbindungsflugzeug entstand. Gegenüber der D1 hatte die neue Variante eine stärkere Motorenleistung und eine um 300 Kilogramm gesteigerte Nutzlast von 1,25 Tonnen.

Zwischen 1971 und 1974 entstanden in Oberpfaffenhofen 121 D2 Skyservant für die Bundeswehr – 101 für die Luftwaffe und 20 für die Marine. Der Zeitpunkt dafür war gut gewählt, waren die Militärs doch bereits konkret auf der Suche nach Ersatz für die Do 27, die Percival Pembroke und die Piaggio P-149D. Die Do 28-D2 entsprach dem Profil aller drei Flugzeuge. Allerdings hatten sich die fliegenden Praktiker der Bundeswehr eher ein schnelles Reiseflugzeug mit Propellerturbinen und Druckkabine gewünscht.

Die Dornier Do 28-D2 Skyservant entstand als Schulterdecker in Ganzmetallbauweise mit starrem Hauptfahrwerk und Spornrad. Das Mehrzweckflugzeug verfügte über Kurzstarteigenschaften und war universell einsetzbar: bei Tag und Nacht, bei Sicht- und Instrumentenflugwetter, auf betonierten und unbefestigten Pisten.

Angetrieben wurde die Skyservant von zwei Kolbentriebwerken Lycoming O-540-A-1E mit jeweils 357 PS Leistung. Dabei handelte es sich um luftgekühlte Boxermotoren mit neun Litern Hubraum. Sie verfügten über einstufige Zentrifugallader, in die der Kraftstoff direkt eingespritzt wurde. Die Treibstofftanks waren im hinteren Teil der Triebwerksgondeln untergebracht und fassten je 447 Liter Flugbenzin F-18. Zehn Maschinen der Marineflieger erhielten zusätzlich fest installierte, also nicht abwerfbare Zusatztanks unter den Tragflächen mit einem Volumen von jeweils 234,50 Litern. Damit wurde die Reichweite auf 2100 Kilometer praktisch verdoppelt.

Sämtliche Bedienelemente und Armaturen für den Sicht- und Instrumentenflug waren im Cockpit doppelt ausgeführt. Neben den beiden Flugzeugführern waren keine weiteren Besatzungsmitglieder erforderlich. Der Lade- und Passagierraum füllte das ganze Mittelsegment. Er war je nach Ausführung und Verwendungszweck variabel gestaltbar, bot Platz für bis zu zwölf Passagiere, fünf verwundete oder erkrankte Personen auf Tragen oder 500 Kilogramm Nutzlast. Einige Do 28-D2 verfügten über einen Gepäckraum sowie eine Chemietoilette im Heckbereich. Die VIP-Variante, die bei der Flugbereitschaft eingesetzt wurde, war deutlich komfortabler ausgestattet, hatte Teppichboden, sechs bequeme Sessel und einen kleinen Konferenztisch.

Für die Maschinen der Marineflieger waren folgende Anforderungsprofile formuliert: Die

Die Zelle hinter dem Cockpit war für verschiedene Einsatzzwecke variabel gestaltbar.

Innenansicht einer Do 28 in der VIP-Ausführung.

Skyservants sollten als Verbindungsflugzeuge zwischen Führung und Truppe eingesetzt werden. Außerdem zum Transport von Truppenangehörigen, Versorgungsgütern, Ersatzteilen für die Flotte und den anderen Marinefliegergeschwadern sowie Kranken und Verwundeten. Hinzu kamen die Aufgabenstellungen der küstennahen Seeraumüberwachung, Nahaufklärung, Eisüberwachung, Ausbildung und als SAR-Mittel zweiten Grades im Rahmen des maritimen Such- und Rettungsdienstes.

Im Januar 1972 begann der Zulauf der Dornier Do 28-D2 Skyservant bei den Marinefliegern, wobei die ersten beiden Flugzeuge nach Wunstorf zur Flugzeugführerschule S der Luftwaffe gingen und dort zur Umschulung für die Piloten des MFG 5 eingesetzt wurden. In Kiel-Holtenau landeten die ersten DO 28-D2 Anfang Februar. Bis zum Jahresende waren alle vorgesehenen 20 Maschinen ausgeliefert. Stationiert waren sie in Kiel-Holtenau beim MFG 5. Alleiniger Betreiber war die damalige 2. Staffel des Geschwaders. Im Schnitt absolvierten sie mehr als 4000 Flugstunden pro Jahr.

So manch exotischer Einsatzauftrag wurde mit den Skyservants bewältigt. So galt es am 15. Juni 1973, die Schiffsglocke des Schlachtschiffs „Prinz Eugen" der einstigen österreichisch-ungarischen Marine nach Wien zu bringen. Die Marineflieger wurden mit großem Bahnhof empfangen. Im September 1976 flog man Such-und Rettungshunde des Technischen Hilfswerks mit ihren Führern in mehreren Do 28 über Schleswig-Holstein. Es sollte getestet werden, ob diese Teams im Katastrophenfall mit den Skyservants verlegt werden können. Das Ergebnis: Ja, ohne Probleme. Im Rahmen der Aktion Sorgenkind flogen die Marineflieger Stars, VIPs und geladene Gäste von Kiel nach Mainz zur TV-Gala. Im Februar 1985 gehören Eisaufklärungsflüge zur täglichen Routine. Ein Meteorologe des Geschwaders sowie ein Beamter der Wasser- und Schifffahrtsdirektion Kiel waren immer mit dabei.

Mit spezieller Bemalung: der letzte Flug der Öl-Do vor der Ausmusterung.

Mit steigendem Umweltbewusstsein in den frühen 70er-Jahren und angesichts sich häufender Ölverschmutzungen unterzeichnete die Bundesrepublik 1973 das Internationale Übereinkommen zur Verhütung der Meeresverschmutzung durch Schiffe, kurz MARPOL genannt. In der Folge wurden bis Ende 1985 Schiffe und Ausrüstung mit einem Investitionsvolumen von über 100 Millionen D-Mark beschafft. Die prophylaktische und konkrete Aufklärung von Umweltsündern in Nord- und Ostsee übernahm zunächst übergangsweise ab Juni 1983 ein niederländisches Überwachungsflugzeug.

Finanziert jeweils zur Hälfte aus dem Haushalt des Verkehrsministers und der Küstenländer wurden 1984 und 1985 zwei Skyservants mit den Kennungen 59+19 und 59+25 für diesen Zweck umgerüstet. Zuvor hatte man umfangreiche Voruntersuchungen angestellt.

Schwerpunkt war die Kontrolle der Hauptschifffahrtswege in den deutschen Seegebieten nach wechselnden Einsatzplänen. Dabei wurden zunächst jährlich 600 Flugstunden zugrunde gelegt. Den technischen Umbau für den neuen Einsatzzweck übernahm für 20 Millionen D-Mark das Herstellerwerk Dornier in Oberpfaffenhofen. Die laufenden Betriebskosten kamen wiederum aus dem Etat des Bundesverteidigungsministeriums.

Zum Einbau kam dabei die seinerzeit modernste Technik. Das Seitensichtradar SLAR diente der Ersterkennung auf größeren Distanzen und nutzte dabei den Glättungseffekt von treibendem Öl auf der Wasseroberfläche. Im Nahbereich kam ein Infrarot-Ultraviolett-Scanner zum Einsatz. Bei größeren Ölmengen, beispielsweise nach Tankerunfällen, wurde das Ausmaß mit dem Mikrowellenradiometer analysiert. Sämtliche Daten speicherte man digital in Kombination mit den Navigationsdaten zur anschließenden Auswertung und Dokumentation. Wichtig für sich anschließende juristische Verfahren. Die Öl-Dos verfügten außerdem über Video-Kameras mit Lichtverstärker und Fotoapparate zur Beweissicherung.

Die beiden Ölaufklärer waren dem MFG 5 zugeordnet und nahmen am 1. Januar 1986 ihren Dienst auf. Sie ermittelten in den Folgejahren eine Vielzahl von Umweltsündern. Doch wichtiger war der deutliche Rückgang von Meeresverschmutzungen durch ihre reine Präsenz. Nach dem ersten Irakkrieg wurden die beiden Öl-Dos Anfang 1991 im Persischen Golf eingesetzt. Ihr Auftrag war es, von den Irakern vorsätzlich herbeigeführte Ölverschmutzungen zu lokalisieren.

Nach der Außerdienststellung der Lufttransportkomponente innerhalb der Marine im September 1994 verlegte die Marineführung beide Maschinen zusammen mit der Do 228 LM und den zwei noch verbliebenen Do 28-D2 Transportern und dem fliegenden Personal nach Nordholz und unterstellte sie dem MFG 3.

Das Ende der Ära Dornier Do 28-D2 Skyservant wurde 1991 eingeleitet und fand mit der Ausmusterung der verbliebenen zwei Öl-Dos im Dezember 1995 ihr Ende. Im Februar 1998 wurde die einzig noch verbliebene Maschine mit Bundeswehrregistrierung bei der Wehrtechnischen Dienststelle ausgemustert.

Außerdienststellung der Lufttransportkomponente Marine, sprich der 2. Staffel des MFG 5, durch den Inspekteur der Marine im September 1994.

Technische Daten der Dornier Do 28-D2 Skyservant

Hersteller	Dornier-Werke GmbH
Ursprungsland	Deutschland
Erstflug	23. Februar 1966
Produktionszeit	1971 bis 1974
Stückzahl gesamt	125
Bundesmarine	20
Besatzung	2, 3 bei Do 28 Ölaufklärer
Passagiere	bis zu 13, je nach Sitzausstattung, Truppensitze bzw. VIP-Bestuhlung
Länge	11,41 m
Höhe	3,90 m
Spannweite	15,55 m
Rumpfbreite	1,50
Leergewicht	2346 kg
Startgewicht	3846 kg
Triebwerk	2 x Lycoming O-540-A-1E
Leistung	2 x 263 kW (375 PS)
Bohrung	130,20 mm
Hub	111,10 mm
Hubraum	8,88 l
Höchstgeschwindigkeit	325 km/h
Reisegeschwindigkeit	250 km/h
Reichweite	1050 km, 2100 km mit Zusatztanks
Dienstgipfelhöhe	7500 m

Dornier Do 28-D2 Skyservant

Impressionen und Detailansichten

Gleich zwei Skyservants werden im Außenbereich des Aeronauticums präsentiert. Die Maschine im Fleckentarnanstrich absolvierte ihren letzten Flug am 13. September 1994 für das MFG 3. Bei der zweiten Do 28 handelt es sich um ein Ölüberwachungsflugzeug. Den weißen Anstrich erhielt sie 1991 für ihren mehrwöchigen Einsatz nach dem Ende des Irak-Kuwait-Konflikts. Hier sollte sie eventuelle Verschmutzungen aus zerstörten Öl-Förderanlagen im Persischen Golf gemeinsam mit einer weiteren Maschine gleicher Bauart feststellen.

MARINE 59+19

D-AXOB

Umweltsündern mit Hightech auf den Fersen

Dornier Do 228

Die Do 228 mit der Kennung 57+05 wurde 2012 beschafft. Hierbei handelt es sich um eine Variante des Typs New Generation, gefertigt von der RUAG.

Startbereit steht die Dornier Do 228 LM mit der Kennung 57+05 vor ihrem Hangar auf dem Flugplatz des MFG 3 „Graf Zeppelin“ in Nordholz. Sie ist vollgetankt, alle Pre-Flight-Checks durch das technische Bodenpersonal sind durchgeführt, das Wetterbriefing sowie eine letzte intensive Sichtkontrolle durch die beiden Piloten ohne Beanstandungen erledigt. Zwei Knopfdrücke und die beiden Triebwerke nehmen lautvernehmlich ihre Arbeit auf: zusammen 1552 PS, verteilt auf zwei Turboprop-Motoren. Es geht auf Pollution-Patrol, auf einen Kontrollflug zur Ermittlung von Umweltsündern, die illegal Öl und andere Schadstoffe im Meer verklappen.

Kontrolliert wird heute das deutsche Hoheitsgebiet der Ostsee mit den schwedischen und dänischen Grenzbereichen, die östliche Nordsee zwischen Nordfriesland, Dithmarschen und Helgoland sowie die Elbmündung, so schreibt es der Flugplan vor. Auf dem Taxiway rollt die Maschine zur Startbahn, der Tower erteilt über Funk die Startfreigabe. Der Pilot drückt die Gashebel nach vorn, deaktiviert die Bremsen und scheinbar entfesselt nimmt Do 228 LM schnell Fahrt auf. Ein Zug am Steuerhorn und sie löst sich mit 160 Stundenkilometern nach rund 300 Metern vom asphaltierten Rollfeld. Noch im Steigflug zieht der Pilot das Fahrwerk hydraulisch ein, während der Operator das Maritime La-

Vor jedem Start führt das technische Personal eine detaillierte Inspektion durch und wechselt bei Bedarf Teile aus.

gezentrum des Havariekommandos über den Beginn der Mission per Funk informiert.

Sekunden später verschwindet die Bodensicht, unmittelbar danach sind die Lichter der Flugplatzbefeuerung in den dichten Wolken nicht mehr zu sehen. Das Luftfahrzeug wird nun im Instrumentenflugverfahren auf Basis satellitengestützter GPS-Daten gesteuert. FLAR lautet das Kürzel für das Wetterradar Forward Looking Airborne Radar, das die sichtunabhängige Navigation wesentlich unterstützt. Die Flugroute und -höhe sind im Autopiloten fest definiert. Das zivile Flightradar Hamburg gibt Anweisung, zwei anfliegenden Passagierflugzeugen auszuweichen. Die Elbmetropole wird passiert, in wenigen Minuten ist die Ostseeküste Schleswig-Holsteins erreicht.

Beim Einfliegen in die Lübecker Bucht wird die komplexe Mess- und Ortungstechnik an

Die 57+04 wird gleich nach der Landung im Hangar wieder fit gemacht für die nächste Mission.

Entspannt geht es im Cockpit zu. Der Autopilot ist aktiviert.

Bord der Do 228 LM in Betrieb genommen. Immer noch herrscht Nullsicht, die Flughöhe beträgt 1500 Meter. Nun beginnt der Job von Stabsbootsmann Mirco Hensen. Er ist der Operator an Bord, arbeitet in der Kabine hinter dem Cockpit an der COC, der Central Operator Console. Sie ist das Hauptbediengerät der Missionsanlage, von der aus er die Sensoren verschiedener Messgeräte sowie die Dokumentationstechnik steuert.

Die alte Ausführung der SLAR-Antenne für das Seitensichtradar an der Unterseite des Rumpfs.

Durchblick bei Nullsicht

„Blickkontakt zur Meeresoberfläche brauchen wir nicht", nimmt der Unteroffizier die Situation gelassen. „Das ist für uns unerheblich, denn unsere Sensorik erfasst Gewässerverunreinigungen, wir bezeichnen sie als GVU, auch nachts, bei Nebel oder durch eine geschlossene Wolkendecke hindurch."

Die Standardflughöhe beträgt unter diesen Bedingungen 1200 Meter, im Sichtflug über See 600 Meter. Bei einer Geschwindigkeit von 300 Stundenkilometern erzielen die elektronischen Systeme optimale Ergebnisse.

Das Side-Looking Airborne Radar, kurz SLAR genannt, kommt für die Erkennung von Öl- und Schadstoffen auf große Distanzen zum Einsatz. Mit diesem Seitensichtradar können Verschmutzungen bis zu einer maximalen Entfernung von jeweils 40 Kilometern rechts und links vom Flugzeug fest-

Stabsbootsmann Mirco Hensen an der Central Operator Console. Die COC ist das Herzstück der Sensorik.

gestellt werden. „Die Sensoren erkennen die durch Öl oder Chemikalien abnormal veränderte Wellenstruktur und stellen sie auf dem Monitor der COC – zumeist in der Hecksee des Radarechos eines Schiffes – schwarz dar“, erklärt Mirco Hensen. „Haben wir auf diesem Weg einen Verdächtigen ermittelt, fliegen wir den mutmaßlichen Verunreiniger an und wenden unsere Nahbereichs-Messtechnik an.“

Für die Analyse von Art und Umfang einer Verunreinigung kommen auf kurze Entfernung verschiedene, miteinander korrespondierende Sensorensysteme zum Einsatz. Mittels eines Infrarot/Ultraviolett-Linescanners werden auf Basis von Wärmeabstrahlung und Temperaturunterschieden von Wasser, Öl und Sauerstoff einerseits, durch das Reflexionsverhalten des Sonnenlichtes an der Wasseroberfläche andererseits, Verun-

Die beiden Frachtschiffe befinden sich in Reichweite der Nahbereichs-Messtechnik der Do 228.

Teamwork beim maritimen Unfallmanagement: Deutsche Marine und Havariekommando

Professionelle Ölbekämpfungsübung in der Nordsee unter der ederführung des Havariekommandos.

Die Deutsche Bucht mit ihrer Anbindung an die Häfen in den Bereichen Elbe, Weser, Jade und Ems sowie der Zuwegung zum Nord-Ostseekanal ist das am dichtesten frequentierte Seegebiet der Welt. Mehr als 60 000 Schiffsbewegungen werden Jahr für Jahr vor Cuxhaven gezählt. Rund 70 Prozent des deutschen Außenhandels erfolgen auf dem Seeweg. Diese Fakten bergen auch Risiken in sich. Unfälle auf See sowie Verstöße gegen Schiffsbetriebs- und Umweltvorschriften können nicht ausgeschlossen werden. Bereits 1975 haben sich Bund und Küstenländer, basierend auf dem internationalen MARPOL-Abkommen, auf ein ganzheitliches Vorsorgekonzept für den Fall einer ökologischen Katastrophe verständigt. Dieses enthält neben dem strategisch-organisatorischen Krisenmanagement auch das operative Maßnahmenpaket zur Abwehr von Schiffsbränden, Öl- und Gefahrgutunfällen auf hoher See und an der Küste. Die regelmäßige lückenlose Luftüberwachung ist seit 1986 Teil dieser bewährten Gesamtkonzeption.

Koordination bei Großschadenslagen

Das in Cuxhaven beheimatete Havariekommando als koordinierende Einsatzleitung bei Großschadenslagen auf See ist eine gemeinsame Einrichtung von Bund und Küstenländern. Das BMVI ist Eigner der beiden Aufklärungsflugzeuge des Typs Do 228 LM zur täglichen Überwachung der deutschen Seegebiete. Das Besondere daran: Betrieben werden die Maschinen von der Deutschen Marine, exakt von der 2. Staffel des MFG 3 „Graf Zeppelin" in Nordholz.

Das Ölauffangschiff kann seinen Rumpf auf 65 Grad öffnen und auf diese Weise in einem Arbeitsgang große Schadstoffmengen in seinen Tanks aufnehmen.

Auf Basis internationaler Vereinbarungen und in direkter Zusammenarbeit mit den Nachbarstaaten erfolgen täglich mehrfach ausgedehnte Patrouillen-Flüge über See. Seit 1986 werden so vor allem die internationalen Seeschifffahrtsstraßen im deutschen Hoheitsgebiet intensiv überwacht. Darüber hinaus liegen regelmäßig aktuelle Satellitenbilder vor, anhand derer bei konkreten Verdachtsmomenten gezielte Kontrollflüge vorgenommen werden. Außerdem gibt es regelmäßig Patrouillen über den Öl- und Gasförderplattformen der Nordsee zwischen Großbritannien und Norwegen.

Wie hier beim Brand einer Fähre übernimmt das Havariekommando bei Großschadenslagen die Einsatzkoordination.

Hinter der schwarzen Kuppel an der Fahrwerksunterseite befindet sich die hochmoderne Kameratechnik der fliegenden Umweltfahnder, das elektrooptische Infrarotsystem EOIR.

reinigungen festgestellt. Es wird deren Ausdehnung in der Fläche ermittelt und einhergehend mit der Schichtdickenmessung kann die Menge bestimmt werden. Die feinen Sensoren sind in der Lage, den Typus der eingeleiteten Schadstoffe zu analysieren. So kann der Operator unterscheiden, ob es sich um gefährliche Mineralöle oder vergleichsweise harmloses Fisch- oder Pflanzenöl handelt.

„Neben der qualifizierten Ausbildung durch die Marine benötigt man für diesen Spezialbereich sehr viel praktische Erfahrungen", erklärt der Stabsbootsmann. „Man muss die synthetischen Bilder auf der COC korrekt analysieren und interpretieren können. Nicht nur eine Frage von Wissen, sondern auch von Einschätzungsvermögen. Häufig gaukeln einem Sandbänke, Algenfelder oder der Schattenwurf von Wolken die Verunreinigungen nur vor. Trotz aller Technik spielt bei uns an Bord in allen Bereichen nach wie vor der Mensch die entscheidende Rolle und nicht selten kommt die erste Sichtmeldung von den beiden Kameraden im Cockpit."

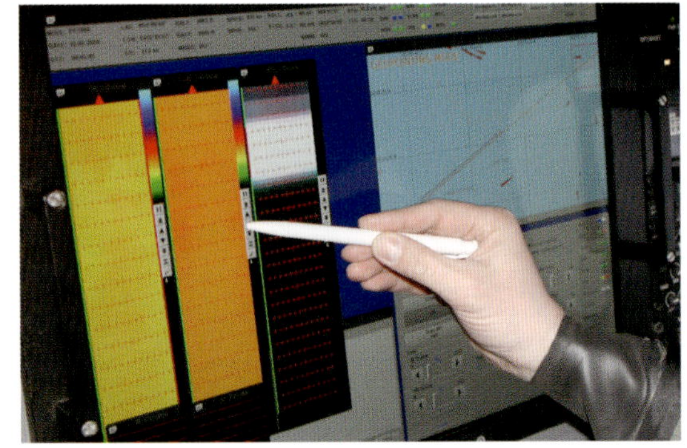

Mit Hilfe des farbigen Bildschirms werden unter anderem der Typus und die Schichtdicke der Verunreiniger ermittelt.

Tiefflug über der Ostsee

Klassische Armaturen im Cockpit? Fehlanzeige! Alle erforderlichen Daten und Funktionen für die Kommunikation und Navigation, die Avionik und die Triebwerke haben die beiden Piloten auf verschiedenen gut ablesbaren Farbdisplays vor Augen. Electronic Flight Instrument System, kurz EFIS, heißen diese konfigurierbaren Displays. Neben den aktuellen Flugdaten – Kurs, Geschwindigkeit, Höhe, Steig- oder Sinkrate – liefert das digitale System außerdem Warnmeldungen sowie Sensordaten, die der Operator von seiner COC ins Cockpit spielen kann. In Fachkreisen wird EFIS auch als Glascockpit bezeichnet, während die analog mit Zeigerinstrumenten ausgestatteten Cockpits scherzhaft als Uhrenladen tituliert werden. Einige Grundgeräte, beispielsweise ein Notkompass und ein künstlicher Horizont, sind aus Gründen der Sicherheit weiterhin ohne Computervernetzung vorhanden.

Natürlich kann die Öl-Do auch AIS-Signale des Automatic Identification Systems empfangen. Damit werden auf einem Karten-Display alle Schiffe mit den aktuell relevanten Daten – Position, Kurs, Geschwindigkeit, Zielhafen ... – abgebildet.

Bei mittlerweile aufgeklartem Wetter wird Rügen mit seinen weitläufigen Boddengewässern im Uhrzeigersinn umrundet. An der Ostküste geht es vorbei am riesigen Bauwerk Prora nördlich von Binz und anschließend an den Kreidefelsen. Nach Verlassen des dortigen Naturschutzgebietes gehen die Piloten in den Tiefflug und simulieren in 33 Metern, der minimal zulässigen Flughöhe für die Dornier Do 228 LM, den Anflug auf einen Verschmutzer. Sportlich geht es zur Sache, Fliegen pur. Von Hand gesteuert zeigt die Maschine unter Sichtflugbedingungen, was

Die 57+04 im Sommer 2010 noch im alten schwarz-weißen Farblayout.

sie draufhat. Doch schon im Anflug auf die dänische Insel Møn zieht es sich wieder zu und die weißen Klippen von Møns Klint verschwinden hinter grauen Schwaden. Auf Westkurs geht es hinweg über Schleswig-Holstein und kurz nach Passieren der nordfriesischen Küste in die Nordsee geben die Wolken südlich von Amrum kurz den Blick auf das Wrack der „Pallas" frei. Ein Bild mit Symbolcharakter.

Im Herbst 1998 strandete der 147 Meter lange Holzfrachter, brennend und manövrierunfähig von Dänemark aus ins deutsche Seegebiet treibend, an dieser Stelle. „Ein Seemann starb damals, die übrigen 16 Besatzungsmitglieder wurden durch unsere Sea King-SAR-Hubschrauber gerettet", erklärt Stabsbootsmann Mirco Hensen. „Rund 90 Tonnen Öl gelangten bei der Havarie in die Nordsee, 12 000 Seevögel verendeten. Von einer Ökokatastrophe riesigen Ausmaßes blieb die Küste zum Glück verschont. Die Medien berichteten seinerzeit wochenlang intensiv über den Unfall und seine weitreichenden Konsequenzen. In der Folge des Unglücks wurde das Havariekommando zur verbesserten Koordinierung maritimer Großschadenslagen ins Leben gerufen."

Abschreckung greift

Trotz moderner Messtechnik gibt es bei der heutigen Patrouille keinen Anlass zu Beanstandungen. „Alles in Ordnung, keine Kundschaft heute für uns", kommentiert Mirco Hensen mit einem Augenzwinkern. Und weiter: „Allein unsere tägliche Präsenz schreckt mögliche Umweltsünder auf See ab. Seit Beginn der permanenten Ölüberwachung 1986 in direkter Kooperation mit unseren Nachbarstaaten ist die Zahl der illegalen Schadstoffverklappungen kontinuierlich rückläufig. Doch unterm Strich rechtfertigt sich der Aufwand für vergebliche Kontrollmaßnahmen allemal, denn der ist deutlich geringer als eine Ölverunreinigung mit all ihren ökologischen und finanziellen Folgen."

Den elektronischen Augen der beiden Do 228 LM entgeht nichts. Bereits vor dem Start

Die reine Präsenz der beiden Überwachungsflugzeuge ließ die Zahl der illegalen Schadstoffeinleitungen in der Vergangenheit drastisch zurückgehen.

haben die Crews detailgenaue Satellitenbilder der European Maritime Safety Agency ausgewertet, um mögliche Täter direkt anfliegen zu können. Illegale Verschmutzer haben kaum Chancen, ihnen zu entkommen. Täglich kontrollieren die beiden Maschinen auf ständig wechselnden Routen und zu unterschiedlichen Zeiten die deutschen Seegebiete. Dabei fliegen die Öljäger bei nahezu jedem Wetter. Herrschen Minusgrade, wird die Enteisungsanlage an den Tragflächen aktiviert. Nur bei einer vereisten oder mit Schneemassen bedeckten Startbahn bleiben sie am Boden.

„Im Schnitt entdecken wir bei jedem dritten bis vierten Einsatz eine Verschmutzung, bei jeder achten Patrouille auch unmittelbar den Verursacher", so die Erfahrung des Stabsbootsmanns. „Weniger häufig werden die Schadstoffe vorsätzlich ins Meer eingeleitet. Meistens sind technische Defekte oder Fahrlässigkeit die Ursache dafür." Die Menge und die Anzahl der gefundenen Verschmutzungen sind über die Jahre immer geringer geworden. Meist sind es mittlerweile um die 100 Liter im Vergleich zu mehreren Kubikmetern vor Jahrzehnten.

Bei der Do 228 57+05 sind zwei SLAR-Antennen im unteren Außenbereich der Kabine in den Rumpf integriert.

Kleeblattverfahren

Bei einem begründeten Verdacht leiten die Piloten ein standardisiertes Manöver ein, das sogenannte Kleeblattverfahren: Zunächst überfliegen sie den mutmaßlichen Umweltsünder im Spuranflug über das Heck. Anschließend werden an Backbord und Steuerbord – einmal vor, einmal hinter dem Schiff – vier enge Kurven geflogen.

Alle an der COC erfassten Messdaten werden zur lückenlosen Beweissicherung digital aufgezeichnet. Ein zur Missionsanlage gehörendes Video- und Kamerasystem mit Infrarot-Modus sowie handgeführte Foto- und Filmkameras halten das Szenario optisch fest. Wichtig für die Dokumentation ist es, den Spiegel eines Schiffes im Bild festzuhalten. Darauf sind der Name, der Heimathafen und die IMO-Nummer gut zu erkennen.

Liegt der Verdacht einer Verschmutzung vor, informiert die Besatzung der Do 228 unverzüglich das Maritime Lagezentrum des Havariekommandos. Das kann per Funk geschehen, aber auch per Satellitentelefon oder E-Mail. Bei Letzterem können bei Bedarf gleich Fotos oder Filmsequenzen mitübermittelt werden. Von Cuxhaven aus werden die weiteren notwendigen Schritte eingeleitet, in der Regel die Wasserschutzpolizei und die Bundespolizei eingeschaltet. Die Ölflieger übernehmen die Aufgaben der Kontrolle, Dokumentation und Beweisführung. Während der Schadstoffbekämpung weisen sie aus der Luft die Einsatzschiffe zur Schadstoffaufnahme ein.

Flutkatastrophen und SAR-Einsätze

Dabei beschränkt sich der Einsatzbereich der beiden blau-weißen Maschinen nicht ausschließlich auf die Öljagd. Aus der Luft heraus liefern sie bei Hochwasserkatastrophen wertvolle Erkenntnisse über die Zustände von Deichen. „Mit unserer Sensorik lässt sich präzise ermitteln, an welcher Stelle Deichbauwerke unterspült werden und durchzubrechen drohen", weiß Mirco Hensen aus eigenem Erleben. „Wir können dann die technischen Hilfskräfte am Boden gezielt zu den Gefahrenpunkten lenken, wo sie entsprechende Gegenmaßnahmen einleiten. Und auch bei SAR-Sucheinsätzen und der Seeraumüberwachung bei Großschadenslagen ist unsere Unterstützung gefragt. Die Beobachterplätze mit ihren ausgebeulten Bubble-Fenstern hinter dem Cockpit geben einen optimalen Ausblick auf die Meeresoberfläche und die dortige Lage. Beispielsweise bei der Suche nach dicht unter der Wasseroberfläche treibenden Containern, die bei Sturm über Bord gegangen sind. Gerade letzte Woche hatten wir einen solchen Fall. Die schwergewichtigen Blechkisten stellen eine erhebliche Gefahr für die Schifffahrt dar."

Nach rund drei Stunden in der Luft und mehr als 1000 Flugkilometern leiten die Piloten routiniert das Landemanöver auf den Fliegerhorst Nordholz ein. Die Do 228 durchbricht die dichte Wolkendecke. Sanft und sicher setzt das Flugzeug auf dem Rollfeld des Fliegerhorstes Nordholz auf. Für die Crew ist der Arbeitstag fast beendet. Lediglich einige schriftliche Formalitäten sind noch zu erledigen. Arbeit hingegen gibt es nun für das Bodenpersonal: Mit einer intensiven Inspektion stellen die Techniker sicher, dass die Maschine in kürzester Zeit wieder einsatzbereit ist für den nächsten Flug im Auftrag des Umweltschutzes. Und der findet bereits am Abend desselben Tages statt.

Die 98+78 diente ab 1986 als Erprobungsträger für das neue Baumuster.

Die Bordelektrik wird stationär mit Strom versorgt.

Einleitung des Kleeblattverfahrens, bei dem in geringer Flughöhe die Verschmutzung und ihr Verursacher möglichst detailreich dokumentiert werden.

Dornier Do 228: Technik und Geschichte

Anfang der 70er-Jahre entwickelte Dornier eine neue revolutionäre Flügelkonstruktion. TNT lautete ihre Bezeichnung, was für Tragflügel Neuer Technologie stand. Sie wies eine neuartige aerodynamische Formgebung auf, die über ein widerstandsärmeres und damit auftriebssteigerndes Profil verfügte. Das Strukturgewicht konnte bei gleichzeitiger Erhöhung der Strukturfestigkeit im Vergleich zu den bisherigen Fertigungsmethoden verringert werden. Außerdem ließen sich die Kosten durch neue Fertigungsverfahren erheblich senken. Durch TNT erzielte man eine deutliche Verbesserung beim Maximalauftrieb und der Gleitzahl. Unter dem Strich eine Effizienzsteigerung um 25 Prozent.

Dornier ließ sich TNT patentieren und erprobte es an verschiedenen Baumustern. Unter der Bezeichnung Do 128-2 TNT absolvierte eine auf diese Technologie umgerüstete Skyservant am 14. Juni 1979 ihren Erstflug. Ein halbes Jahr später beschloss der Dornier-Vorstand die Entwicklung eines neuen Flugzeugs, das in seinen Anwendungsmöglichkeiten die Nachfolge der Do 28-D2 antreten sollte. Bereits 16 Monate flog die als Do 228-100 bezeichnete Neukonstruktion, anderthalb Monate später auch eine Langversion mit der Bezeichnung Do 228-200. Die Aus-

Wegen der täglichen Einsätze und der so anfallenden hohen Anzahl von Flugstunden werden am Boden permanent Wartungsarbeiten vorgenommen.

Bei einem ausgesprochen wirtschaftlichen Betrieb realisiert ein Garrett-Triebwerk eine Leistung von 776 PS.

lieferung der ersten Serienmaschine in der kurzen Ausführung erfolgte im März 1982.

Die Ingenieure hatten die Rumpfstruktur der Skyservant lediglich verlängert und dem Bug ein neues Gesicht gegeben. Die Leitwerkseinheit blieb ebenfalls bis auf Detailmodifizierungen gleich. Die Hauptkomponenten wurden aus faserverstärkten Verbundwerkstoffen nach modernsten Technologien chemisch gefräst.

Als Antrieb fungierten zunächst zwei Turboprop-Triebwerke vom Typ TPE 331-5 der US-amerikanischen Firma Garrett AiResearch, heute Honeywell, die eine Startleistung von jeweils 714 PS erreichten. Ab der Variante Do 228-212 kamen die leistungsstärkeren Ausführungen TPE 331-5-252D und TPE 331-10 mit einer Startleistung von jeweils 787 PS zum Einsatz. Letzteres wird aktuell von der RUAG Aviation auch in der NG-Variante verbaut.

Das einziehbare Fahrwerk, die Bremsen und die Bugradlenkung werden von einer Hydraulik gesteuert, die von einer elektrischen Pumpe versorgt wird. Das System ist aus dem Alpha-Jet abgeleitet und kann bei Bedarf mittels einer Handpumpe über einen Notkreis ein- und ausgefahren werden.

Seit 2015 verfügen beide Do 228 über fünfblättrige Hochleistungspropeller.

Dornier in Oberpfaffenhofen baute die Do 228 von 1981 bis 1998, bevor das Unternehmen 1996 von Fairchild Aviation und drei Jahre später von der Allianz-Tochter Clayton, Dubilier & Rice übernommen wurde. 2002 meldete das deutsche Traditionsunternehmen Insolvenz an. Weitere Exemplare entstehen seit 1986 als Lizenzbauten bei Hindustan Aeronautics in Indien. Seit 2009 wird das überarbeitete Baumuster unter der Zusatzbezeichnung NG, was für New Generation steht, unter Federführung der Schweizer RUAG Aviation wieder in Oberpfaffenhofen gebaut und weltweit vermarktet. Knapp 300 Do 228 sind bislang in verschiedenen Baureihen, ausgelegt auf unterschiedliche Nutzungszwecke und mehrfach dem aktuellen Stand der Technik angepasst, entstanden.

Zu Beginn der 90er-Jahre zeichnete sich bei der Bundeswehr das Ende der Do 28-Ära ab und damit auch die Ausmusterung der beiden Öl-Dos bei der Marine. Hier versprach die Do 228 ein adäquater Nachfolger zu sein. So wurden ab dem 10. Januar 1986 Erprobungen mit einer Maschine der kurzen Variante, sie hatte die Kennung 98+78, als Sensorenträger vorgenommen. Dabei handelte es sich um eine Leihgabe des Herstellers Dornier. Aufgrund der guten Flugleistungen und der beiden Propellerturbinen erwies sich das Flugzeug für die Ölüberwachung als hervorragend geeignet. Hinzu kam, dass der preiswerte und flächendeckend verfügbare Jet-Treibstoff F-34 für den Betrieb anwendbar war.

Nach langer und durch die Wiedervereinigung beider deutscher Staaten verzögerter Planungs- und Ausrüstungsphase nahm Ende 1991 die erste Do 228 LM – zunächst mit der vorläufigen Erprobungskennung

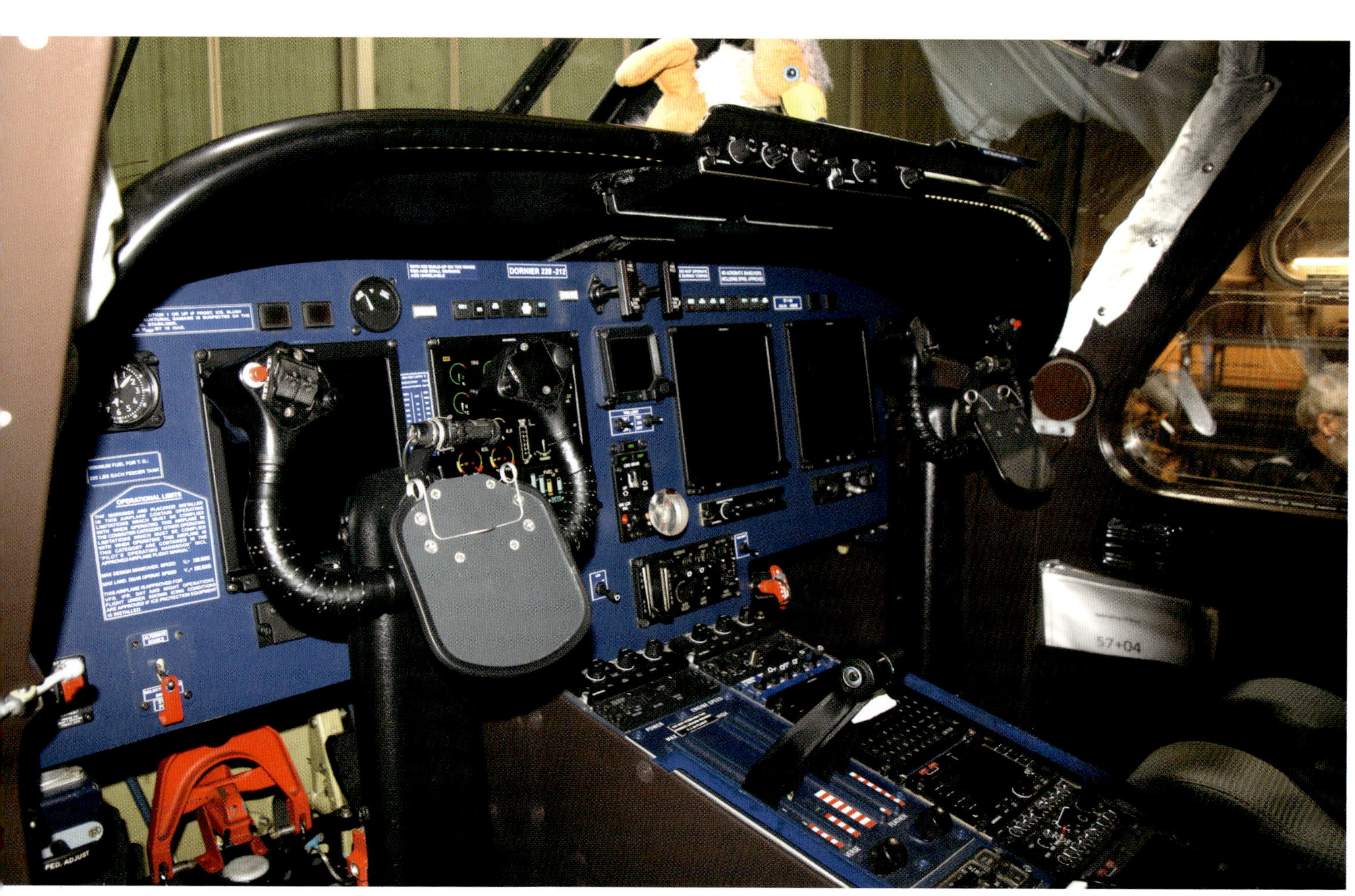

Glascockpit: Sämtliche flug- und technikrelevanten Daten werden auf verschiedenen farbigen Displays dargestellt.

98+77, später 57+01 – den Dienst auf. Hierbei handelte es sich um eine Maschine der Baureihe 212 mit einem erhöhten maximalen Abfluggewicht von 6600 Kilogramm. Die Zusatzbezeichnung LM steht für Luftüberwachung Meeresverschmutzung. Seinerzeit musste das Bundesverkehrsministerium 28,1 Millionen D-Mark für die Beschaffung des Luftfahrzeugs sowie weitere acht Millionen D-Mark für die Spezialausrüstung überweisen.

Die zweite, weitgehend baugleiche Do 228 LM mit der Kennung 57+04 stieß 1997 dazu. Beide Luftfahrzeuge erhielten große Teile der Sensorenausrüstung aus den parallel ausgemusterten Öl-Dos 28-D2 Skyservant. Sie wurden mit Modifikationen in der Basisausrüstung, der Zelle und der Avionik an ihre Spezialaufgabe angepasst. Seit 1994 sind die Öljäger auf dem Fliegerhorst Nordholz stationiert und dem MFG 3 zugeordnet.

Die ältere Maschine, die 57+01, wurde durch die neue NG-Variante mit der Kennung 57+05 ersetzt, während die jüngere 57+04 bei der RUAG Aviation mit moderner EFIS-Avionik und neu entwickelten Fünfblattpropellern nachgerüstet wurde.

Mehrzweckvariante LT

Zur Luftflotte des MFG 3 gehörten außerdem zwei Dornier Do 228 des Typs LT, was für Lufttransport steht. Versehen waren sie mit den Kennungen 57+02 und 57+03. Die beiden vielfältig einsetzbaren Maschinen wurden 1996 beschafft und übernahmen in der Nachfolge der Do 28 Verbindungs- und Transportaufgaben. Ihr durchgängiger Laderaum – 7 Meter lang und 1,35 Meter breit – bot Platz für 19 Passagiere. Waren die Sitze entfernt, konnten die LTs durch ihre großen Frachttüren je nach getankter Kraftstoffmenge bis zu zwei Tonnen Ladung aufnehmen. Bereits nach zehn Jahren wurden sie außer Dienst gestellt und 2006 über die VEBEG verkauft.

Die beiden Mehrzweckmaschinen Do 228 LT wurden 2006 außer Dienst gestellt.

Technische Daten der Dornier Do 228

Hersteller	Dornier-Werke GmbH
Ursprungsland	Deutschland
Erstflug	21. März 1981
Produktionszeit	seit 1981
Stückzahl gesamt	rund 300
Deutsche Marine	6
Besatzung	2 oder 3
Länge	16,56 m
Höhe	4,86 m
Spannweite	16,97 m
Rumpfbreite	1,50 m
Leergewicht	3739 kg
Startgewicht	6400 kg
Triebwerk	2 x Garrett TPE 331-10
Leistung	2 x 571 kW (776 PS)
Höchstgeschwindigkeit	519 km/h
Reisegeschwindigkeit	434 km/h
Reichweite	2965 km
Reiseflughöhe	3000 m
Startstrecke	793 m
Landestrecke	747 m

Mit vier Motoren am Horn von Afrika

Lockheed P-3C Orion

Morgens gegen sechs Uhr auf dem Flugplatz von Dschibuti: Cleared for take-off!

Sie ist das Dickschiff in der fliegenden Flotte der Deutschen Marine: die Lockheed P-3C Orion. In der Ahnentafel der Marinefliegerei ist sie direkt in die Fußstapfen der legendären, ebenfalls viermotorigen Focke-Wulf Fw 200 Condor getreten. Und natürlich in die ihrer unmittelbaren Vorgängerin, der Breguet BR 1150 Atlantic. Bis zur Einführung des Airbus A400M war sie das einzige viermotorige und zudem größte Luftfahrzeug der Bundeswehr. Ihr größtes Kampfflugzeug ist sie immer noch, denn die Orion ist ein fliegender Waffenträger.

„Zugegeben, es fiel uns allen schwer, als wir uns 2006 sukzessive von der Atlantic trennen mussten, die uns allen doch sehr ans Herz gewachsen war", sagt Fregattenkapitän Heiko Millhahn, den wir bereits aus dem Kapitel über den überaus beliebten zweimotorigen Seeaufklärer kennen. „Andererseits waren wir gespannt, was uns die deutlich geräumigere und moderner ausgerüstete Orion zu bieten hatte. Zudem war es ungewöhnlich, dass die Deutsche Marine gebrauchte Flugzeuge beschafft. Denn die acht gekauften Maschinen waren zuvor schon über zwei Jahrzehnte lang bei den niederländischen Marinefliegern im Einsatz."

Skepsis war in der Tat nicht angebracht. Schon bei der Umschulung des Boden- und Flugpersonals auf das neue MPA auf dem Fliegerhorst Valkenburg in den Niederlanden war klar, dass man ein äußerst leistungsfähiges Waffensystem an die Hand bekommt, das seinem Vorgänger um Längen überlegen ist.

„Trainiert wurden wir ab 2005 von den Ausbildern des Marine Luchtvaartdienst, den Marinefliegern der königlich-niederländi-

schen Seestreitkräfte", schildert der Offizier die damalige Übergangsphase. „Verständlicherweise fiel es ihnen nicht leicht, sich von ihren bewährten Maschinen zu trennen und dafür auch noch ihre Nachfolger anzulernen. Aber unterm Strich lief alles sehr kameradschaftlich und zielführend. Die Niederländer haben uns so manchen Kniff verraten, der in keinem Handbuch steht."

Neu gegenüber der Atlantic war die Tatsache, dass die gesamte Sensorik bei der Orion integriert arbeitet. Ein riesiger Schritt nach vorne, wie Fregattenkapitän Millhahn sagt: „Bislang liefen alle Systeme im analogen Stand-Alone-Modus und ihr Output musste praktisch manuell zu einem Gesamtbild zusammengefügt werden. In der Orion sind alle Arbeitsplätze und Geräte komplett miteinander vernetzt. Wir sind dadurch in der Lage, in diesem Netzwerk zwischen dem taktischen Offizier, den Radar- und Sonaroperateuren sowie dem Navigator auf elektronische Weise interaktiv zu agieren."

Am 28. Februar 2006 erhielt die erste P-3C die deutschen Hoheitsabzeichen und wurde dem MFG 3 zugeordnet. Die achte und letzte Maschine landete am 22. Juni 2006 in Nordholz.

„Das Platzangebot in der Orion ist deutlich größer, was natürlich den Arbeitsplatz in gewisser Hinsicht aufgewertet hat", sagt Heiko Millhahn mit einem Augenzwinkern. „Und die vier Motoren haben nicht nur reichlich Power, sondern auch eine deutliche Sicherheitsreserve gegenüber der zweimotorigen Breguet. Normalerweise dauert eine Mission acht bis zehn Stunden. Schalten wir ein Triebwerk ab, sparen wir Kraftstoff und sind bis zu 13 Stunden in der Luft. Selbst mit zwei abgeschalteten Triebwerken lässt sich die Orion noch fliegen, allerdings ist dies an bestimmte Voraussetzungen und Sicherheitsauflagen gekoppelt. "

Anflug mit ausgefahrenem Fahrwerk und Landeklappen.

Fregattenkapitän Millhahn ist der Tacco an Bord, der taktische Offizier.

In der Hitze Afrikas hat sich die Orion hervorragend bewährt.

Eine angenehme Übereinstimmung von Atlantic und Orion ist das Vorhandensein der Bordküche, diese weiß die Crew zu schätzen. Hier steht zwar kein Sterne-Koch am Herd, aber für einen schmackhaften Snack und reichlich Kaffee während der häufig langen Flugzeiten ist gesorgt.

Manche Crewmitglieder bezeichnen bei allem Hightech-Equipment die Bordküche als die wichtigste Ausrüstungskomponente in der Kabine.

Kampf gegen Piraterie

Und der erste Einsatz ließ nicht lange auf sich warten. Im Sommer 2008 verlegten zwei Orions als Ersatz für die Fregatte „Emden" im Rahmen der Anti-Terror-Operation „Enduring Freedom" an das Horn von Afrika. Bis zum 29. Juni 2010 dauerte der deutsche Beitrag zu dieser Mission. Ebenfalls 2008 lief die EU-geführte Operation „Atalanta" mit dem Ziel der Gewährleistung der freien Seefahrt und zur Bekämpfung der Piraterie vor der Küste Somalias an.

Den Orions fällt dabei die Aufgabe zu, ein Einsatzgebiet, das vom Roten Meer bis zur Küste Kenias und zur Straße von Hormus reicht, zu überwachen und zu sichern. Das geschieht im maritimen Wirkverbund mit den Fregatten und Bordhubschraubern der Deutschen Marine und den Einheiten weiterer beteiligter Staaten.

Spektakulär war die Kaperung des deutschen Containerschiffs „Hansa Stavanger" am 4. April 2009, in die Fregattenkapitän Heiko Millhahn involviert war: „Insgesamt vier Monate zog sich der Fall hin." Die Piraten hatten das Schiff mit 24 Besatzungsmitgliedern, darunter fünf Deutsche, in ihre Hand gebracht und erpressten Lösegeld von der Reederei Leonhardt & Blumberg in Hamburg.

„Wir haben das Schiff nahezu rund um die Uhr aufgeklärt, agierten dabei im Verbund mit den Fregatten und unseren Lynx-Hubschraubern", erinnert sich Fregattenkapitän Millhahn an diese Mission, die intern den Code-Namen „Lage Norwegen" trug. „Mit unseren elektrooptischen Sensoren konnten wir aus 8000 Metern Höhe beobachten, was an Bord der ‚Hansa Stavanger' passierte. Wir konnten sogar zwischen Geiseln und Piraten optisch differenzieren. Ich hoffe, dass wir den gekidnappten Seeleuten durch unsere Präsenz auch gezeigt haben, dass sie nicht alleingelassen sind. Andererseits mussten wir natürlich aufpassen, dass wir die unkalkulierbaren Geiselnehmer nicht provozieren. Die Operation war eine permanente Gratwanderung."

Die zusammengetragenen Lagebilder wurden kontinuierlich an den Krisenstab des

Einrollen des Seefernaufklärers auf der französischen Luftwaffenbasis in Dschibuti nach dem ersten Eingewöhnungsflug im neuen Einsatzgebiet bei der Operation „Enduring Freedom".

Auswärtigen Amtes übermittelt. Hier erwog man konkrete militärische Maßnahmen, ebenso den Einsatz der GSG 9. Nach über vier Monaten verließen die Piraten nach Zahlung eines Lösegelds das Schiff. Die „Hansa Stavanger" wurde unter Begleitschutz durch die Deutsche Marine aus dem Krisengebiet herausgeholt, für die Orion-Besatzung kehrte wieder Routine ein. Wenn man bei einem Auslandseinsatz denn davon sprechen kann.

Am Horn von Afrika

Basis während der Operation „Atalanta" ist der militärische Teil des Zivilflughafens von Dschibuti, gelegen am westlichen Ende des Golfs von Aden. Eine französische Kaserne bietet den Crews zwischen den langen Tagesdienstzeiten minimalen Komfort. Es herrschen Temperaturen von bis zu 45 Grad, die Luft ist staubig und trocken. Das Gelände verlassen die Soldaten kaum, man bleibt unter sich. Die Kriminalität in dem kleinen Land ist sehr hoch, ebenfalls die Ansteckungsgefahr mit exotischen Krankheiten, nicht zuletzt wegen der vielerorts mangelhaften Hygiene.

Während der Einsatzflüge fällt Fregattenkapitän Millhahn die Aufgabe des Taccos, des Tactical Coordinators oder des taktischen Offiziers, zu. Morgens gegen vier Uhr wird üblicherweise mit den Vorbereitungen begonnen. Er plant den kommenden Flug, bezieht dabei den Auftrag, vorherige Aufklärungsanalysen, das aktuelle Wetter, politische Vorgaben und Seegebietsgröße ein. Parallel dazu erledigen die Piloten und der Bordmechaniker die Vorflugüberprüfung gemeinsam mit der Bodencrew. Die Operateure fahren die elektronischen Systeme hoch und checken deren Betriebsfähigkeit.

Arbeitsplätze von Pilot und Copilot.

Zwei Stunden dauert dieses Procedere, bevor die Orion gegen sechs Uhr in den beginnenden Tag startet. Kurs Ost, die Küste Somalias ist das Ziel.

„Auf solchen Missionen suchen wir ganz konkret nach Anzeichen auf Piraterie am Boden", erklärt der Tacco den Auftrag. „Die Hotspots sind uns bekannt und durch unsere regelmäßigen Aufklärungsflüge nehmen wir natürlich auch Veränderungen und Entwicklungen wahr. Die werden fortlaufend filmisch und fotografisch dokumentiert. Verdächtig sind Waffen, lange Leitern, ungewöhnlich große Treibstofflager und natürlich Fischerboote mit auffällig starker Motorisierung. Auf See sind das Radar und unsere extrem leistungsstarke Elektrooptik unser Hauptsensor. Die Berufsschifffahrt sendet üblicherweise AIS-Signale zu ihrer Identifizierung. Das feinjustierte Radar zeigt uns auch die nichtsendenden Wasserfahrzeuge an, kleinere Fischerboote in der Regel und möglicherweise Piratenboote. Beide Lagebilder legen wir übereinander und werten sie an Ort und Stelle aus. Verdächtige Fahrzeuge fliegen wir anschließend an und inspizieren sie. Erhärten sich eventuelle Verdachtsmomente, dann schalten wir die in See stehenden Fregatten mit ihren Bordhubschraubern ein. Alles, was wir auf einem solchen Aufklärungsflug ermitteln, fließt als Mosaiksteinchen in das Gesamtlagebild ein."

Operator-Arbeitsplatz.

P-3C mit aufgeklappter Nase im Hangar.

Orten, beschatten, bekämpfen

Neben der Seefernaufklärung fällt der Lockheed P-3C Orion innerhalb der Verteidigungskonzeption der Bundeswehr auch die Aufgabe der U-Boot-Jagd zu. Die wird von den in Nordholz stationierten Maschinen regelmäßig trainiert. Übungsgebiet ist dabei häufig die wegen ihrer Verkehrsdichte sehr anspruchsvolle Ostsee. Doch auch im internationalen Verbund der NATO-Staaten wird dieses Szenario in großangelegten Manövern praktisch durchgespielt.

„Suchen, finden, beschatten und wenn nötig bekämpfen", bringt Fregattenkapitän Millhahn die Vorgehensweise auf den Punkt. „Bei der Unterwasser-Zielermittlung arbeiten wir mit Sonarbojen und MAD. An der Wasseroberfläche kommen Radar, ESM, AIS sowie Kameras und Infrarotgeräte zum Einsatz. Die gesamte Sensorik agiert dabei – je nach Lage – interaktiv im Verbund innerhalb der Maschine, aber auch mit den anderen beteiligten Einheiten in See und in der Luft. Käme es zu einem Waffeneinsatz gegen ein feindliches U-Boot, so würden wir es mit unseren Torpedos bekämpfen."

Abwurfschächte für die Sonarbojen in der Kabine.

Als Aufklärungs- und Kampfmittel, vor allem aber in ihrer Eigenschaft als fliegende Operationszentrale fällt der Lockheed P-3C Orion mit ihrem breiten Leistungsspektrum eine universelle Rolle zu. Gerade bei den internationalen Missionen konnte sie, basierend auf dem hohen Ausbildungsniveau ihrer Besatzungen, die gesamte Bandbreite ihres Könnens unter Beweis stellen. Die acht viermotorigen MPAs des MFG 3 werden auch in Zukunft in heimischen Seegebieten und im Rahmen weltweiter Einsätze eine substantielle Rolle spielen.

Im Stinger am Heck der Maschine ist das Ortungssystem MAD zur Feststellung von getaucht fahrenden U-Booten untergebracht.

Lockheed P-3C Orion: Technik und Geschichte

Als Ersatz für die zweimotorige Lockheed P-2 Neptune schrieb die US Navy 1957 die Konstruktion eines neuen Seefernaufklärers und U-Boot-Jägers offiziell aus. Daran beteiligte sich auch Lockheed mit dem Entwurf einer militärischen Version der L-188 Electra. Hierbei handelte es sich um ein Passagier- und Fracht-Verkehrsflugzeug mit vier Turboprop-Triebwerken, das seinen Erstflug am 6. Dezember 1957 gemeistert hatte.

Das Unternehmen war bereits 1912 von den Brüdern Allan und Malcolm Loughead gegründet worden. Mit wenig Erfolg bauten sie vorwiegend Lizenz-Flugzeuge. Nach mehreren Insolvenzen stellte sich der wirtschaftliche Erfolg in den 30er-Jahren mit der Lock-

Viermotoriges Kraftpaket

Lockheed P-3C Orion

Acht Lockheed P-3C Orion bilden die Flotte der Seefernaufklärer beim MFG 3.

heed Vega ein. Während des Zweiten Weltkriegs baute Lockheed in großen Stückzahlen den Abfangjäger P-38 Lightning, die Bomber Hudson und Ventura sowie die B-17 Flying Fortress in Lizenz. Nach dem Krieg etablierte sich der Konzern durch den Bau von zivilen Verkehrsflugzeugen und diverse Entwicklungen für das Militär und die Raumfahrtbranche. 1995 schlossen sich die Lockheed Corporation und die Martin Marietta Corporation zum Rüstungs- und Technologie-Großkonzern Lockheed Martin zusammen. Firmensitz ist Bethesda im US-Bundesstaat Maryland.

Im Frühjahr 1958 erhielt der Lockheed-Vorschlag die Zustimmung der Militärs. Am 25. November 1959 fand der Erstflug statt, 1962 begann die Auslieferung der als P-3 Orion bezeichneten Maschine an das US-Militär. Bis zum Produktionsende 1990 entstanden

Jedes der vier Turbinentriebwerke entwickelt eine Leistung von 4200 PS.

In der Nase des Rumpfs befindet sich die Radar-Antenne.

647 Exemplare des viermotorigen Aufklärers in den USA und weitere 107 Lizenzbauten bei Kawasaki in Japan. Viele befinden sich bis heute im Dienst. Dabei entstanden mehr als 30 Untervarianten, individuell nach den Wünschen der Auftraggeber ausgerüstet. Hauptabnehmer war die US Navy. Doch auch 16 weitere Staaten beschafften dieses Luftfahrzeug. Es war an zahlreichen bewaffneten Konflikten beteiligt, unter anderem während der Kuba-Krise, in Vietnam, Afghanistan, Iran, Pakistan, Somalia, Libyen und dem Irak. Darüber hinaus kam die Orion bei zivilen Organisationen zum Einsatz. Wetterbeobachtungen, Bekämpfung des Drogenschmuggels, Zoll- und Grenzschutz sowie Brandbekämpfung bildeten das Einsatzspektrum.

Fregattenkapitän Millhahn im Waffenschacht neben einem Torpedo.

Ausgelegt auf Langstrecke

Der aus Leichtmetall gefertigte Rumpf ist aus Gründen der Gewichtsersparnis gegenüber der Zivilversion Elektra 2,1 Meter kürzer. Weitere prägnante Unterschiede sind der Bombenschacht im Rumpf, vier Beobachtungskuppeln anstatt Fenstern sowie die Aufhängungspunkte unter den Tragflächen. Besonders auffällig ist der Ausleger am Heck, auch Stinger genannt. Hierin befindet sich das MAD-Ortungssystem zur Erkennung magnetischer Anomalien im Wasser. Die beiden Tragflächen haben eine Flügelfläche von 120,77 Quadratmetern. Sie nehmen die Treib-

Die Orions der Marineflieger sollen umfangreich modernisiert werden und noch bis 2035 im Dienst bleiben, so die Planungen der Deutschen Marine.

Die Flügelfläche der Orion beträgt eindrucksvolle 121 Quadratmeter.

stofftanks und das hydraulisch einziehbare Hauptfahrwerk auf. Das zwillingsbereifte Bugfahrwerk ist steuerbar und wird auf gleiche Weise nach dem Start in den Rumpf unter dem Cockpit eingezogen.

In der Zelle der deutschen Orions befinden sich – neben den beiden Flugzeugführern und dem Bordingenieur im Cockpit – die Arbeitsplätze für neun weitere Besatzungsmitglieder: den Flugelektroniker, den taktischen Koordinator, den Navigator/Funker sowie drei Überwasser- und drei Unterwasseroperateure. Sie bedienen die umfangreiche Sensorik der M-P3 inklusive aktivem und passivem Sonar, AN/APS 137BV5-Radar, Kamerasystem zur optischen Aufklärung mit Video und Infrarot sowie MAD. Dazu kommen Systeme für elektronische Unterstützungsmaßnahmen, das Flugkörperwarnsystem AN/AAR-47 sowie AN/ALE-47-Täuschkörper und Flares. Im hinteren Bereich der Kabine befinden sich die Abwurfschächte für die bis zu 87 an Bord befindlichen Sonarbojen. Außerdem eine kleine Küche, ein provisorisches WC sowie Generatoren zur Versorgung des internen Stromnetzes.

Die vier Turboprop-Wellenturbinen vom Typ T56-A-14 Allison wurden bei Rollsroyce gefertigt. Zusammen entwickeln sie eine Leistung von 18 400 PS. Sie wirken auf HS.54H60-77-Propeller mit einem Durchmesser von jeweils 4,11 Metern. Das Treibstoffvolumen von 34 800 Litern ermöglicht eine Flugdauer von über zwölf Stunden.

Die Kampfmittelzuladung beträgt 9072 Kilogramm. Sie verteilt sich auf eine Kapazität von 3290 Kilogramm an bis zu acht Stationen in einem fünf Meter langen internen Waffenschacht hinter dem Bugrad und weiteren 5782 Kilogramm an zehn Außenlaststationen unter den Tragflächen. Das sind je nach Einsatzauftrag Torpedos, Minen, Bomben und Lenkwaffen.

Langfristige Investitionen

Als Ersatz für die über 40 Jahre alte Breguet Br 1150 Atlantic beschaffte die Deutsche Marine 2006 acht Lockheed Martin P-3C Orion aus dem Bestand der königlich-niederländischen Marine. Die Ausgaben für das Gesamtpaket inklusive Peripherie und Simulator beliefen sich auf 271 Millionen Euro. Damit entstanden Stückkosten für eine Maschine

Das zwillingsbereifte Bugrad ist lenkbar ausgeführt.

Nicht nur die Hitze Afrikas steckt die P-3C problemlos weg, auch bei winterlichen Temperaturen ist sie uneingeschränkt einsatzfähig.

in Höhe von 33 Millionen Euro. Kein schlechtes Geschäft. Ein Neukauf hätte mit rund 94 Millionen Euro pro Flugzeug zu Buche geschlagen, zumal die Niederländer die Orions mit jeweils 5,7 Millionen Euro Aufwand pro Einheit gerade modernisiert hatten. Für weitere 24 Millionen Euro bildeten die niederländischen Streitkräfte das deutsche Boden- und Flugpersonal aus.

Stationiert sind die acht Orions wie ihre zweimotorigen Vorgänger beim MFG 3 „Graf Zeppelin" in Nordholz. Als Aufgaben sind für sie die weiträumige luftgestützte Überwachung und Aufklärung über und unter Wasser sowie über Land definiert. Sie wirkt im Waffeneinsatz gegen Ziele unter Wasser, wird außerdem zur Führungsunterstützung, bei Hilfs- und Sonderaufgaben sowie bei SAR-Einsätzen eingesetzt.

Die Seeaufklärungs- und U-Boot-Jagdflugzeuge Lockheed P-3C Orion sollen nach derzeitiger Planung noch bis etwa 2035 in Dienst bleiben. Dazu ist ein umfangreiches Modernisierungsprogramm erforderlich, das die äußere Tragfläche, das zentrale Rumpfmittelteil und das Höhenleitwerk umfasst. Außerdem sind Investitionen in die Instrumentenflugfähigkeiten und eine grundlegende Erneuerung der Missionsavionik erforderlich.

Technische Daten der Lockheed P-3C Orion

Hersteller	Lockheed Corporation
Ursprungsland	USA
Erstflug	25. November 1959
Produktionszeit	1961 bis 1990
Stückzahl gesamt	754
Deutsche Marine	8
Besatzung	11
Länge	35,61 m
Höhe	10,27 m
Spannweite	30,36 m
Leergewicht	27 890 kg
Startgewicht	61 235 kg
Triebwerk	4 x Rolls-Royce Allison T56-A-14 Propellerturbinen
Leistung	4 x 3383 kW (4600 PS)
Höchstgeschwindigkeit	761 km/h
Reisegeschwindigkeit	639 km/h
Steiggeschwindigkeit	10 m/sek
Reichweite	3834 km
Dienstgipfelhöhe	8625 m
Startstrecke	1290 m
Landestrecke	1673 m

Search and Rescue in seinen Anfängen

Bristol B 171 Sycamore Mk 52

Genau 8886 Stunden und 30 Minuten waren die Sycamores für das MFG 5 im Einsatz.

Mit Unterzeichnung des Chicagoer Abkommens verpflichtete sich die Bundesrepublik Deutschland 1956 zur Bereitstellung eines Rettungsdiensts für Luftnotfälle. Diese Aufgabe übertrug man an die gerade in der Gründung befindliche Bundeswehr. Dabei fiel der maritime Such- und Rettungsdienst aus der Luft im Bereich von Nord- und Ostsee den Marinefliegern zu. Search and Rescue lautet die internationale Bezeichnung dafür, kurz SAR genannt.

Die Marine-Seenotstaffel in Kiel-Holtenau wurde am 4. Januar 1958 in Dienst gestellt. Bereits am 14. Juni 1957 begann im schwäbischen Memmingen die Ausbildung der ersten Hubschrauberpiloten unter Federführung der Luftwaffe. Mitte Juli 1958 konnte schließlich der Betrieb aufgenommen werden: Drei der frisch ausgebildeten Piloten – Korvettenkapitän Hugo Bock, Hauptbootsmann Arno Buchhammer und Oberbootsmann Heinz Lehmann – sowie Fluglehrer Commander Eric Brown von der Royal Navy holten die ersten vier SAR-Hubschrauber des Typs Bristol B 171 Sycamore Mk 52 am 16. Juni 1958 beim Hersteller im englischen Weston-super-Mare ab und landeten zwei Tage später malerisch im Sonnenuntergang in Kiel-Holtenau. Ausgeliefert und überführt wurden die Maschinen übrigens ohne Funkausrüstung.

„Die Anfangsphase ging natürlich nicht ganz reibungslos über die Bühne, da musste

Die Bristol B 171 Sycamore Mk 52 war der erste Helikopter in den Reihen der Marineflieger.

Korvettenkapitän Hugo Bock, ein Mann der ersten Stunde bei den fliegenden Seestreitkräften.

viel improvisiert werden", erinnert sich der damalige Korvettenkapitän Hugo Bock, ab 1. August 1959 Staffelkapitän und ein Mann der ersten Stunde. „Die zukünftigen Bordmechaniker hatten ihre technische Ausbildung bereits durchlaufen und machten ‚Klar Schiff' für die Sycamores auf dem Fliegerhorst, dem noch immer die Spuren des Kriegs anzusehen waren. Aus der Halle 94 musste dort lagernde Kohle – so einige Tonnen waren das – mühsam herausgekarrt werden. Fenster wurden eingebaut und Heizöfen installiert. Zum Schleppen der Maschinen stand einzig ein alter DEMAG-Kran zur Verfügung, der bereits in Wehrmachtszeiten gute Dienste verrichtet hatte."

Um die neuen Helikopter mit dem zwingend erforderlichen Sprechfunk auszurüsten, lieh man sich ein entsprechendes ARC 34-Gerät in der Flotte und baute es immer in die Sycamore ein, die gerade fliegen sollte. Später wurden dann Funkgeräte vom Typ Interphon Bendix und Telefunken RTA-45A sowie das radarbasierende Peilgerät S.A.R.A.H. zum Anpeilen von Notsendern eingesetzt.

„Auch der Hubschrauber selbst stellte neue Herausforderungen an die Marineflieger, war diese Gattung von Luftfahrzeugen doch noch relativ jung in der Fliegerei", berichtet Hugo Bock über die Anfänge. „Ab Mitte der 30er-Jahre wurde die Entwicklung der Drehflügler durch den Bremer Hubschrauber-Pionier Henrich Focke ernsthaft vorangetrieben und gelangte gegen Ende des Zweiten Weltkriegs zur Serienreife. Den ersten erfolgreichen Rettungsflug mit einem Helikopter absolvierte Testpilot Hans-Helmut Gerstenbauer am 6. März 1945 mit einer Focke-Achgelis Fa 223 Drache für einen abgestürzten deutschen Jagdflieger."

Spartanisch und effektiv

Die libellenförmige Bristol Sycamore war aus heutiger Sicht alles andere als optimal geeignet für den SAR-Einsatz über See. Ihre Leistung und Reichweite waren gering, ihre

Startvorbereitungen durch das technische Bodenpersonal.

Im Anflug zum SAR-Training mit der Rettungsschlinge.

Ausrüstung denkbar spartanisch. Geflogen wurde unter Sichtflugbedingungen. Aber es gab seinerzeit kaum eine bessere Alternative. Das technische und fliegerische Potential bei der Entwicklung von Helikoptern sollte erst in den kommenden Jahren und Jahrzehnten so richtig Fahrt aufnehmen. Bereits im September 1959 begannen fünf Marine-Unteroffiziere ihre Ausbildung auf dem Nachfolgebaumuster, der ab März 1963 eingeführten Sikorsky H-34G. Diese verfügte gegenüber der Sycamore über die dreifache Triebwerksleistung und eine vierfach höhere Transportkapazität.

Trotz der Einschränkungen, die in weiten Teilen durch die Zusammenarbeit mit den ab Januar 1959 eingeführten Flugbooten Grumman Albatross abgefedert werden konnten, kann sich die Erfolgsbilanz der Bristol B 171 Sycamore Mk 52 und ihrer Männer sehen lassen: In den ersten vier Jahren sind 121 SAR-Einsätze notiert. Dazu gehört die aufsehenerregende Bergung von 18 Seeleuten mittels Rettungswinde von dem nahe Brunsbüttel gestrandeten schwedischen Frachter „Silona". Dieser Seenotfall ereignete sich nur wenige Tage nach der Sturmflut im Februar 1962, bei der zahlreiche Elbdeiche brachen und vor allem das Unterelbegebiet und die Hansestadt Hamburg überflutet wurden. Auch hier waren die Sycamores im Einsatz. Sie retteten Menschen aus lebensbedrohender Gefahr, leisteten wertvolle Unterstützung für die Helfer am Boden und flogen pausenlos Material und Hilfsgüter ins Katastrophengebiet.

Kaum weniger spektakulär die Einsätze während des Eisnotdienstes von Januar bis März 1963. Insgesamt 222 Flüge absolvierten die Sycamore-Besatzungen, um die Halligen und Inseln mit 38 Tonnen Lebensmitteln, Medikamenten, technischem Gerät und Post zu versorgen.

Bewährt haben sich die Hubschrauber der ersten Stunde vor allem bei Krankentransporten. Dabei retteten sie zahlreichen schwererkrankten und verletzten Menschen durch den schnellen Lufttransport in die Kliniken das Leben.

Stationiert waren die SAR-Helikopter in Kiel-Holtenau, ab Ende 1958 auch in Schleswig und ab 1961 in Husum werktags in ständiger Alarmbereitschaft. Außerdem wurde das Landungsboot „Krokodil" vereinzelt als schwimmende Basis genutzt. Schnell wurde deutlich, dass ein effektiver SAR-Dienst mit lediglich vier Helikoptern nicht aufrechtzuerhalten war. Darum wurde der Bestand an Maschinen ab Mai 1960 schrittweise auf neun, zwischenzeitlich sogar zwölf Sycamores erhöht.

Am 15. Oktober 1961 übergaben die britischen Besatzer den Flugplatz Westerland auf Sylt an die Bundeswehr, wo die zwei Wochen zuvor in Marine-Dienst- und Seenotgeschwader umbenannte Gruppe ihre erste Außenstelle ins Leben rief.

Insgesamt 13 Sycamores flogen für die junge Bundesmarine.

Rettung in Rekordzeit

Exakt hier sitzen ein halbes Jahr später die beiden Bootsmänner Gerhard Hahl und Jürgen Wulf im Bereitschaftsraum und spielen Schach. Es ist kurz nach 14 Uhr, als die Partie jäh unterbrochen wird. „Dänischer Düsenjäger vom Typ F-100 zehn Meilen westlich der Insel Rømø abgestürzt! Pilot ist am Fallschirm abgesprungen. Begleitende Maschinen markieren die Absprungstelle", krächzt es aus dem Lautsprecher.

Hahl sitzt bereits seit drei Jahren im Cockpit der Sycamore, gehört der ersten Pilotengeneration an, während Wulf erst vor einigen Monaten seine Ausbildung zum Bordmechaniker beendet hat. Nur wenige Augenblicke nach der Alarmierung sitzen sie in ihrem Helikopter, der allerdings eine Viertelstunde warmlaufen muss. Dann sind sie schlagartig in der Luft, acht Minuten später im Suchgebiet.

Es herrscht gute Flugsicht, drei dänische Jets kreisen über dem Unfallort. Pilot Hahl macht einen roten Punkt zwischen den Wellenbergen der hochgehenden See aus. „Da sitzt er in seinem Rettungsschlauchboot", sagt er zu seinem Bordmechaniker. Das hat

Wie überall in der Fliegerei ist auch hier bei der Startvorbereitung eine kompetente Bodencrew unverzichtbar.

Gelandet vor der Marineschule in Flensburg-Mürwik.

zwei Vorteile: Zum einen ist der dänische Flieger, Vermud Hansen ist sein Name, gut gegen eine Unterkühlung geschützt. Es ist Anfang Dezember und die Nordsee ist kalt. Außerdem muss sich Bootsmann Wulf nicht zu dem Verunglückten hinabwinschen, um ihn aus der See zu bergen. Bootsmann Hahl hält die Maschine im Schwebeflug über dem Schlauchboot, während sein Kamerad die Winde bedient. Der Däne legt sich ohne Schwierigkeiten die Bergungsschlinge unter die Arme. Sekunden später ist er an Bord der Sycamore.

Auf dem Flugplatz in Westerland steht bereits ein Krankenwagen bereit. Er bringt Vermud Hansen in die Klinik, wo er untersucht wird und 24 Stunden lang zur Beobachtung bleibt. Am nächsten Tag wird er unverletzt von seinen Kameraden der dänischen Luftwaffe abgeholt.

Eine Rettungsaktion, wie sie vorbildlicher und schneller nicht hätte laufen können. Von der Alarmierung bis zur Anbordnahme des dänischen Piloten vergingen gerade einmal 31 Minuten – inklusive der Warmlaufzeit des Triebwerks. Genau 46 Minuten nach dem Absturz seiner Maschine befand er sich bereits in der Nordseeklinik Westerland, schildert SAR-Pilot und Schriftsteller Hermann Neuber diesen Einsatz in seinem 1973 erschienenen Buch „Die fliegenden Retter".

Bristol B 171 Sycamore Mk 52: Technik und Geschichte

Die Entwicklungsarbeiten zu diesem ersten in England gebauten Helikopter begannen bereits in den letzten Monaten des Zweiten Weltkriegs unter der Leitung des brillanten österreichischen Konstrukteurs Raoul Hafner. Mehr als zwei Jahre dauerten die Konstruktionsarbeiten durch die Ingenieure der British Aeroplane Company, die praktisch Neuland betraten. Dabei legten sie besonderen Wert auf die Standfestigkeit aller Baukomponenten, denn ein Triebwerkschaden bedeutet in der Regel den sofortigen Absturz der Maschine.

So kam es erst am 27. Juli 1947 zum Erstflug des ersten Sycamore-Prototyps. Vor dem Anlauf der Serienfertigung verbreiterte man die Kabine, um hinten Platz für drei Personen zu schaffen. Der Hauptrotor wurde klappbar ausgeführt, außerdem die Kabine zur Montage einer Seilwinde entsprechend versteift.

Während der Prototyp noch von einem luftgekühlten Pratt & Whitney Wasp Junior R-985-Sternmotor mit einer Leistungsausbeute von 450 PS aus neun Zylindern und zwölf Litern Hubraum angetrieben wurde, kam ab dem zweiten Prototyp der neue und kräftigere Alvis Leonides LE 23 HM zum Einsatz. Ebenfalls ein Zwölfliter-Sternmotor mit neun Zylindern, realisierte er 525 PS und eine maximale Geschwindigkeit knapp über 200 Stundenkilometern.

Das Triebwerk war nun horizontal mit vertikal verlaufender Kurbelwelle montiert, wodurch das untere Getriebe entfiel. Das sparte Gewicht und erleichterte den Mechanikern den Zugang zum Motor bei Wartungen und Reparaturen. Die Luft zur Kühlung des Trieb-

Beim Flugtag des Geschwaders machen die Bristol-Helikopter eine gute Figur.

werks trat durch einen Grill unmittelbar vor der Hauptrotornabe in den Motorraum ein und verteilte sich mittels eines Radialgebläses. Das gesamte Triebwerk war in einem feuerfesten Gehäuse untergebracht. Bei einem Motorbrand wurde automatisch Alarm ausgelöst und per Knopfdruck ließ sich das bordeigene Löschsystem aktivieren.

Der Kraftstoff – 100/130 Oktan – befand sich im Haupttank mit einem Fassungsvermögen von 295 Litern und einem 109 Liter fassenden Hilfstank, während der Ölvorrat für das Triebwerk mit 28,6 Litern bemessen war. Übrigens: Der durchschnittliche Treibstoffverbrauch im Reiseflug betrug rund 120 Liter pro Stunde und reichte für rund zweieinhalb Stunden aus.

Ausgeführt war der leichte Transport-, Verbindungs- und Rettungshubschrauber konventionell mit dreiblättrigen Haupt- und Heckrotoren. Diese bestanden aus Rohrholm und Holzrippen mit Beplankung. Charakteristisch waren sein langes, nach unten geneigtes Hecksegment und die ungewöhnlich kurze Welle zum Antrieb des Hauptrotors.

Die Kabine, Mittelsegment und Heckausleger fertigte Bristol in Monocoque-Bau- weise aus Metall. Das dreirädrige Fahrwerk war nicht einziehbar. Es hatte einen langen Federweg für möglichst weiche Landungen sowie ein selbstzentrierendes Bugrad.

Der Pilot saß rechts in der Kabine und hatte eine konventionelle Steuerung, was ihm einen großen Kraftaufwand abforderte. Zwei Handräder in der Mittelkonsole ermöglichten eine manuelle Trimmung des Hubschraubers je nach Gewichtsverteilung. Die hydraulischen Bremsen ließen sich durch einen Hebel an der Steuerbordseite der Konsole betätigen. Neben dem Flugzeugführer befand sich der Arbeitsplatz des Copiloten, dahinter drei klappbare Passagiersitze.

Am 25. April 1949 erhielt das Modell das amtliche Zertifikat für seine Luftverkehrstauglichkeit und die Serienfertigung lief zunächst in kleinem Umfang an. Ende 1952 präsentierte Bristol das überarbeitete Modell 171 Mk. 4, das die Hauptversion der Serie bildete. Es unterschied sich von seinen Vorgängern durch ein höheres Fahrwerk, einen

Bristol B 171 Sycamore Mk 52

Impressionen und Detailansichten

Die hier abgebildete Sycamore flog ab 1958 für das LTG 63 der Luftwaffe, bevor sie 1963 vom MFG 5 übernommen wurde. Vier Jahre später übernahm sie die 3. Luftrettungs- und Verbindungsstaffel der Luftwaffe. Nach der Ausmusterung bei der Bundeswehr war der Hubschrauber ab 1971 für den niedersächsischen Feuerwehrflugdienst zur Waldbrandüberwachung im Einsatz.

geräumigeren Gepäckraum und ein erhöhtes maximales Startgewicht. Für den SAR-Einsatz ließ sich eine Rettungswinde mit einer maximalen Traglast von 184 Kilogramm installieren. Diese wurde von einer hydraulischen Pumpe angetrieben, die mit dem Hauptgetriebe verbunden war. Durch die hintere Tür konnten zwei Krankentragen an Bord genommen werden. Erst im April 1953 stellte die Royal Air Force ihre ersten Exemplare in Dienst.

Insgesamt baute Bristol 178 Sycamores, von denen 95 Exemplare im Werk Filton und 83 in der Fabrik von Old Mixon in Weston-super-Mare entstanden. Der letzte hergestellte Helikopter verließ am 5. Dezember 1958 das Fließband.

Nach den britischen Luft-, Land- und Seestreitkräften war die Bundeswehr zweitgrößter Nutzer der Sycamore. Weitere Abnehmer waren die Armeen Belgiens und Australiens. Zivile Ausführungen kauften die Fluggesellschaften British European Airways und Ansett Australia.

Die Bundeswehr erhielt ab dem 31. Mai 1957 insgesamt 50 Bristol B 171 Sycamore Mk 52. Vier davon flogen bei den Marinefliegern im Seenotrettungsdienst. Später wurden nochmals acht Maschinen von der Luftwaffe an die Marine abgegeben. Eine dieser Maschinen ging am 25. Mai 1961 verloren. Der Helikopter hatte gerade einen Rettungseinsatz erfolgreich absolviert, als er bei der Landung auf der SAR-Station Borkum abstürzte und komplett zerstört wurde. Die Besatzung blieb unverletzt.

Mit der schrittweisen Einführung des Nachfolgemodells Sikorsky H-34G ab März 1963 begann die Ausmusterung der Sycamores. Bis 1967 wurden sie an die Luftwaffe überführt, wo sie bis Mai 1969 im Einsatz blieben. Exakt 8886 Stunden und 30 Minuten waren die „zähen Briten" für die Marineflieger in der Luft, wie die Chronik des MFG 5 dokumentiert.

Hubschrauberfertigung bei Bristol im Werk Old Mixon in Weston-super-Mare.

Technische Daten der Bristol B 171 Sycamore Mk 52

Hersteller	Bristol Aeroplane Company
Ursprungsland	Großbritannien
Erstflug	27. Juli 1947
Produktionszeit	1947 bis 1958
Stückzahl gesamt	178
Bundeswehr gesamt	50
Bundesmarine	9
Besatzung	2
Passagiere	3
Länge	14,07 m
Höhe	4,49 m
Breite	3,40 m
Durchmesser Hauptrotor	14,80 m
Durchmesser Heckrotor	2,93 m
Leergewicht	1850 kg
Startgewicht	2449 kg
Triebwerk	9-Zylinder-Sternmotor Alvis Leonides LE 23 HM, radial luftgekühlt
Leistung	386 kW (525 PS)
Bohrung	122 mm
Hub	112 mm
Hubraum	11,78 l
Zylinder	9
Tankvolumen	404 l
Höchstgeschwindigkeit	212 km/h
Reisegeschwindigkeit	160 km/h
Reichweite	531 km
Dienstgipfelhöhe	4780 m

Kaum genutzt und wenig geeignet

Saunders-Roe Skeeter Mk 51

Schnell erwies sich der Saunders-Roe Skeeter Mk 51, hier eine Maschine der Heeresflieger, als ungeeignet für die Truppenpraxis.

Das Gastspiel dieses kleinen Briten bei der Bundeswehr war kurz und wenig ereignisreich. Im Oktober 1958 erhielt die Marine-Seenotstaffel in Kiel-Holtenau vier leichte Hubschrauber des Typs Saunders-Roe Skeeter Mk 51. Die Heeresfliegerstaffel 3 wurde sogar mit sechs dieser zweisitzigen Helikopter „bedacht".

„Im Juli 1957 hatte die noch junge Bundeswehr die zehn Exemplare als Schul- und Verbindungshubschrauber beim britischen Hersteller Saunders-Roe Ltd geordert", sagt Dr. Anja Dörfer, wissenschaftliche Leiterin des Aeronauticums in Nordholz. „Man darf wohl sagen, dass in dieser Phase gerade bei der Beschaffung von Rüstungsgütern zwangsläufig öfter mal experimentiert wurde. Auf militärischem Gebiet klaffte seit 1945 eine zehnjährige Erfahrungslücke. Die Aufgaben der neu zu schaffenden Bundeswehr mussten entwickelt und definiert werden, besonders vor dem Hintergrund ihrer Zugehörigkeit zum Nordatlantischen Bündnis. Manch eingeschlagener Weg stellte sich dabei im Nachhinein als der falsche heraus."

Die vier Saunders-Roe Skeeter bei den Marinefliegern trugen die Kennungen SC 501 bis SC 504 und waren auf dem Fliegerhorst in Kiel-Holtenau stationiert. Lediglich zwei Piloten – Korvettenkapitän Alfred Prill von der Marine-Dienst- und Seenotgruppe und Kapitänleutnant Irmisch, Staffelchef der 2. Marinefliegergruppe – waren auf dem kleinen zweisitzigen Helikopter mit dem mar-

Dr. Anja Dörfer, wissenschaftliche Leiterin des Aeronauticums in Nordholz.

kanten Glasdach ausgebildet und durften ihn fliegen. Im praktischen Truppenversuch sollten sie ihren Nutzen und ihre Tauglichkeit unter Beweis stellen.

„Im militärischen Alltag bewährte sich der Skeeter nicht, war von der Führung von Beginn an als Übergangslösung betrachtet worden", so Dr. Anja Dörfer. „Das kann man allein daran festmachen, dass er es bei den Marinefliegern lediglich auf eine Gesamtflugdauer von 46 Stunden brachte. Er wurde scherzhaft als ‚Fliegende Admiralsbarkasse' bezeichnet, da er – und auch das nur selten – in erster Linie für Verbindungsflüge hochrangiger Offiziere zum Einsatz kam. Fakt ist, dass Korvettenkapitän Alfred Prill unmittelbar nach dem Absturz einer Percival Pembroke bei Eckernförde mit einem Skeeter zum Unfallort flog."

Hinsichtlich seiner Leistung und Reichweite war der Skeeter zu schwachbrüstig dimensioniert. Hinzu kam die Beschränkung auf nur einen Passagierplatz und geringe Transportkapazitäten. Und es gab Alternativen: Mit der Dornier Do 27 und der Percival Pembroke standen nahezu zeitgleich Verbindungsflugzeuge zur Verfügung, die sich als schneller, wirtschaftlicher und praxistauglicher erwiesen. Zwischen 1959 und 1961 wurden alle Skeeter von Marine und Heer wieder ausgemustert und im Juni 1961 nach Portugal verkauft, wo man sie bereits nach kurzer Zeit verschrottet hat.

Die Skeeter des MFG 5 brachten es zusammen gerade mal auf 46 Betriebsstunden.

Lediglich zwei Offiziere des MFG 5 hatten eine Flugberechtigung für den zweisitzigen Hubschrauber aus England.

Saunders-Roe Skeeter Mk 51: Technik und Geschichte

Das Ende des 19. Jahrhunderts gegründete Unternehmen Saunders-Roe Limited in East Cowes auf der Isle of Wight hatte sich beim Bau von Booten und Flugbooten einen Namen gemacht. Nach dem Ende des Zweiten Weltkriegs erhoffte man sich neue wirtschaftliche Perspektiven im Bau von Hubschraubern. 1951 übernahm man die in Southampton beheimatete Cierva Autogiro Company und kam so in den Besitz der Konstruktionsrechte sowie zweier Prototypen des Cierva W.14 Skeeter. Saunders-Roe führte die Entwicklung bis zur Serienreife weiter, was fünf Jahre in Anspruch nahm.

Es entstanden weitere Prototypen, die allesamt anfällig für Bodenresonanzen waren. Hierbei handelt es sich um ein physikalisches Phänomen, bei dem der Hubschrauber während der Landung in Schwingungen gerät und sich aufschaukelt, was zu schweren Unfällen führen kann. Diese Problematik bekamen die Ingenieure erst mit der Einführung eines stärkeren Motors in den Griff.

Die zweigeteilte Rumpfstruktur des Skeeters war aus einer Aluminiumlegierung aufgebaut. Die vordere Rumpfsektion umfasste die vollverglaste Kabine, die Tanks für den Kraftstoff sowie das Triebwerk mit der Rotorwelle. Diese trieb den dreiblättrigen und klappbaren Hauptrotor an. Das Fahrwerk bestand aus dem Bugrad sowie am hinteren Ende der Kabine zwei einzeln montierten Seitenrädern. Der nach hinten zulaufende Ausleger bildete die hintere Rumpfsektion, die in eine Flosse mit dem zweiblättrigen Ausgleichsrotor auslief.

Erst die siebte Generation gelangte 1956 – nach weiteren fünf Jahren Entwicklungsarbeit – zur Serienreife. Doch zu diesem Zeitpunkt war er technisch bereits überholt. Die britische Armee übernahm 64 Exemplare des Saunders-Roe Skeeter Srs. 7 zur Verwendung als Beobachtungshubschrauber. Einige Exemplare wurden mit Doppelsteuerung für Schulungszwecke ausgeliefert. Unter der Exportbezeichnung Mk 50 gingen sechs Einheiten an die deutschen Heeresflieger, die vier Maschinen der Bundesmarine trugen das Kürzel Mk 51. Außerdem bauten die Engländer drei Skeeter in ziviler Ausführung, die jedoch keine Abnehmer fanden. Bis zum Produktionsende 1960 entstanden inklusive aller Prototypen und Vorserienmodelle 92 Exemplare des Skeeter.

Auf der Basis des Skeeters entwickelte Saunders-Roe den fünfsitzigen Mehrzweckhubschrauber P.531, der seinen Erstflug am 20. Juli 1958 erfolgreich absolvierte. Zwei Prototypen entstanden, bevor das Unternehmen 1959 vom wesentlich größeren Mitbewerber Westland Aircraft übernommen wurde. Die neuen Eigentümer entwickelten den P.531 weiter zum Westland Scout und Westland Wasp.

Skeeter Mk 1 in der Werkserprobung.

Skeeter Mk 2 auf einer Luftfahrtschau.

Technische Daten der Saunders-Roe Skeeter Mk 51

Hersteller	Saunders-Roe
Ursprungsland	Großbritannien
Erstflug	8. Oktober 1948
Produktionszeit	1956 bis 1960
Stückzahl gesamt	92
Bundesmarine	4
Besatzung	1
Passagiere	1
Länge	8,13 m
Höhe	2,29 m
Durchmesser Hauptrotor	9,76 m
Durchmesser Heckrotor	1,83 m
Leergewicht	720 kg
Startgewicht	1043 kg
Triebwerk	De Havilland Gipsy Major 125, luftgekühlt
Leistung	158 kW (215 PS)
Zylinder	4
Bohrung	118 mm
Hub	140 mm
Hubraum	6,12 l
Höchstgeschwindigkeit	167 km/h
Reisegeschwindigkeit	163 km/h
Reichweite	380 km
Dienstgipfelhöhe	3900 m

Saunders-Roe Skeeter Mk 51

Impressionen und Detailansichten

Sämtliche zehn Exemplare der an die Bundeswehr ausgelieferten Saunders-Roe Skeeter erwiesen sich in der fliegerischen Praxis schnell als untauglich. Sie wurden nach Portugal verkauft und hier später verschrottet. Bei dem hier abgebildeten Hubschrauber dieser Baureihe handelt es sich um ein Geschenk der britischen Heeresflieger aus Middle Wallop an das Hubschrauber Museum in Bückeburg. Er ist in weiten Teilen identisch mit den vier bei den Marinefliegern eingesetzten Helikoptern dieses Typs.

DANGER
ROTOR
BLADES

Unverwüstliches Arbeitstier für den SAR-Einsatz

Sikorsky H-34G

Kraftstoffübernahme auf dem Fliegerhorst in Nordholz.

Bereits seit Tagen war ein gewaltiger Sturm durch die Deutsche Bucht gefegt. Am 23. Februar 1967 erreichte er Orkanstärke. Spitzenböen bis zu 144 Stundenkilometern wurden auf den Ostfriesischen Inseln gemessen. Später sollten Meteorologen das Inferno auf den Namen Xanthia taufen.

Im Bereitschaftsraum der Außenstelle des MFG 5 auf Borkum warteten Pilot Oberbootsmann Hubert Struck sowie die Bordmechaniker Obermaat Jürgen Kunze und Obermaat Fritz Indorf vor dem Funkgerät. „An diesem Tag kamen neben permanenten Sturmwarnungen von Norddeich-Radio reihenweise Mayday-Rufe aus dem Gerät", erinnert sich Hermann Neuber, damals im Rang eines Oberbootsmanns der Copilot in der Crew. „Diverse Schiffe befanden sich gleichzeitig in teilweise tödlicher Gefahr, die Seenotkreuzer der DGzRS waren im Dauereinsatz."

Um 15.20 Uhr übermittelte Norddeich-Radio den Notruf der „Gemma". Das 300-Tonnen-Küstenmotorschiff mit Heimathafen Lübeck drohe westlich von Borkum zu sinken. Elf Mann Besatzung wollten sofort abgeborgen werden, so hieß es. Sekunden später erfolgt die Alarmierung von Oberbootsmann Neuber und seinen Kameraden durch die zuständige SAR-Unterleitstelle in Holtenau.

„Es herrschte Grenzwetterlage, die Windgeschwindigkeit ging weit über die zugelassenen Limits unserer Sikorsky H-34G", schildert er die Situation. „Für uns stand außer Frage, dass wir fliegen. Der Orkan war brutal. Bereits das Einkuppeln des Rotors bereitete größte Schwierigkeiten."

Pedro 33 lautete das Rufzeichen des SAR-Hubschraubers. Unter ihm kochte die See mit mächtigen Brechern, Xanthia schüttelte die vier Marineflieger darin kräftig durch. Neuber schaltete den Radiokompass ein und rastete die Notfrequenz. Als Relaisstation für den Funkverkehr mit der „Gemma" fungierte der Borkumer Seenotkreuzer „Georg Breusing", der bei der Schwerwetterlage nicht auslaufen konnte.

Wissend, dass die fliegenden Retter auf dem Weg waren, kam die „Gemma"-Besatzung der Aufforderung von Norddeich-Radio nach, die Antennen zu kappen. „Das machte einerseits natürlich Sinn, damit wir die Männer unfallfrei aufwinschen konnten, andererseits waren uns damit die Möglichkeiten der Kommunikation und des Einpeilens genommen", beschreibt der Kapitänleutnant a.D. die heikle Situation. In niedriger Höhe bei Gischt und Regen jagte die Sikorski mit 250 Stundenkilometern über die Nordsee: „Wir suchten nun auf Sicht, starrten mit Ferngläsern in den Hexenkessel. Man muss bedenken: Damals gab es kein GPS, die Navigation war reine Handarbeit. Radar hatten wir nicht an Bord und Funksignale der ‚Gemma' konnten wir ja nicht mehr peilen."

Einsatzalarm! Die Crew sprintet zu ihrer Maschine.

Der Bordmechaniker sucht durch die geöffnete Ladeluke die Wasseroberfläche nach Schiffbrüchigen ab.

Das Küstenmotorschiff „Gemma" treibt mit Schlagseite in der tobenden See.

Erschwerte Suche

Es waren schließlich die roten Signalraketen, die vom Havaristen verschossen wurden, die Pedro 33 auf die Spur brachten. Nach fast einstündiger Suche stand die Maschine in 25 Metern Höhe über dem Achterschiff des Kümos. Dort drängte sich die Besatzung. Das Schiff hatte Schlagseite und tanzte geradezu in den acht Meter hohen Wellen. Die Bordmechaniker hatten die Rettungswinde rechts über der Einstiegsluke längst klar gemacht.

Jürgen Kunze hakte die Rettungsschlinge am Winschhaken fest, während sich Fritz Indorf aus dem Helikopter beugte und die Mannschaft mit Handzeichen auf das nun folgende Procedere vorbereitete. Oberbootsmann Hubert Struck – selbst ohne Sicht nach unten – musste nach den Anweisungen der beiden die Wellenbewegungen des Schiffes vertikal und metergenau mitfliegen. Keine leichte Aufgabe.

Zügig senkte sich die Schlinge nach unten, wurde vom Sturm erfasst ... Die Obermaaten dirigierten den Piloten über Bordfunk präzise. Ein Besatzungsmitglied ergriff die Rettungsschlinge mit dem Bootshaken. Sekunden später war der erste Mann frei von Deck, schwebte in der Luft und wurde von Jürgen Kunze durch die Tür in die Maschine gezogen. Erschöpft warf er sich zu Boden, die Schlinge bewegte sich erneut abwärts.

Hinten in der Kabine ist der Mixer, wie der Bordmechaniker genannt wurde, damit beschäftigt, die Piloten bei der Navigation und am Funk zu unterstützen.

Winschmanöver: Was die Retter vielfach geübt hatten, wurde bei der Havarie der „Gemma“ zur Realität.

Innerhalb von exakt 36 Minuten waren alle elf Seeleute wohlbehalten aufgewinscht – erschöpft, aber unverletzt. Bei diesem Wetter eine außerordentliche Leistung der vierköpfigen Sikorksy-Crew. Oberbootsmann Neuber übernahm die Steuerung, umflog die waidwunde „Gemma“ nochmal in einem großen Kreis und landete Pedro 33 neun Minuten später vor den Hallen des Borkumer Stützpunktes. Der Treibstoff hätte nur noch für weitere neun Minuten Flugzeit gereicht.

Fliegender Alleskönner

„Dieses Einsatzszenario zeigt eindrucksvoll, was die Sikorky draufhatte, wie man über ihre werksseitig vorgegebenen Leistungsgrenzen hinausgehen konnte“, begeistert sich der ehemalige Pilot noch heute für die Maschine. „Die Konstruktion war ein Kind ihrer Zeit – kräftig, massig und zuverlässig. Dabei ließ sie sich für ihre rund sechs Tonnen Gewicht ganz agil fliegen. Man thronte hoch über dem Motor und hatte eine erstklassige Rundumsicht. Die Armaturen im Cockpit waren übersichtlich angeordnet und ließen hinsichtlich der Instrumentierung – für die Verhältnisse in den 70ern – kaum Wünsche bei uns offen.“

Das Flugbuch von Kapitänleutnant a.D. Hermann Neuber – Jahrgang 1938 – zählt mehr als 2000 Stunden auf der Sikorsky H-34G. Aufgewachsen in Bayern, kam er 1957 zur Bundesmarine und durchlief eine Ausbildung in der Verwendungsreihe Versorger in List auf Sylt. „Ich hatte anschließend einen Schreibtischjob bei der Stammdienststelle der Marine in Wilhelmshaven und saß praktisch an der Quelle, als intern nach Hubschrauberpiloten gesucht wurde“, erinnert er sich. „Ich schrieb eine Bewerbung, lieferte sie zwei Türen weiter in meiner Dienststelle ab und kam in die Auswahl. Mit 60 Mann gingen wir in die medizinischen Tests und anschließend in das Screening auf der Piper L-18. Die Hälfte blieb über. Geflogen sind aus dieser Truppe am Ende zwölf.“

Es folgte der obligatorische Englisch-Lehrgang in Uetersen und anschließend die Hubschrauberausbildung bei der Luftwaffe auf der Bell 47. Bei der 3. Staffel der Flugzeugführerschule S in Faßberg schloss sich die Baumusterschulung auf der Sikorsky H-34G an. Im Sommer 1963 stieß Hermann Neuber im Rang eines Bootsmanns mit 13 weiteren fertig ausgebildeten Piloten zum MFG 5.

Der Havarist aus der Sicht der beiden Mixer von Pedro 33.

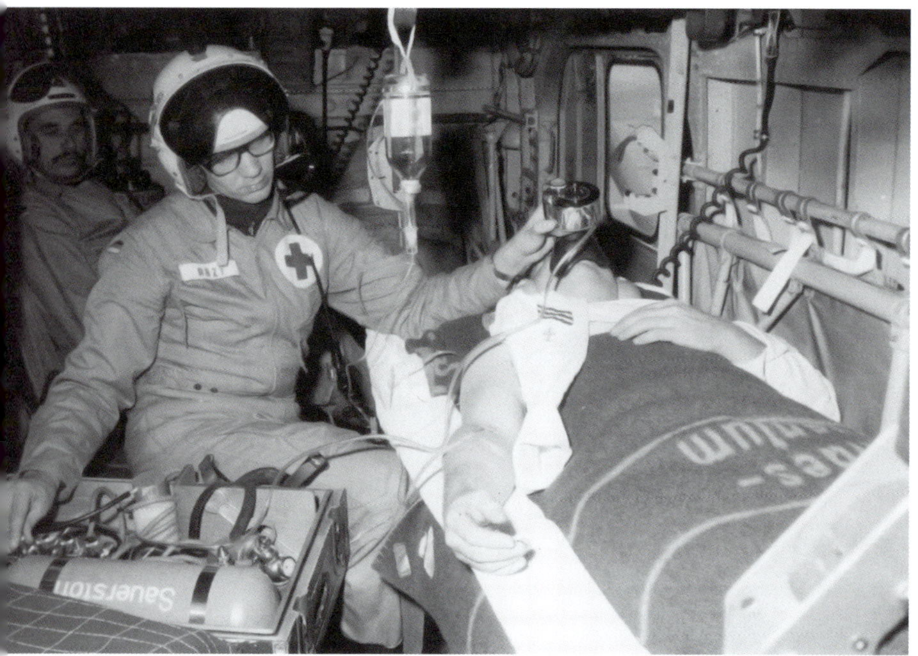

Medizinische Erstversorgung unter spartanischen Bedingungen.

Stationiert auf Borkum

„Damals war viel in Bewegung im Geschwader", blickt er zurück. „Seit Jahresbeginn liefen die Sikorskys zu, die Sycamores wurden über einen längeren Zeitraum hinweg ausgemustert. Neben Holtenau waren Husum-Schwesing, Westerland und das MFG 3 in Nordholz weitere Stationierungsorte."

Hermann Neuber, rechts im Bild, flog 2000 Stunden auf der Sikorsky und 400 weitere auf dem Nachfolger Sea King.

Im Januar 1965 wurde die SAR-Außenstelle auf Borkum gegründet. Eine H-34G mit vierköpfiger Bereitschaftscrew war hier fortan rund um die Uhr sofort einsatzbereit. Auch für Hermann Neuber wurde die Ostfriesische Insel im Grenzgebiet zu den Niederlanden zum neuen Standort: „Fünf Piloten und drei Bordmechaniker lebten hier in einem eigens für uns errichteten Wohnblock mit ihren Familien. Hinzu kam das technische Personal, das für die Wartungs- und Reparaturarbeiten an den Maschinen verantwortlich war. Für die Fahrten zum sieben Kilometer entfernten Stützpunkt war ein VW-Bus im ständigen Pendelverkehr."

Schon am 14. Januar 1965 erlebte er seine Feuertaufe unter denkbar schlechtesten Bedingungen: 20 Seemeilen nordwestlich vom Feuerschiff „Borkum-Riff" sank der norwegische Frachter „Jodelta". Bei Windstärke 10 mit Orkanböen und schwierigsten Sichtverhältnissen gelang es, die neun Besatzungsmitglieder abzubergen, bevor das Schiff auf Tiefe ging.

„Wir hatten damals viele zivile SAR-Einsätze, oftmals in Zusammenarbeit mit dem Borkumer Seenotkreuzer ‚Georg Breusing', flogen häufig auch Insulaner und Touristen bei akuten medizinischen Notfällen aufs Festland", erklärt der pensionierte Offizier. „Was uns stark beschäftigte, vor allem auch mental, waren die vielen Abstürze unserer Starfighter-Kameraden in dieser Zeit."

Bei aller Begeisterung für das praktische Fliegen mit der H-34G waren sich die Besatzungen auch immer über die Nachteile ihres Helikopters bewusst, so Hermann Neuber: „Die Sikorsky war ein treues Arbeitstier, das den Crews durchaus ein hohes Maß an körperlichem Einsatz, manchmal auch einen siebten Sinn abforderte. Alle Funktionsweisen waren logisch und überschaubar. Deutliche Defizite gab es bei der Navigation und der Funkausrüstung. Radar und Decca hatten

wir überhaupt nicht an Bord und die medizinische Ausstattung war kaum umfangreicher als ein Erste-Hilfe-Kasten aus dem Auto. Die beiden größten Unzulänglichkeiten waren die stark eingeschränkte Schwimmfähigkeit in Folge einer Notwasserung sowie die Ausrüstung mit nur einem Triebwerk."

Wichtig war es für die beiden Piloten, die analoge Tankanzeige ständig im Auge zu behalten – besonders in hektischen Einsatzsituationen, wenn es schon mal länger dauern konnte. Je nach Beladung, den herrschenden Wetterbedingungen und der Belastung des Triebwerks reichten die 1006 Liter maximale Kraftstoffbefüllung für knapp zwei Stunden Flugzeit.

Retter in Seenot

Die H-34G verfügten über eine in die Radnaben integrierte Notschwimmeranlage, die sich bei Kontakt mit Salzwasser automatisch aufblies. Das funktionierte jedoch nur bei glatter See. Im Sommer 1969 sackte eine Maschine während einer Übung vor der Sylter Westküste plötzlich ab, ging auf dem Wasser nieder und tauchte bis über das Cockpit hinweg in die Nordsee ein. Die Schwimmer aktivierten sich, holten den Helikopter zurück an die Oberfläche und die Besatzung konnte unverletzt aussteigen.

Dieses Glück war den vier Männern in der mit der Kennung W 552 versehenen Sikorsky

Im Eisnotdienst für die Halligen und Inseln in der Nordsee war die H-34G unverzichtbar.

Gemeinsam mit den Flugsicherungsbooten des MFG 5 stellten die Sikorskys den maritimen Such- und Rettungsdienst sicher.

Unschöne Bruchlandung: Eine Marine-Sikorsky bei der Bergung eines verunglückten H-34G der Heeresflieger.

am 16. März 1967 nicht beschieden. Während eines Sucheinsatzes innerhalb eines abklingenden Sturmtiefs südwestlich von Amrum meldete die Besatzung nachmittags per Funk eine Triebwerkstörung. Danach kein Lebenszeichen mehr im Äther. Sofort lief eine umfangreiche Suchaktion an. Alles, was fliegen und schwimmen konnte, eilte ins Suchgebiet. Vergebens. Zwei Besatzungsmitglieder wurden tot in der See treibend gefunden, außerdem kleinere Wrackteile. Nach drei Tagen brach man die Suche ab. Der havarierte Hubschrauber und die weiteren beiden Männer der Crew blieben unauffindbar.

Auch Hermann Neuber war von Beginn an bei diesem Einsatz dabei. „Es ist nochmal eine ganz andere Situation, wenn eigene Kameraden in Gefahr sind – nur wenige Tage zuvor haben wir während eines kurzen Tankstopps in Westerland noch unbeschwert zusammengesessen", sinniert er. „Und was auch schlimm war: Meine Frau Wera saß mit unseren Kindern Antje und Kai zu Hause auf Borkum. Sie wussten, dass wir im nordfriesischen Seegebiet im Einsatz waren, jedoch nicht den Grund dafür. Als sie abends aus dem Radio erfuhren, dass ein Hubschrauber des MFG 5 abgestürzt war und die Besatzung vermisst wurde, machten sie sich natürlich fürchterliche Sorgen. In diesem Job stehen die Empfindungen der Angehörigen eigentlich viel zu weit im Hintergrund."

ein wenig körperliche Fitness war beim Aufentern ins Cockpit gefordert.

Ende einer Ära

Die Notwendigkeit einer Neuausrüstung der SAR-Flieger war unübersehbar. Geeignete Hubschrauber waren am Markt verfügbar, doch Politik und Behörden favorisierten die Bell UH-1D, die bereits im SAR-Dienst über Land gute Dienste leistete. Doch war dieser Typ für den Einsatz in Schwerwettersituationen über See denkbar ungeeignet. Die Marineführung opponierte erfolgreich gegen die Beschaffung und setzte schließlich ihren Favoriten durch, die Westland Sea King Mk 41.

Als im Juli 1973 bei der Royal Navy Air Station in Culdrose die ersten beiden Besatzungen für den neuen Hubschraubertyp ausgebildet wurden, war Hermann Neuber mit von der Partie. Ebenso 1974, als die ersten beiden Sea King zum MFG 5 überführt wurden. Mittlerweile im Rang eines Kapitänleutnants, absolvierte er rund 400 Flugstunden im Cockpit dieses Typs.

Nach Beendigung seiner fliegerischen Laufbahn verbrachte er mehrere Jahre als Wachleiter beim Rescue Coordination Centre Glücksburg, kurz als RCC bezeichnet. Am 12. Dezember 1967 aus der SAR-Unterleitstelle in Holtenau hervorgegangen, werden von hier aus die Such- und Rettungseinsätze der Marineflieger koordiniert. Hermann Neuber war im Dezember 1978 als Wachleiter des RCC an der achttägigen Suche mit deutschen Seefernaufklärern Breguet BR 1150 Atlantic nach dem nördlich der Azoren gesunkenen Hapag-Lloyd-Frachter „München" beteiligt. Selbst bei der Fahndung nach RAF-Terroristen war er dabei, wie er schmunzelnd hinzufügt: „Es gab 1977 einen Hinweis darauf, dass sich der entführte Arbeitgeberpräsident Schleyer mit den Terroristen an Bord eines Segelboots befinden solle. Bundeskanzler Schmidt beauftragte die Marine persönlich mit der Fahndung. ‚Kommando Hotspur' lautete der Deckname der Operation, in der schließlich ein verdächtiges Segelboot ermittelt wurde. Als es in Kiel einlief, habe ich befehlsgemäß einen massiven Polizeieinsatz ausgelöst. Das Rentnerehepaar, das von Bord ging, soll zunächst eingeschüchtert, dann irritiert und zum Schluss hochgradig verärgert gewesen sein."

Ende der 60er-Jahre war die Sikorsky trotz aller Modifikationen vom technischen Fortschritt überholt.

In Anerkennung seiner Leistungen bei zahlreichen SAR-Einsätzen wurde Kapitänleutnant a.D. Hermann Neuber mit dem Bundesverdienstkreuz und der silbernen Medaille für Rettung aus Seenot der DGzRS ausgezeichnet. Bekannt wurde er in der Öffentlichkeit als Autor zahlreicher Jugendbücher, die anschaulich über die fliegenden Retter der Marineflieger erzählen. Auflagenstarke Titel wie „Start frei für Pedro 33", „Sturmnacht in der Deutschen Bucht" oder „Sie fliegen gegen den Tod" entstammen seiner Feder.

SAR-Veteran Hermann Neuber machte nicht nur als fliegender Retter, sondern auch als Autor mehrerer auflagenstarker Jugendbücher über die Rettungsfliegerei auf sich aufmerksam.

Seenotretter und Alleskönner

Sikorsky H-34G

Im Einsatz als Minenjäger mit Hohlstabschleppgeschirr.

Sikorsky H-34G: Technik und Geschichte

Zur Ergänzung und späteren Ablösung des Transporthubschraubers Sikorsky S-55 schrieb die US Navy 1950 eine Neukonstruktion aus. Sie sollte größer sein, mehr Reichweite haben und über Eigenschaften zur U-Boot-Bekämpfung verfügen. Die Sikorsky Aircraft Division in Stratford, Connecticut/USA, entwickelte zunächst einen Prototyp. Dessen Weiterentwicklung, der S-58, flog erstmals am 20. September 1954 und konnte sich im Ausschreibungsverfahren gegen die Konkurrenz aus dem Hause Bell durchsetzen. Ab 1955 kam das Modell in der Transportvariante bei der US Army zum Einsatz, zwei Jahre darauf auch beim United States Marine Corps als HUS-1 Seahorse. Ab 1962 wurden alle S-58-Versionen unter dem Namen H-34 zusammengeführt. Die Navy-Helikopter hießen SH-34, die Army-Hubschrauber CH-34 und die des Marine Corps UH-34.

Alle drei Truppenteile der neuen deutschen Streitkräfte entschieden sich 1957 für die Beschaffung der H-34. Die ersten von insgesamt 145 Maschinen in den Versionen G-I und G-II stießen noch im gleichen Jahr zur Bundeswehr. Die Version G-III war schwerer und für den Instrumentenflug ausgerüstet und zugelassen. Ein modifiziertes Fahrwerk, der Autopilot sowie die automatische Sta-

Nach jedem Einsatz kontrollierten die Techniker den einwandfreien Zustand des im Betrieb stark belasteten Rotorkopfs.

Für die Minensuche erwiesen sich die H-34G schnell als wenig geeignet.

bilisierungsanlage ASE waren weitere Merkmale dieser Variante, die von den Marinefliegern geflogen wurde. Zusätzlich war eine Notschwimmeranlage eingerüstet.

Bis Juni 1963 wurden die ersten neun Exemplare von Bremerhaven aus zum MFG 5 nach Kiel-Holtenau überführt. Für den SAR-Dienst verfügten sie über eine Sonderausstattung für Einsätze über See, die unter anderem eine Rettungswinde und eine große seitliche Schiebetür beinhaltete. Die Piloten und Besatzungen waren bereits auf der H-34G ausgebildet, hatten teilweise über einen längeren Zeitraum hinweg praktische Erfahrungen bei den Heeresfliegern auf dem Modell sammeln können.

Minen- und U-Boot-Jäger

Die beiden Sikorskys mit den Kennungen WD+401 und WD+402 wurden bei der 1. Staffel des MFG 4 – ebenfalls stationiert in Kiel-Holtenau und dem MFG 5 angegliedert – für die Suche und Räumung von Minen eingesetzt. Zu diesem Zweck waren sie mit dem schweren MAD-Schleppgeschirr für den Hohlstabschlepp ausgerüstet. Gut zu erkennen waren die Einheiten an einem breiten roten Doppelstreifen hinter dem letzten Fenster. Die beiden Spezial-Helikopter operierten häufig gemeinsam mit den schwimmenden Minensuch- und -jagdverbänden der Bundesmarine.

Zielsuchende Mk 43-Torpedos zur U-Boot-Bekämpfung, montiert an der unteren Rumpfkante.

Das geöffnete Schiebefenster neben dem Copiloten ersetzte die fehlende Klimaanlage nur unzulänglich.

Die 1. Staffel des MFG 4 hatte den Auftrag, als Versuchs- und Erprobungseinheit die Grundlagen für ein zukünftiges U-Jagdgeschwader zu legen. Darum waren fünf weitere Hubschrauber, SC+263 bis SC+267, speziell auf die Jagd von U-Booten ausgelegt. Dazu bestückte man sie mit einem absenkbaren Tauchsonar AN/AQS-5 sowie zwei akustisch-zielsuchenden Torpedos des Typs Mk 43. Mit Hilfe eines unter dem Rumpf montierten Doppler-Radars waren die Maschinen in der Lage, im Sonar-Mode über einer vorgegebenen Position automatisch zu hovern. Durch den Einbau des Sonarschachts musste auf einen Teil der Bodentankgruppe verzichtet werden. Dieses Manko wurde durch die Montage eines 150-Liter-Tanks hinter dem Brandschott zum Kupplungsraum kompensiert. Die Kabine war komplett mit schallisolierender Verkleidung ausgeschlagen, damit der Sonarbediener ohne akustische Beeinträchtigungen pingen konnte. Deutlich erkennbar ist die U-Jagdversion des H-34 durch einen senkrechten roten Streifen hinter dem letzten Fenster sowie die beiden Torpedoträger an den Rumpfseiten.

1968 wurde das MFG 4 aufgelöst. Nach 4266 Stunden und 45 Minuten im Einsatz wurden die sieben H-34 vom MFG 5 übernommen und in den SAR-Dienst überführt.

Wuchtige Konstruktion

Die Sikorsky H-34 war in klassischer Haupt-Heckrotor-Konfiguration gebaut. Ihr Rumpf entstand in Ganzmetall-Halbschalenbauweise. Er bot Platz für zwei Flugzeugführer, 16 bis 18 Passagiere oder alternativ für acht bis zwölf Krankentragen. Im SAR-Einsatz befanden sich zwei Bordmechniker in der Kabine, um die Winsch zu bedienen und medizinische Erstmaßnahmen einzuleiten. Das Cockpit war zweifach ausgelegt, so dass es vom Piloten und Copiloten bedient werden konnte. Steuerknüppel, der als Pitch bezeichnete kollektive Blattverstellhebel sowie die Steuerpedale für den Heckrotor waren doppelt vorhanden.

Zur Ausrüstung gehörten ein Teleport V-BOS-Funkgerät sowie VHF- und UHF-Funkanlagen. Hinzu kamen ein ARA 25-Peilvorsatz für Thomson-Houston-Notsender und ein ARN 59-Radiokompass mit Peilmöglichkeit. Die Navigation wurde von einem bodengestützten Instrumentenlandesystem erleichtert. Wegen des gegenüber den Varianten G-I und G-II erhöhten Energiebedarfs verfügten die G-III-Ausführungen über einen leistungsfähigeren Stromgenerator.

Ungewöhnlich war der Motor platziert. Der neunzylindrige Wright R-1820-84D saß vorne im Rumpfbug unterhalb des Cockpits. Und zwar mit der Abtriebswelle schräg nach hinten oben geneigt. Die Piloten thronten praktisch wie Lkw-Fahrer oberhalb des mächtigen Sternmotors. Unter ihren Sitzen hindurch lief die Fernwelle mit hydraulischer Kupplung zum Hauptgetriebe. Für Wartungs- und Reparaturarbeiten war er nach dem Öffnen der beiden kuppelförmigen Verkleidungen an der Rumpfnase bequem zugänglich.

Der linksdrehende Hauptrotor hatte ein symmetrisches Profil und verfügte ebenso

Der Generationswechsel von der Sikorsky zur Sea King wurde 1974 vollzogen.

wie der links am hochgelegten Heckstummel befindliche Heckrotor über vier Blätter. Zur Hangarierung und zum Transport konnten die Hauptrotorblätter und das Hecksegment gefaltet werden. Das feststehende breitspurige Radfahrwerk bestand aus einem gefederten Hauptfahrwerk mit freiliegender Verstrebung und einem beweglichen Spornrad am Heck.

Ab Mai 1973 wurden die ersten drei Sikorskys mit den Kennungen 80+94, 81+04 und 82+01 abgegeben. Zeitgleich begann die Ausbildung der Besatzungen für den Nachfolger, die Westland Sea King Mk 41. Am 20. März 1974 trafen die ersten beiden Maschinen ein und es entwickelte sich ein fließender Übergang. Anfang 1975 waren noch zehn H-34 überwiegend als Bereitschaftsmaschinen beim MFG 5 im Einsatz, während der Übungsbetrieb mit 16 Sea Kings auf vollen Touren lief. Am 21. April 1975 verließ die letzte H-34 mit der Seitennummer 80+73 das Geschwader. Noch einen Monat zuvor hatte die Maschine Schlagzeilen gemacht, als sie von dem auf einer Sandbank aufgelaufenen Fahrgastschiff „Frisia VI" fünf kranke Personen abgeborgen hatte. Nun flog sie von zwei Sea Kings flankiert auf südlichem Kurs. Ihr Ziel war Bayern, exakt das dort beheimatete Deutsche Museum. In der Flugwerft Schleißheim, der Außenstelle der technikhistorischen Institution, kann sie zwischen vielen weiteren Exponaten der Luftfahrtgeschichte bestaunt werden.

Technische Daten der Sikorsky H-34G

Hersteller	Sikorsky Aircraft Division of United Aircraft Corporation
Ursprungsland	USA
Erstflug	20. September 1954
Produktionszeit	1955 bis 1970
Stückzahl gesamt	2351
Bundeswehr	145
davon Bundesmarine	27
Besatzung	2 bis 4
Länge	14,25 m
Höhe	4,86 m
Durchmesser Hauptrotor	17,07 m
Durchmesser Heckrotor	2,90 m
Leergewicht	3815 kg
Startgewicht	6169 kg
Triebwerk	Wright R-1820-84D-Sternmotor, radial luftgekühlt
Leistung	1122 kW (1525 PS)
Bohrung	155,6 mm
Hub	174 mm
Hubraum	29,88 l
Zylinder	9
Tankvolumen	1006 l
Höchstgeschwindigkeit	198 km/h
Reisegeschwindigkeit	158 km/h
Reichweite	450 km
Dienstgipfelhöhe	2825 m

Sikorsky H-34G

Impressionen und Detailansichten

Eine ganze Reihe von H-34G-Hubschraubern fanden nach ihrer „Fliegerkarriere“ eine neue, zivile Verwendung als Schaustücke in verschiedenen Museen und Sammlungen. Die drei auf diesen Seiten abgebildeten Marineflieger-Veteranen sind – natürlich in flugunfähigem Zustand – ausgestellt und können in Augenschein genommen werden. Sie befinden sich im Hubschraubermuseum in Bückeburg, in der Flugwerft des Deutschen Museums in Schleißheim und als „Torwächter“ im Einfahrtsbereich zum Fliegerhorst Nordholz.

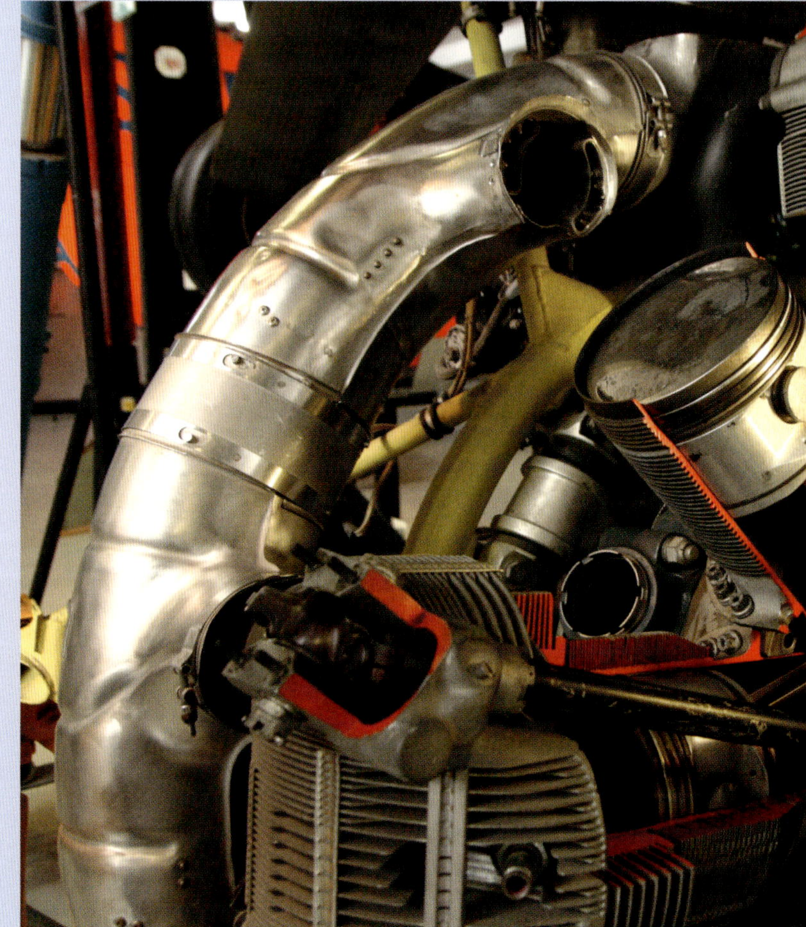

Leistungsträger der fliegenden Flotte

Westland Sea King Mk 41

Das Hauptfahrwerk wird nach dem Start hydraulisch eingefahren, während das Spornrad am Heck in seiner Position verbleibt.

Die Einführung der Sea King Mk 41 in den SAR-Dienst der Marine war 1975 ein Ereignis, das mit großer Spannung und Erwartungshaltung einherging. „Das war ähnlich spektakulär wie das Eintreffen der ersten Starfighter", erinnert sich Kapitän zur See a.D. Lothar Pollitt an die Ereignisse seinerzeit. „Die abzulösende H-34G genoss einen hervorragenden Ruf und war an der Küste ein fliegender Sympathieträger. Umso gespannter waren Marine und die Öffentlichkeit auf den Nachfolger. Technologisch war die Sea King ein gewaltiger Schritt nach vorne, galt als der damals modernste Seenotrettungshubschrauber der Welt."

„Wunsch des Verteidigungsministeriums war es, die Bundesmarine ebenso wie Heer und Luftwaffe mit der einmotorigen Bell UH-1D für den SAR-Einsatz auszurüsten – in einer navalisierten Ausrüstung natürlich", blickt Lothar Pollitt zurück. „Dagegen gab es großen Widerstand, denn was wirtschaftlich betrachtet vielleicht Sinn machte, war aus Sicht von uns Marinefliegern überhaupt nicht tragfähig. Wir favorisierten die Sea King, vor allem weil sie auch nachts voll einsatzfähig war. Unsere dänischen Nachbarn hatten mit dieser Maschine bereits beste Erfahrungen gemacht und wir schauten etwas neidisch auf sie, wenn wir gemeinsam trainierten."

Die Auslieferung der 22 bei Westland bestellten Sea Kings erfolgte schubweise von 1974 bis 1975.

Und das hatte ein paar handfeste Gründe: Die bisher im Verbund operierenden Sikorsky H-34G und die Grumman Albatross waren als Einsatzmittel technisch und in ihrer Bausubstanz veraltet. Die Sea King war in der Lage, das geforderte Spektrum dieser beiden Maschinen in sich zu vereinen. Mit zwei unabhängig voneinander arbeitenden Triebwerken und ihrer Schwimmfähigkeit bot sie für die Crew zudem ein deutliches Plus an Sicherheit. Hinzu kam eine deutlich modernere Navigations- und Kommunikationstechnik, verbunden mit Radar und einem Autopiloten. Endlich hatte man einen Hubschrauber mit Nachtbergefähigkeit.

Die Marineführung setzte sich mit ihrer Forderung durch. 1971 begann die Umschulung des fliegenden und technischen Personals in England. In diesem Jahr wurden auch die Albatross-Flugboote außer Dienst gestellt, im Mai 1973 begann dieser Prozess für die ersten Sikorsky-Hubschrauber. Turbulent ging es in dieser Übergangsphase zu. Die Einsatzmittel nahmen ab, ständig fehlte Personal, das sich gerade in der Ausbildung befand. Trotzdem konnte der Rettungsdienst in vollem Umfang aufrechterhalten werden.

Eine nette Episode am Rande weiß Lothar Pollitt mit einem Anflug von Schadenfreude zu berichten: „Eine Sea King sollte rund zehn Millionen D-Mark kosten. Westland bestand darauf, dass die Bezahlung in britischen Pfund erfolgen sollte, weil sie auf ein Ansteigen des Währungskurses spekulierten. Doch die Engländer hatten sich verzockt, denn das Gegenteil war der Fall. Das Pfund fiel von acht auf fünf D-Mark. Damit haben wir zwei von den 22 Hubschraubern praktisch kostenlos bekommen."

Premiere mit leichten Unstimmigkeiten

Am 20. März 1974 landeten bei strömendem Regen um 20 Uhr die ersten beiden Sea Kings auf dem Heli-Port, so vermeldet es die Chronik des MFG 5. Im Cockpit waren Ober-

Die ersten beiden Mk 41 stehen zur Abholung durch ihre neuen deutschen Besatzungen im Hangar bereit.

Premiere am 20. März 1974: Die Sea King mit der Kennung 89+60, fotografiert vom Copiloten der 89+59, fliegt erstmals über deutschem Boden.

Lothar Pollitt wird nach seinem letzten Flug mit der Sea King nach den üblichen Ritualen der Marineflieger feierlich „abgeflogen". Rechts im Bild Ulrich Cramer.

leutnant zur See Ulrich Cramer und Oberleutnant zur See Hermann Neuber, bekannt aus dem vorhergehenden Kapitel.

„Abgeholt haben wir die ersten beiden Sea Kings in Bristol auf einem britischen Zivilflugplatz", erinnert sich Ulrich Cramer. „Sie standen in einer rostigen Halle aus Blech. Eine irgendwie unangemessene Premiere. Über See flogen wir nach Norddeutschland. Die hochoffizielle Ankunft der insgesamt ersten vier neuen Hubschrauber war erst mehrere Tage später geplant und angekündigt. Da bis dahin beide Sea Kings bewegt werden sollten, flog ich mit einer Maschine nach Borkum."

Natürlich war hier alles in hellem Aufruhr, bestaunte den nagelneuen Helikopter. Auch der Lokalredakteur der Borkumer Inselzeitung, der gleich eifrig über die Ankunft der Sea King schrieb. Auf dem Rückflug präsentierte Ulrich Cramer den Vogel auch auf den küstennahen Fliegerhorsten in Jever, Wittmund und Nordholz. In Kiel-Holtenau gelandet, wurde er gefragt, wie er denn dazu käme, mit dem neuen Helikopter ungefragt auf Werbetournee zu gehen.

„Ich wusste nicht, dass die Borkumer Zeitung das Thema gleich an die große Glocke gehängt hatte und sämtliche Medien Norddeutschlands nun unsere Presseabteilung mit Anrufen bombardierten, um über die Sea King zu berichten", grinst Ulrich Cramer, sieht den Vorfall heute gelassen. „Man schaffte es, dass der Bericht nur in der Inselausgabe gedruckt wurde und der offizielle Termin der neuen Hubschrauber unverändert blieb. Ich wurde beauftragt, alle zuvor angeflogenen Fliegerhorste anzurufen, um den Kameraden zu versichern, dass sie keine Sea King, sondern eine modifizierte Testvariante des Heeres-Transporthubschraubers Sikorsky CH-53 gesehen hätten. Diese Strategie hat dann auch geklappt und die Journaille hat den ‚Täuschkörper' geschluckt. Die Ankunft der ersten vier Sea Kings gelang, weil wir mit den ersten beiden Hubschraubern morgens starteten, über See an Skagen vorbei in der Deutschen Bucht die nächsten zwei Maschinen trafen, um dann in Viererformation in Kiel anzukommen."

Im Tiefflug unter den Brücken des Nord-Ostsee-Kanals hindurch. Ein Manöver, das erlaubt ist, wenn man sich denn vorher in den fließenden Schiffsverkehr einordnet.

Bombendrohung

In der Folge wurde schnell klar, dass die Sea King eine hervorragende Wahl war. Sie bewährte sich von Beginn an im Seenotrettungsdienst, aber auch im Antiterroreinsatz, wie Lothar Pollitt erzählt: „Im Spätsommer 1975 befand sich eine Boeing 747 der Nippon Airlines auf dem Weg von Kopenhagen nach Hamburg. RCC Glücksburg gab Generalalarm: Es war gemeldet, dass sich ein Sprengsatz an Bord befände. Er würde detonieren, wenn der Passagierjet von seiner aktuellen Flughöhe von 10 000 Metern auf 6500 Meter sinken würde."

Winch-Excercise. Ein Manöver, das von den Besatzungen in kurzen Intervallen immer wieder geübt wird.

Binnen weniger Minuten war die gesamte Rettungskette in Alarmbereitschaft. In den Stäben glühten die Drähte. Unter anderem waren alle Sea Kings in der Luft und darauf vorbereitet, bei einer eventuellen Notwasserung sofort handeln zu können. „Angesichts der damals heißen Phase der terroristischen Aktivitäten der RAF waren alle Beteiligten hochsensibilisiert", berichtet der damalige Kapitänleutnant. „Wir waren mit unseren Sea Kings darauf eingestellt, eine große Anzahl von Personen im Falle eines Absturzes aus der Nordsee zu bergen. In der Boeing befanden sich rund 350 Menschen. Die hätten binnen kürzester Zeit aus der See gefischt werden müssen, denn der Tod durch Unterkühlung oder Ertrinken tritt sehr schnell ein. Kapazitäten und Geschwindigkeit waren jetzt gefragt. Sicherheitshalber hatten wir auch Taucher der Marinefliegerlehrgruppe aus Nordholz an Bord. Nach drei nervenaufreibenden Stunden meldete der Kapitän des

Malerisch: Eine Sea King passiert den Leuchtturm Westerhever an der nordfriesischen Küste.

Jumbo-Jets, dass die Bombe lokalisiert und entschärft werden konnte. Er landete seine Maschine unversehrt auf dem Hamburger Flughafen."

Ein glimpflich verlaufener Einsatz, der aber auch ganz anders hätte verlaufen können. Bis heute bilden die Sea Kings das Rückgrat der SAR-Komponente über See. Tausende Menschen verdanken den markanten Seenotrettungs-Hubschraubern ihr Leben. Ungezählt seit über vier Jahrzehnten ihre Missionen für abgestürzte Kameraden, Fischer, die Berufsschifffahrt, Freizeitkapitäne ... Im Eisnotdienst, vor allem aber als fliegender Krankenwagen wird die schnelle Hilfe der Sea Kings und ihrer Crews besonders bei den Bewohnern der Inseln und Halligen wertgeschätzt.

Die Haupteinsatzlast trugen die Mk 41 bei dem tragischen Untergang der polnischen Fähre „Jan Heweliusz". Hier gelang es den Rettern der Marineflieger, am 14. Januar 1993 in der Ostsee vor Rügen neun Besatzungsmitglieder in tobendem Orkan zu retten. 55 Menschen kamen ums Leben. Oder bei der spektakulären Strandung des Holzfrachters „Pallas", als sie im Verbund mit den dänischen Marinefliegern 16 Menschen in schwerem Sturm von dem brennenden Havaristen bergen konnten.

Umdenken erforderlich

„Für uns Piloten, die zuvor die Sikorsky geflogen hatte, war die Mk 41 ein Sprung in eine andere Dimension", sagt Fregattenkapitän a.D. Ulrich Cramer. „Die alte H-34G wollte in Handarbeit bedient werden, erforderte Geschick, Fingerspitzengefühl und nicht selten auch mal kräftiges Zupacken. Die Sea King hingegen funktionierte praktisch auf Knopfdruck. Nahezu alles im Betrieb ist bei ihr durch Elektronik, Sensorik und Hydraulik gesteuert. Das war bequem, erforderte aber ein massives Umdenken. Und man musste Vertrauen in das System entwickeln. Aber das ergab sich schnell wie von selbst, zumal wir in England zuvor erstklassig ausgebildet wurden."

Im fliegerischen Alltag erwies sich die Sea King als äußerst betriebssicher. Zu ernsten

Transport einer flugunfähigen Mk 41 durch einen Transporthubschrauber Sikorsky CH-53 des Heeres.

Bei einer Flugdauer von bis zu sechs Stunden ist es sinnvoll, immer etwas Proviant an Bord zu haben.

Unfällen kam es nie. Zwar ging eine Maschine am 17. November 1998 in der Nordsee verloren, allerdings war sie nicht aus eigener Kraft in der Luft. Nach einem Schaden im Hauptgetriebe sollte sie als Last unter einem Transporthubschrauber Sikorsky CH-53 des Heeres hängend von Helgoland nach Kiel-Holtenau transportiert werden. Dabei schaukelte sich die Maschine kurz nach dem Start derart auf, dass das Transportgeschirr aus Sicherheitsgründen gekappt werden musste. Aus 100 Metern Höhe prallte sie östlich des Roten Felsens auf die Wasseroberfläche. Ein Totalverlust.

„Revolutionär war damals Mitte der 70er-Jahre der Wasseraufbereiter in der Sea King", lächelt Ulrich Cramer. „Vor seinem ersten Mitflug habe ich den Stellvertretenden Kommodore gefragt, ober er unterwegs Kaffee, Tee oder Brühe trinken möchte. Er hat mich rausgeschmissen, weil er meinte, ich wolle ihn veräppeln. In der Luft haben wir ihm alle drei Heißgetränke kredenzt. Stilecht mit Serviette und auf einem silbernen Tablett."

Was heute undenkbar ist, war damals vollkommen normal: Rauchen während des Fluges! „Wir haben damals fast alle gequalmt wie die Weltmeister", lächelt der pensionierte Fregattenkapitän. „Vom Beschaffungsamt waren aus Gewichtsgründen keine Aschenbecher vorgesehen. Fünf Ascher mit je 150 Gramm bei einem 10-Tonnen-Hubschrauber – lächerlich. Triebwerke von Rolls-Royce, aber keine Aschenbecher – das ging ja gar nicht. Damals jedenfalls. Klar, dass dieses wertvolle Zubehör nachträglich eingebaut wurde."

Lenkflugkörper nachgerüstet

Deutlich teurer waren da die regelmäßig durchgeführten Kampfwertsteigerungen. Vor allem die Umrüstung der Sea Kings zum Kampfhubschrauber. Kapitän zur See a.D. Lothar Pollitt, der seinerzeit an der Umsetzung beteiligt war: „Mitte der 80er-Jahre wollte die Marineführung das Aufgabenspektrum der Hubschrauber deutlich ausweiten. Nach gründlicher Erprobung begann 1986 die Ausrüstung mit jeweils vier Lenkflugkörpern

Ab 1986 rüstete die Marineführung ihre Sea Kings mit Sea-Skua-Lenkflugkörpern zur leichten Seezielbekämpfung aus.

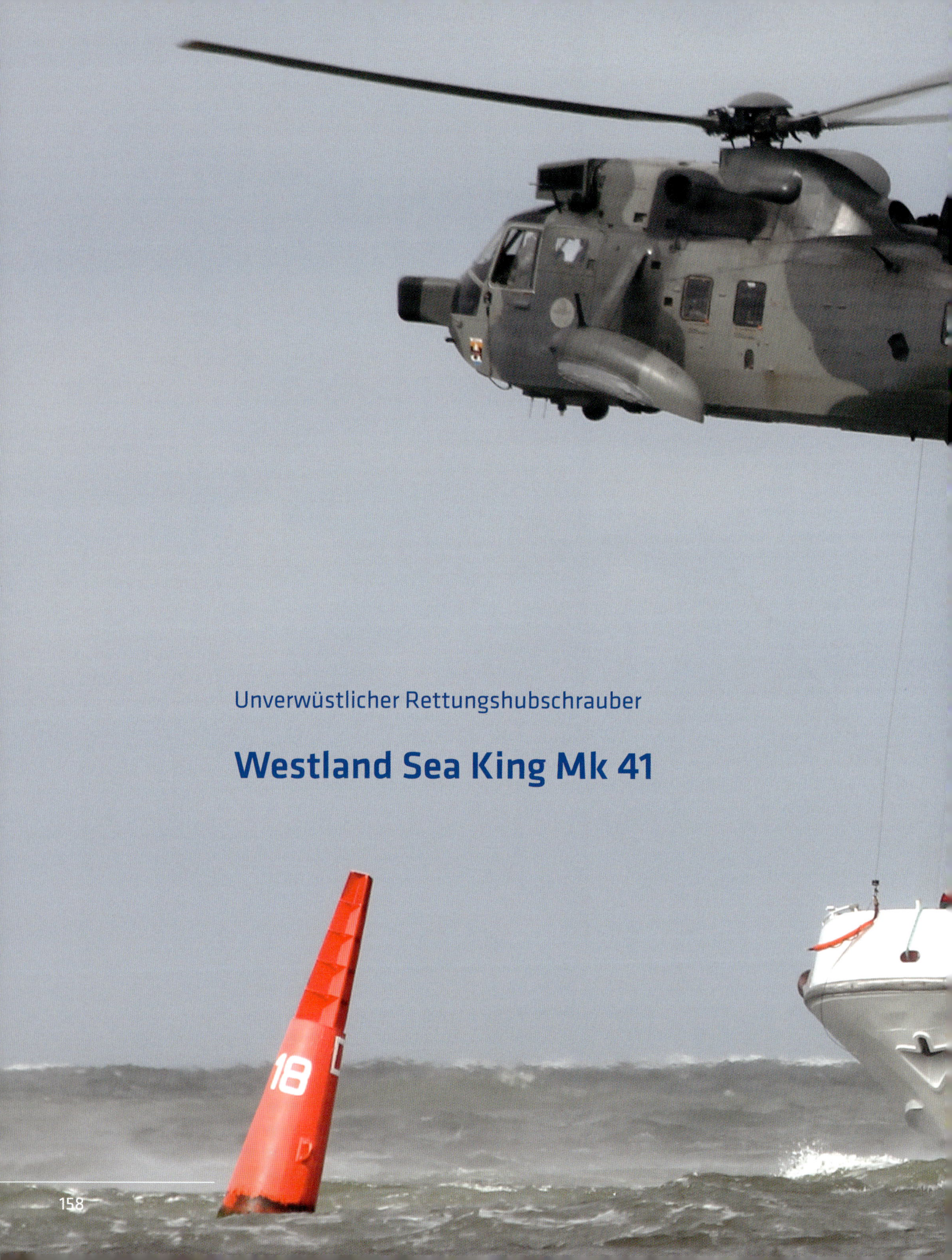

Unverwüstlicher Rettungshubschrauber

Westland Sea King Mk 41

89 58
MARINE
BERNHARD GRUBEN
SAR

Die Mk 41 im Gewand eines Kampfhubschraubers.

Sea Skua zur autonomen Bekämpfung von Seezielen. Ein Prozess, der erst 1996 abgeschlossen war."

Das Waffensystem machte die Einrüstung eines zusätzlichen Radargeräts vom Typ Ferranti Sea Spray Mk 3 mit Link-11-Datenterminal zur Ermittlung und Übermittlung von Zieldaten notwendig. Hinzu kam ein Warnempfänger bei feindlicher Radarerfassung vom Typ AN/ALR 68. Für den Eigenschutz wurden die Scheinziel-Ausstoßanlagen Chaff und Flare M 130 installiert. Die Bewaffnung mit Lenkflugkörpern ist zwischenzeitlich wieder abgegeben worden.

Im Auslandseinsatz

Während des Kalten Kriegs operierten die Sea Kings vornehmlich auf deutschem Hoheitsgebiet und in den Territorien der benachbarten NATO-Staaten. Das änderte sich in den 90er-Jahren, als sich die Bundeswehr zu einer international agierenden Einsatzarmee wandelte. Unter dem Kommando von Fregattenkapitän a.D. Ulrich Cramer war das MFG 5 mit drei Mk 41-Hubschraubern und zwei Do 28 im ersten Irakkrieg an der NATO-Mission Operation Südflanke beteiligt.

„Die Maschinen waren für diesen ersten Out-of-Area-Einsatz komplett weiß lackiert und mit dem Schiff nach Manama in Bahrain transportiert worden, während die Skyservants auf ‚eigener Achse' anreisten", berichtet Ulrich Cramer. „Wir tauchten wirklich in eine andere Welt ein. Die Entscheidungswege von Militärs und Behörden der Saudis

Deutsche Sea Kings im Hangar in Bahrain. Sie waren während des ersten Irakkriegs an der NATO-Mission Operation Südflanke beteiligt.

Blick aus der Pilotenperspektive über die brennenden Ölfelder.

waren ewig lang. Es dauerte mehrere Wochen, bevor wir das erste Mal Starterlaubnis erhielten."

Aufgabe der deutschen Helikopter waren Aufklärung, Seeraumüberwachung, die Suche nach treibenden Seeminen aus der Luft sowie Transportflüge zu den schwimmenden Einheiten der NATO-Verbände. Die beiden Ölüberwachungsflugzeuge sollten Ölverschmutzungen aufspüren, die aus der Zerstörung von Förderanlagen während des Golfkriegs resultierten.

Das Fliegen unter den im Wüstenstaat herrschenden Bedingungen war eine Herausforderung für die Besatzungen und das Material, so die Erfahrung des damaligen Einsatzleiters: „Es herrschten Temperaturen von bis zu 45 Grad und hohe Luftfeuchtigkeit. In unserem nichtklimatisierten Vogel herrschten saunaähnliche Verhältnisse. Auch die Flugeigenschaften und die Triebwerksleistungen litten darunter. Hinzu kamen die Luftverschmutzung durch die brennenden Ölfelder und überall der feine Wüstensand, der unseren Technikern einen deutlich erhöhten Wartungsaufwand vor allem an den Turbinen abverlangte. Aber es war auch eindrucksvoll, über dieser uns fremden Wüstenlandschaft zu fliegen. Grandiose Impressionen taten sich auf. Die fünfmonatige Operation war ein Abenteuer und ein Ausblick darauf, was die Marineflieger künftig in ihrer neuen Rolle innerhalb der Verteidigungskonzepte von Bundeswehr und NATO erwarten würde."

Die Kommunikation vom Cockpit in die Kabine funktioniert auch ohne die Bordsprechanlage, einfach durch Blickkontakt, zumeist hervorragend.

Auch für das Absetzen von Fallschirmspringern ist der Helikopter geeignet.

Lothar Pollitt hat seine Ausbildung zum Hubschrauberpiloten 1968 beendet und stieß zum MFG 5, ebenso Ulrich Cramer zwei Jahre später. Beide flogen noch auf der einmotorigen Sikorsky, um anschließend viele tausend Flugstunden auf der Sea King zu absolvieren. Kapitän zur See Lothar Pollitt ging im Dezember 1997 als Kommodore des MFG 5 in den Ruhestand. Fregattenkapitän Ulrich Cramer wurde 1994 als Kommandeur der fliegenden Gruppe pensioniert.

Ihre Sea Kings fliegen indes weiter. Ursprünglich war eine Nutzungsdauer bis 1995 geplant. Mittlerweile ist davon auszugehen, dass sie noch über das Jahr 2020 hinweg für die Deutsche Marine in der Luft sein werden.

Sea King Mk 41: Technik und Geschichte

Die Wurzeln der Sea King befinden sich in den Vereinigten Staaten. 1957 erhielt die Sikorsky Aircraft Corporation in Stratford/Connecticut von der US Navy den Entwicklungsauftrag für einen Kampfhubschrauber zur U-Boot-Bekämpfung, der von Land und von Flugzeugträgern aus operieren kann. Der Prototyp XHSS-2 Sea King Prototyp flog erstmals am 11. März 1959, ging im September 1962 unter der Bezeichnung Sikorsky S-61 in Serie. Das Modell wurde zur Erfolgsgeschichte. Mehrere Hersteller griffen die Konstruktion auf und bauten den Helikopter in Lizenz. So entstanden über 1500 Einheiten des Typs, die weltweit in unterschiedlichen Ausführungen überwiegend militärisch und im SAR-Dienst eingesetzt wurden.

Als Bordhubschrauber der Einsatzgruppenversorger der Klasse 702 ist die Sea King an Auslandseinsätzen der Bundeswehr beteiligt.

Triebwerkseinbau durch das technische Personal des MFG 5 in Nordholz.

Seinerzeit besaß die britische Westland Helicopters Ltd in Yeovil/Somerset einen langfristigen Lizenzvertrag mit Sikorsky, in dem die Produktion von Modellen des US-Herstellers in England vereinbart war. Westland hatte bereits im Ersten Weltkrieg mit dem Bau von Flugzeugen begonnen und sich 1945 auf die Sparte Hubschrauber spezialisiert. Zu Beginn der 50er-Jahre zwang die britische Regierung ihre weitverzweigte Luftfahrtindustrie zu Konzernbildungen. In diesem Zusammenhang übernahm Westland die Hubschrauberabteilungen von Bristol, Fairey und Saunders-Roe. Daraus entstand 1961 die Westland Helicopters Limited.

Westland griff die S-61 auf und modifizierte sie umfassend. Statt der amerikanischen General Electric-Turbine fungierte ein Rolls-Royce Gnome-Triebwerk mit einem automatischen Triebwerksregler als Antrieb. Sie verfügte über einen Autopiloten, ein Suchradar hinter dem Rotor und die modernste Avionik ihrer Zeit – alle Geräte von englischen Unternehmen. Die britische Sea King flog erstmals 1969 und war ein Jahr später einsatzbereit. Sie fand bei der Royal Navy und der Royal Air Force Verwendung und wurde darüber hinaus nach Argentinien, Australien, Belgien, Brasilien, Kanada, Ägypten, Deutschland, Indien, Japan, Malaysia, Norwegen, Pakistan, Katar, Spanien exportiert. Dabei variierten die Ausrüstung und Bewaffnung entsprechend der von den Käufern formulierten Anforderungsprofile.

Mk 41 mit Schwerlastgeschirr an der Unterseite des Rumpfs.

Austausch der Rotorblätter während der turnusgemäßen Wartungsarbeiten. In diesem Bild gut zu erkennen: die Radarantenne hinter dem Hauptrotor.

Schwimmfähiger Rumpf

Der deutsche Typ Mk 41 entstand auf Basis der Version HAS.1, die erstmals am 7. Mai 1969 flog und bei der Royal Navy im Anti-U-Boot-Einsatz war. Sie erhielt eine Rettungswinde mit einer Tragkraft von 275 Kilogramm und eine Avionik nach den Vorgaben der Auftraggeber.

Die Westland Sea King Mk 41 besitzt einen prägnanten schiffsartigen Rumpf, der komplett aus seewasserbeständigem Leichtmetall hergestellt ist. Seine Formgebung versetzt ihn in die Lage, nach einer kontrollierten oder notfallbedingten Wasserung aufzuschwimmen und sich mit der Kraft seiner Turbinen an der Oberfläche zu bewegen. Hierzu neigt der Pilot den Rotor einfach nach vorne und nimmt Fahrt auf. Zur Stabilisierung bei schwerem Seegang können zusätzlich Schwimmkörper an beiden Seiten ausgefahren werden. Ein erneutes Starten ist in diesem Zustand jedoch nicht mehr möglich, weil sich der Rumpf im Wasser praktisch festsaugt. Um die Maschine platzsparend in einer Halle oder im Schiffshangar abzustellen, ist sie mit einer automatischen Faltanlage für den Hauptrotor und einem klappbaren Rumpfhinterteil ausgerüstet.

Die Besatzung des Hubschraubers besteht üblicherweise aus vier Soldaten: Pilot, Copilot, Luftfahrzeug-Operationsoffizier und Bordmechaniker, gleichzeitig auch der Rettungssanitäter. Im Rumpfbereich hinter dem Cockpit finden bis zu 19 Personen sitzend oder auf Tragen gelagert Platz.

Zwei von Rolls-Royce gebaute Triebwerke vom Typ Gnome H.1400-1T hat Westland – gegenüber den von Sikorsky verwendeten General Electric T58-GE-8F-Turbowellen-Triebwerken – im Mk 41 montiert. Jedes verfügt über 1683 PS bei einem Luftdurchsatz von 6,27 Kilogramm pro Sekunde, wodurch eine Höchstgeschwindigkeit von 252 Stundenkilometern möglich ist. Die Steigrate beträgt 10,30 Meter pro Sekunde. Das Tankvolumen liegt bei 3714 Litern, was eine Reichweite von 1483 Kilometern ermöglicht.

In der Vergangenheit wurden die Sea Kings der Marineflieger mehrfach technisch auf den neuesten Stand gebracht, von 1986 bis 1996 mit Sea-Kua-Lenkflugkörpern bewaffnet. Das machte die Ausrüstung mit einem Ferranti Sea-Spray-Radar im Nasenradom erforderlich. Der Grund dafür: In der Basisversion verfügte die Mk 41 über ein hinter dem Hauptrotor angeordnetes 360-Grad-Rundumsicht-Radar AD 580, konnte dieses jedoch nicht voll nutzen, da der nach vorne gerichtete, etwa 28 Grad breite Suchbereich durch Getriebe, Rotormast und Triebwerke eingeschränkt war.

Als Nahbereichswaffe kann an der Sea King mit geringem Aufwand ein Maschinengewehr Browning M2 HB montiert werden. In der Bundeswehr unter der Bezeichnung MG50-1 im NATO-Kaliber 12,7 Millimeter geführt, kann es 600 Schuss Munition pro Minute abfeuern. Für die passive Verteidigung stehen außerdem die Scheinziel-Ausstoßanlagen Chaff und Flare M 130 zur Verfügung.

Ursprünglich waren Teile der Sea Kings für ihre Rettungsaufgabe in einer prägnant leuchtorangen Farbgebung auf blaugrau-metallischem Untergrund lackiert, unter anderem die Turbinenverkleidung und die Front. Diese weithin sichtbaren Lackierungsanteile wurden nach und nach wieder dem militärischen Tarnfleckmuster angepasst, da sich das Aufgabenspektrum zugunsten militärischer Aufgaben wandelte.

Gut zu erkennen ist hier das Rundumsicht-Radar AD 580 hinter dem Hauptrotor.

Sea King in der Sonderlackierung „50 Jahre SAR“ über dem Marine-Ehrenmal in Laboe.

Ausgerüstet mit Sea-Skua-Lenkflugkörpern in der Übungsversion.

Von Holtenau nach Nordholz

Bei der Deutschen Marine ist die Hauptaufgabe der Sea Kings der SAR-Dienst. Ihnen fallen außerdem Transportaufgaben, Einsätze im Rahmen der Not- und Katastrophenhilfe, die Beteiligung an Evakuierungsoperationen, Seeraumüberwachung und Aufklärung sowie die Beteiligung an der Überwasserseekriegführung zu. Sie finden weiterhin als Bordhubschrauber der Einsatzgruppenversorger der Klasse 702 Verwendung. In dieser Funktion waren sie humanitär und militärisch in Afrika, Asien und im Rahmen von UNIFIL vor dem Libanon im Einsatz.

Die Erprobung der ersten Sea King Mk 41 bei den deutschen Marinefliegern fand zwischen Februar 1972 und März 1973 statt. Der Hubschrauber ersetzte gleich zwei Baumuster: die Sikorsky H-34G und die Grumman HU-16 Albatross. Vom 12. April 1973 bis 9. Oktober 1975 lieferte Westland vertragsgemäß 22 Sea King Mk 41 an die Bundesmarine. Eine Maschine davon ging durch einen Bedienungsfehler der englischen Werkspiloten bereits beim Hersteller verloren. Eine Ersatzlieferung traf am 1. Juli 1975 ein, die Zelle des havarierten Helikopters wurde ab 1982 als Ausbildungsgerät von der Marinefliegerlehrgruppe in Westerland genutzt. Im Verteidigungshaushalt schlug die Investition mit 220 Millionen D-Mark zu Buche.

Zugeordnet sind die Hubscharuber dem MFG 5. Nach Auflösung des Fliegerhorstes Kiel-Holtenau, der jahrzehntelangen Heimat des vornehmlich mit SAR-Aufgaben betrauten Geschwaders, wurden die Mk 41 nach ihrem „Fly Out" am 6. November 2012 nach Nordholz umstationiert. Sie fliegen ihre Einsätze außerdem von den SAR-Außenstationen in Borkum, Helgoland und Warnemünde aus, wo sie unregelmäßig im Bereitschaftsdienst eingesetzt sind.

Zu Beginn des neuen Jahrtausends war ein Ende ihrer Nutzungsdauer absehbar. Die Instandhaltungskosten entwickelten sich rasant nach oben, Ersatzteile ließen sich zusehends schwerer beschaffen. Entsprechend niedrig ist der Klarstand bei den Sea Kings, die bis heute im Einsatz sind und mit hohem

Auch das war mit der Sea King möglich: Wasserski-Laufen auf der Kieler Förde.

Voraussichtlich bis weit über das Jahr 2020 werden die Sea Kings im Dienst der Marineflieger bleiben.

Aufwand flugbereit gehalten werden. Bereits 1995 wollte man die Helikopter durch den Nachfolger NH90-NG Sea Lion ablösen, was sich mehrfach verzögerte. Aktuell zieht die Marineführung in Betracht, die Sea King bis 2026 weiter zu fliegen.

Im Geschwader wird mit dem Simulator trainiert.

Technische Daten der Sea King Mk 41

Hersteller	Westland Helicopters Ltd
Ursprungsland	England/USA
Erstflug	11. März 1959
Produktionszeit	1969 bis 1995
Stückzahl gesamt	344
davon Deutsche Marine	23
Besatzung	3 bis 4
Länge	22,15 m (mit Rotor)
Höhe	5,13 m
Breite	4,98 m
Durchmesser Hauptrotor	18,90 m
Durchmesser Heckrotor	3,23 m
Leergewicht	5393 kg
Startgewicht	9300 kg
Triebwerk	2 x Rolls-Royce Gnome H.1400-1T
Leistung	2 x 1238 kW (1683 PS)
Tankvolumen	3714 l
Höchstgeschwindigkeit	252 km/h
Reisegeschwindigkeit	204 km/h
Reichweite	1483 km
Dienstgipfelhöhe	3050 m

An Bord der Fregatten weltweit im Einsatz

Westland Sea Lynx Mk 88A

Eine Lynx überfliegt den Einsatzgruppenversorger „Frankfurt am Main". Gut zu erkennen sind die ausgeklappte Rettungswinde auf der Steuerbordseite und das außergewöhnlich anmutende, aber hocheffektive Fahrwerk.

Er brennt für seinen Beruf, ist mit Leib und Seele Hubschrauberführer bei den Marinefliegern: Fregattenkapitän Markus Gawlitza. Und auf eine Formulierung weist er hin: „International spricht man eher von der Lynx in verschiedenen Varianten, sogenannten Marks. Sea Lynx ist eine rein deutsche Bezeichnung."

Und er muss es wissen, fliegt er die Lynx doch seit gut zwei Jahrzehnten vorwiegend im Rahmen internationaler Missionen. Denn in ihrer Eigenschaft als Bordhubschrauber der Fregatten der „Bremen"-, „Sachsen"- und „Brandenburg"- sowie künftig auch der „Baden-Württemberg"-Klassen sind sie bei allen Auslandseinsätzen und Übungen rund um den Globus mit dabei. Als taktischer Bordhubschrauber wird sie seit ihrer Einführung 1981 generell allen erdenklichen Seekriegsszenarien gerecht. Sie dient dem Schiff primär in der U-Boot-Ortungs- und -Jagdrolle und kann auch Überwasserziele mittels Radar identifizieren und gegen diese wirken.

„Was die Lynx ausmacht, ist die ausgesprochene maritime Rollenvielfältigkeit und ihre Wendigkeit", plaudert Markus Gawlitza aus seiner fliegerischen Praxis. „Man kann mit ihr theoretisch Loopings und Rollen fliegen, gleichzeitig hohe Geschwindigkeiten erreichen. Dabei reagiert sie sehr direkt, sehr nuanciert auf jeden Steuerimpuls, den der Pilot ihr gibt. Die britischen Heeresflieger hatten mit den ‚Blue Eagles' lange Zeit ein Kunstflugteam, das mit der Lynx beeindruckende Energiemanöver erflog und das ganze aerodynamische Potential der Maschine ausschöpfte. Dazu zählten spektakuläre Figuren wie Loopings, Split S und Backflips."

Diese Eigenschaften gehen zum einen auf das aerodynamische Rumpfdesign zurück, zum anderen auf die innovative BERP-Rotorblatttechnologie, durch die auftretende Schwingungen absorbiert werden. Dabei erzeugen sie mehr Auftrieb und steigern die Effizienz für den Horizontalflug. Dies wurde durch die Minimierung von widerstandsbildenden Blattendenverwirbelungen erreicht. Gleichzeitig zögern sie den Strömungsabriss des nach vorne laufenden Blattes hinaus.

Der starre Monoblock-Rotorkopf besteht aus Titan, die kompromisslos auf Effizienz ausgelegten Rotorblätter aus Karbon. Westland hat mit dieser Kombination aus Material und Design eine optimal harmonierende Synergie für maximale Geschwindigkeit bei einem Höchstmaß an Manövrierfähigkeit realisiert. Die Lynx ist zudem wegen ihrer herausragenden Decklandeeigenschaften bei schwerem Seegang international als „the world's best small deck helicopter" bekannt.

An Bord der Fregatte „Brandenburg" in der Deutschen Bucht: Kurz vor dem Start hat die Crew die Rettungsanzüge FSK-16 und Fliegerweste 20MB angelegt.

Fliegendes Auge

„Bis zur Einführung der Sea Lynx operierten die Einheiten der Marineflieger nahezu ausschließlich von Land aus, Erfahrungen mit Bordhubschraubern, bei uns kurz BHS ge-

Blick in das aktuelle Cockpit der Lynx. Die rechte Seite ist auf die Steuerführung ausgelegt, der linke Sitz ist der Arbeitsplatz des Taktischen Offiziers, ausgelegt auf die Nutzung des Radars, des FLIR sowie der zentralen Kommunikations- und Navigationseinheit auf der Mittelkonsole. Durch die Doppelsteuerung kann zudem von jeder Seite geflogen werden.

Eine Lynx steht präzise über dem Metall-Grid der Fregatte, um nach dem Prüfen der Flug- und Triebwerksinstrumente in den Nachtflug aufzubrechen.

nannt, hatte man bis dahin bei der Bundesmarine nicht", sagt der Fregattenkapitän. „Die Ahnen der bordgestützten Seefliegerei sind die Bordfliegergruppen und Staffeln der ehemaligen Luftwaffe mit der Arado Ar 196, den Flettner Fl 282-Hubschraubern und den Focke Achgelis Fa 330-Tragschraubern. Gemeinsam ist allen, dass sie über den Sichthorizont der Muttereinheit schauen wollten und so den Höhenvorteil für die Aufklärung des Seegebietes nutzen konnten. Die Lynx setzt hierzu ein weitreichendes seezieloptimiertes Radar ein. Zu diesem Einsatzkonzept Überwasserseekrieg addierte man noch den Verbandsschutz gegen U-Boote, welche durch die Rüstrolle Tauchsonar aufgeklärt und mittels Torpedos bekämpft werden können. Oft sind hier die Begriffe Anti Submarine Warfare, ASW, oder Under Water Warfare, UWW, in der Fachliteratur zu finden."

Die Besatzungen sind für die Bewältigung komplexer Seekriegsszenarien ausgebildet. Sie sind das fliegende Auge, die aufklärende Kavallerie der Fregatten und des dazugehörigen Schiffsverbandes. Das von ihnen erzeugte Lagebild übermitteln sie in die OPZ, die Operationszentrale ihrer Fregatte. Dort fügt sie der Schiffseinsatz- oder Schiffsoperationsoffizier in die Gesamtlage ein, auf deren Basis die weiteren einsatztaktischen Entscheidungen getroffen werden.

„Das ist praktisch Teamwork in Vollendung", erklärt der Offizier diese wirksame Verbundkonzeption. „Wir fliegen mit ein oder zwei Lynxen für den Verband. Eine klärt auf – mit Radar oder Sonar, je nach Auftrag. Die andere agiert als Waffenträger. Ist ein Ziel definiert, wird in der OPZ über die Reaktion auf die Situation entschieden. Lautet diese letztlich ‚Wirken', kommen unsere Waffensysteme – Torpedos, Seezielflugkörper Sea Skua oder das Maschinengewehr – zur Anwendung. Der im Falkland- und Golfkrieg sehr erfolgreiche Effektor Sea Skua ist heute leider aus dem Arsenal der Marine verschwunden, da der Hersteller dessen Wartung und Produktion zwischenzeitlich eingestellt hat."

Der Hubschrauber steht mit laufendem Triebwerk 1 auf der Ramp 3 in Nordholz, während die Außenspannung abgeschlagen und die ersten Cockpit-Checks durchgeführt werden. Ein Techniker positioniert sich mit dem Feuerlöscher zum anschließenden Start des zweiten Triebwerks auf der Steuerbordseite.

Hochqualifizierte Ausbildung

Vor dem Flug kontrolliert Fregattenkapitän Markus Gawlitza das Hauptgetriebe der Lynx. Gut zu erkennen sind hier die klare Konstruktionsweise des Rotorkopf und das Hydraulikschauglas rechts im Bild.

Somit hat Markus Gawlitza – Jahrgang 1970 – die seltene Chance, nicht nur Pilot sein zu dürfen, sondern mit der Deutschen Marine auch zur See fahren zu können. Dabei wollte er eigentlich Bergretter im SAR-Dienst beim Lufttransportgeschwader 61 in Penzing bei Landsberg werden. Die Bell UH-1D zu fliegen, das war sein großer Jugendtraum. „Chickenhawk", das Buch des Vietnam Huey-Piloten Robert Mason, bezeichnet er als seine damalige Bibel. Mit 19 Jahren ging er deshalb zur Luftwaffe, durchlief die Offizierausbildung und ein Studium an der Bundeswehr-Uni in München. Ein Angebot der Marine mit einer Ausbildung in den USA konnte er jedoch nicht ausschlagen und wechselte nach dem Uni-Abschluss 1994 als Leutnant zur See zur Marine. Es schloss sich die Pilotenausbildung in Pensacola/Florida an, an deren Ende im Mai 1996 die „Wings of Gold" standen. Er ist der 125. deutsche Flugzeugführer, der dieses begehrte Pilotenabzeichen der US Navy nach einer fordernden Ausbildung verliehen bekommen hat. Es folgte in San Diego die Einweisung in die hohe Kunst der U-Boot-Jagd auf dem System Sikorsky SH-60F Seahawk und anschließend die Umschulung auf die Westland Sea Lynx Mk 88.

Seit 1997 ist das MFG 3 „Graf Zeppelin" in Nordholz, seit 2015 das ebenfalls dort stationierte MFG 5 seine fliegerische Heimat. In der Zwischenzeit war er auf einen Stabsposten in Ulm versetzt und von 2012 bis 2015 als Austauschfluglehrer bei der Helicopter Sea Combat Squadron THREE der US Navy

Verlegung auf das Royal International Air Tattoo ins britische Fairford. Der Pilot steuert die Lynx über die Tower Bridge, während Fregattenkapitän Gawlitza den Flugweg durch die London Helo Routes unter dem hochfrequentierten Luftraum von Heathrow mit der Radarführung koordiniert.

Blick über den Lauf des schweren Maschinengewehrs M3M auf ein aufgetaucht fahrendes U-Boot.

auf der Naval Air Station North Island, San Diego verwendet, um auf dem US-Muster MH-60S Knighthawk zu schulen.

Auf fast allen Fregatten der Deutschen Marine hatte der Stabsoffizier bereits ein Bordkommando, hat dabei an diversen NATO-Manövern in den Seegebieten nahezu aller Kontinente teilgenommen, im Nordatlantik ebenso wie in der Karibik. Doch auch beim Antiterroreinsatz „Enduring Freedom" ab 2002 am Horn von Afrika sowie bei der EU-geführten Mission „Atalanta" im quasi selben Seegebiet war er ab 2009 als Pilot und HEO, Hubschraubereinsatzoffizier, mehrfach vor Ort. Hierbei ging es um die Bekämpfung der Piraterie in den Seegebieten im Golf von Aden sowie vor der Küste Somalias und den Schutz der dortigen Handelsschifffahrt.

„Wir sind bei allen Übungen und Einsätzen voll in den Schiffbetrieb integriert", erklärt Markus Gawlitza. „Dabei bilden wir den sogenannten Hauptabschnitt 500 auf den Schiffen, bestehend aus der fliegerischen und der technischen Komponente. Zusammen sind das knapp 20 Soldaten. Wir teilen alle Ungemach wie die Unterbringung, die eingeschränkte Privatsphäre und das Wetter mit der Stammbesatzung. Wir haben unsere Kojen wie alle anderen auch, sind uneingeschränkt in die Besatzung integriert. Ruhe und Muße an Bord sind ein rares und hohes Gut."

Während der Operation „Atalanta" beginnt der Tag morgens um vier Uhr oder früher. Zunächst steht der technische Vorflugcheck beider Lynx-Maschinen auf dem Programm. Der Bereitschaftshubschrauber wird durch die elf Techniker auf das Flugdeck verfahren.

Verlegung von Mombasa zurück nach Nordholz. Die Verlastung durch die Transall C 160 verlangte umfangreiche Vorbereitungsmaßnahmen und ein präzises Augenmaß.

Vorbereitung zum Abendflug an Bord des Tenders „Elbe". Gut erkennbar sind das FLIR auf der Nase und die durchgezogene Referenzlinie, die Bum-Line, an der sich der Pilot bei der Vorausrichtung orientiert.

Parallel dazu erfolgt das HELO-Briefing für die fliegende Besatzung durch den HLM, den Hubschrauberleitmeister des Schiffes. Diese Funktion bildet die kommunikative Schnittstelle zwischen den Fliegern und der OPZ.

Bericht aus erster Hand

„Man merkt es oft schon vorher und wacht nachts fast automatisch auf, wenn ein Antipirateneinsatz reinkommt", schildert der Offizier das Szenario, das sich in den Hochzeiten des „Atalanta"-Einsatzes bis zu zweimal täglich ereignete. „Meist kommt ein Notruf über den maritimen Not- und Anrufkanal 16 auf der Brücke an, die Fregatte nimmt mit deutlich spürbarer Ruder-und Querlage augenblicklich Kurs auf das potentiell angegriffene Handelsschiff und die Turbinen unten in der Maschine fahren hoch. Dann dröhnen im Schiff meist bereits die Lautsprecher, die sogenannte SLA: ‚Action Lynx! Action Lynx! Action Lynx! Peilung 090, Abstand 50 Meilen! Action Lynx!' Etwas Jagdfieber ist dann ob des Ungewissen unter dem Panzer der Professionalität schon zu fühlen."

Es dauert nur wenige Sekunden, und die vierköpfige Besatzung sitzt im Hubschrauber: fliegender Pilot rechts, taktischer Pilot links und zwei Hubschrauberortungsmeister in der Kabine zur Bedienung des schweren Maschinengewehrs M3M. Die beiden Triebwerke laufen nacheinander an. Die elektri-

Arbeitsplatz des Hubschrauberortungsmeisters an der Sonarbedienkonsole. Gut zu erkennen ist die sparsame Raumaufteilung der Kabine. Der Oberbootsmann sitzt angegurtet auf seinem gelben Rettungsboot direkt neben der Sonarkabeltrommel. Zudem ist der Sonarausbilder auf der Gegenseite auf dem Instructor-Sitz zu sehen.

Fliegendes Multitalent

Westland Sea Lynx Mk 88A

Sea Lynx Mk 88 mit gefalteten Rotorblättern vor dem Bordhangar in Parkposition. Die Fregatte hat im Hafen festgemacht.

sche Außenspannung ist abgeschlagen und der BHS mit Harpune und Lashings, den vier starken Nylonbändern, gesichert. Die Systemchecks werden ruhig, aber flüssig abgearbeitet, die Bereitschaft zum Einkuppeln des Rotors an die Brücke gemeldet. „Befehl: Rotor einkuppeln" lautet das Kommando des Brückenwachoffiziers nach dem Prüfen aller Maßnahmen und Limits, die diesen nicht risikofreien Arbeitsschritt gefährden könnten.

Letzte Maßnahmen und die Before-Take-off-Checkliste werden durch die Besatzung abgearbeitet, der Brücke die Zwei-Minuten-Startwarnung gemeldet. Zwischenzeitlich gehen taktische Meldungen über Position

Ein etwas anderer Arbeitsplatz. Eine Lynx Mk 88 ist auf das Flugdeck verfahren und gesichert. U-Boote haben kein Mitleid bei starkem Seegang oder Dunkelheit.

und Situation des bedrängten Handelsschiffs ein, die der taktische Pilot in sein NAV-System einpflegt und gedanklich für sein Lagebild verarbeitet. Eine Vielzahl von Handzeichen wird gegeben und die vier Lashings werden entfernt. Das Schiff ist in den Limits bezüglich seiner Roll-, Stampf- und Gierbewegungen. Der Wind passt sowohl in Richtung und Geschwindigkeit für den in der schwülheißen Atmosphäre Afrikas an der Leistungsgrenze arbeitenden Hubschrauber. „Brücke von BHS, Frage: Starterlaubnis?" Letzter Check auf der Brücke: „BHS von Brücke, Befehl: Starten!" Daumen hoch an den Flugdeckoffizier, den FDO. Er hat die Hoheit über das Flugdeck und wird den Hubschrauber mit Augenmaß vom Deck wegwinken. Handzeichen des FDO. Der Pilot auf dem rechten Sitz entriegelt mit einem Knopfdruck die Harpune, die den BHS bis zu 17,5 Grad Schiffsrollbewegung an Deck hält. Gut dosiert zieht er am kollektiven Blattverstellhebel, dem Collective. Die Lynx steht wie genagelt über der Startposition in Höhe des Hangardachs.

Letztes Prüfen der benötigten Leistung. Ist es genug für die Masse an diesem heißen Tag, arbeiten die Triebwerke in den grünen Grenzbereichen? Hauptgetriebe, Öldruck, Öltemperatur, alles grün? Kopfnicken des Fliegenden an den FDO unten rechts an Deck. Der winkt nach links – auf die Backbordseite, die rote Seite des Schiffes. Von dort kommt der Wind, Rot 10 Grad mit 27 Knoten. Wichtig, um schnell in einen sicheren Flugzustand zu kommen, wenn jetzt ein Triebwerk ausfallen würde. Bloß nicht! Die Waffe ist klar, weg vom Deck, Nase runter, mehr Collective, Geschwindigkeit aufnehmen, 120 Knoten sind angelegt, auf zur Scene-of-Action in taktischen 200 Fuß! „Brücke von FDO, Meldung: BHS airborne, port side!"

Weniger als sieben Minuten nach dem Anlassen des ersten Triebwerks ist es wieder ruhig auf dem Flugdeck, der BHS abfliegend. Was wird ihn erwarten? Ein Fehlalarm wie so oft oder doch der direkte Waffeneinsatz zum Stoppen eines der Piraterie verdächtigten Bootes? In etwa 20 Minuten wird die Lage klarer sein.

Fast Roping von Spezialeinsatzkräften auf ein zu boardendes Seefahrzeug.

Tragische Ereignisse

Die Konstruktion der Sea Lynx gilt als ausgereift und zuverlässig. Trotzdem kam es in der Vergangenheit zu Unfällen. So verunglückte eine Maschine 1993 bei einem SAR-Einsatz nahe Heide in Schleswig-Holstein,

Winschausbildung bei ausgeklappter Rettungswinde. Diese ist mit dem Hydrauliksystem des Hubschraubers verbunden. Die gängigste Rüstrolle ist RLD, Rettungswinde zusammen mit dem Lasthaken und der Dreiersitzbank.

Die Rettungswinde in eingeklapptem Zustand. Sie hat eine Lastzulassung von 272 Kilogramm. Gut erkennbar sind hier die Anschlüsse der Hydraulikleitung.

als sie in einer Schlechtwettersituation mit einer Hochspannungsleitung kollidierte. Zwei Mitglieder der Besatzung starben. Im Jahr darauf musste eine Lynx der Fregatte „Bremen" vor der brasilianischen Küste nach technischen Schwierigkeiten notwassern und sank beim anschließenden Abschleppversuch. Es gab keine Opfer. Eine weitere Notlandung auf See ereignete sich 2000 in der Karibik in Folge von Vibrationen, die auf Materialablösungen an einem Rotorblatt zurückgeführt wurden. Die Besatzung wurde durch einen dort operierenden Lynx SH-14D der Royal Netherlands Navy ohne Verluste geborgen.

Einweisung einer Lynx in Nordholz durch technisches Personal in die Absetzstelle. Das extrem robuste Landegestell verzeiht hartes Aufsetzen, jedoch keinerlei Drift.

Besonders betroffen ist Fregattenkapitän Gawlitza bis heute vom Absturz der in der Sonarrolle fliegenden Lynx mit der Kennung 83+08 am 30. Oktober 1999: „Im Cockpit saß Lieutenant de Vaisseau François Senée, der als Austauschpilot von den französischen Marinefliegern bei uns in der 3. Staffel war. Ein Offizier und Freund mit hervorragendem Charakter und außergewöhnlichen Fliegerqualitäten. Die Maschine der Fregatte ‚Augsburg' stürzte im Rahmen einer U-Boot-Jagdübung aus unbekannten Gründen während eines Nachtflugs westlich von Sizilien ins Mittelmeer. Seine beiden deutschen Kameraden konnten sich aus dem sinkenden Wrack befreien, er war durch den Aufprall mit hoher Geschwindigkeit wohl bewusstlos und verblieb in See."

Westland Sea Lynx Mk 88A: Technik und Geschichte

Mitte der 60er-Jahre begannen bei Westland konkrete Überlegungen, die zwischenzeitlich in die Jahre gekommenen leichten Militärhubschauber der Typen Westland Scout und Wasp durch eine Neukonstruktion zu ersetzen. Außerdem wollte man mit ihr eine moderne Alternative als Konkurrenzprodukt zur populären Bell UH-1D präsentieren. Im Rahmen eines 1967 geschlossenen britisch-französischen Hubschrauberabkommens war die Aérospatiale in Paris zu 30 Prozent an der Produktion beteiligt. Frankreich beabsichtigte, die Lynx für seine Marine sowie eine stark modifizierte und bewaffnete Aufklärungsvariante für sein Heer zu beschaffen. Im Oktober 1969 zogen sich die Franzosen jedoch aus dem Gemeinschafts-

Indienststellung der 3. Staffel des MFG 3 „Graf Zeppelin" am 1. Oktober 1981. Der Kommodore, Kapitän zur See Eduard Wismeth, meldet dem Kommandeur der Marinefliegerdivision, Flottillenadmiral Rudolf Deckert, während die Lynx 83+01 als Static Display die passende Kulisse bildet.

projekt zurück, so dass es nun unter der alleinigen Federführung von Westland vorangetrieben wurde.

Erstmals in der Luft befand sich der Lynx-Prototyp am 21. März 1971. In der Folge konnte das Modell international mehrere Geschwindigkeitsrekorde für sich verbuchen. Der Lynx Demonstrator erreichte am 11. August 1986 mit 400,87 Stundenkilometern den absoluten Rekord für Hubschrauber. Die Auslieferung der Serienmodelle lief 1977 an.

Die britische Armee orderte zunächst 100 Exemplare der ersten Serienversion Lynx AH.1, die für verschiedene Einsatzzwecke ausgerüstet ab 1979 zur Auslieferung kamen: für die Panzerabwehr, Transportzwecke, Evakuierungen, den Sanitätsdienst und als bewaffnete Eskorte. Ab 1981 wurde die navalisierte Version unter der Bezeichnung HAS.2 bei dem britischen Fleet Air Arm der Royal Navy eingeführt. Sie unterschied sich vom AH.1 durch ihr dreirädriges Fahrwerk, ein Harpunen-Arretierungssystem für Deckslandungen, faltbare Hauptrotorblätter, ein Notfallschwimmersystem und ein in der Bugnase eingerüstetes Sea-Spray-Radar.

Die Lynx bescherte Westland einen großen wirtschaftlichen Erfolg. Geschätzt für ihre Leistungsfähigkeit, Zuverlässigkeit und die variablen Gestaltungsmöglichkeiten, fand sie Abnehmer bei den Militärs in 14 Staaten der Welt. Dabei entstanden rund 40 spezialisierte Ausführungen. Sie bewährten sich auch in bewaffneten Konflikten wie dem Falkland- oder dem Irakkrieg. Einzig der Versuch, die Lynx auch an zivile Abnehmer zu verkaufen, fand kaum Resonanz. Seit 1977 wurden rund 500 Exemplare gebaut. Auf Basis dieser Konstruktion entstanden die Weiterentwicklungen Super Lynx und Agusta-Westland AW159, Wildcat genannt.

Trotz Unterstützung durch die Regierung geriet Westland in den 80er-Jahren in eine Krise. Nach Joint-Ventures mit den Herstel-

„Aufzucht und Hege der Seeluchse in ihrem natürlichen Habitat", so der Vermerk auf der Rückseite dieses Fotos.

Eingebaut ist das Rolls-Royce GEM 42-1 Mk 1017-Triebwerk sieben Grad zur horizontalen Bezugsebene des Hubschraubers. Bei einem maximal zugelassenen Drehmoment von 115 Prozent produziert das Triebwerk 920 Wellen-PS. Es besitzt eine hydromechanische Kraftstoffregelung, die den Kraftstoffzufluss je nach Leistungsforderung automatisch regelt.

lern Sikorsky und Agusta fusionierte das Unternehmen 1995 in GKN Westland Helicopters und wurde 2000 als AgustaWestland zum zweitgrößten Hubschrauberproduzenten der Welt. Seit 2004 gehört das Unternehmen zum italienischen Technologiekonzern Leonardo.

Raffinierte Technik der Mk 88A

Konzipiert ist die Lynx als leichter Mehrzweckhubschrauber, angetrieben von zwei Triebwerken. Der Typ Mk 88A entspricht in seiner Ausführung etwa dem britischen HAS Mk 8. Der Rumpf und das Hecksegment sind bei der Sea Lynx komplett aus Leichtmetall gefertigt. Um platzsparend im Hangar an Bord oder auf dem Fliegerhorst abgestellt zu werden, sind die Rotorblätter faltbar.

Das dreirädrige Fahrwerk ist als nicht einziehbar ausgelegt. Es verfügt über lange Federwege, um auch harte Decklandungen bei schwerem Seegang zu absorbieren. Die Räder des Hauptfahrwerks sind dabei um 27 Grad nach außen gepfeilt. Das doppelt bereifte Bugfahrwerk lässt sich um 90 Grad drehen, und zusammen mit den gepfeilten Hauptfahrwerksrädern kann der Pilot den BHS mittels der Pedale für die Heckrotorsteuerung um die Hochachse in den relativen Wind drehen, der querab vom Schiffskurs kommen kann. Dies ergibt für das Schiff den taktischen Manövriervorteil, da der Hubschrauber bei einer Vielzahl von Winden gestartet werden kann.

Der Hauptrotor ist biegsam ausgelegt. Jedes der vier BERP-Rotorblätter hat einen gleichmäßigen und einen gewölbten Blattspitzenbereich. Das führt dort zu sehr hohen Geschwindigkeiten ohne Strömungsabriss und vergrößert den Auftrieb bei gleichzeitig reduziertem Widerstand – von der aerodynamischen Wirkungsweise mit den Winglets bei Passagierflugzeugen vergleichbar.

Eine Sonarbedienkonsole der Firma Rohde und Schwarz. Sichtbar ist hier außerdem die Sonarkabeltrommel des tiefenvariablen Sonars AN/AQS-18.

Abwurf eines Torpedos im Rahmen des Torpedo Exercises TORPEX des MFG 5 im Jahr 2016 im norwegischen Andøya. Gut erkennbar sind die Stabilisierungsfallschirme, die den MU90-Torpedo im optimalen Winkel ins Wasser eindringen lassen.

Zwei Turbowellen-Triebwerke vom Typ Rolls-Royce Gem 42-1, die extra für die Lynx entwickelt wurden, fungieren als Antrieb. In der Grundanordnung handelt es sich hierbei um einen vierstufigen axialen Niederdruck-Kompressor, der von einer einstufigen Turbine angetrieben wird und einen Zentrifugal-Hochdruck-Kompressor auflädt, der von einer einstufigen Hochdruck-Turbine angetrieben wird. Die Gem 42-1 entwickelt eine maximale Leistung von 1014 PS bei einem Luftdurchsatz von 3,4 Kilogramm pro Sekunde.

Der Kraftstoffverbrauch beträgt laut Hersteller rund 400 Liter Flugkraftstoff pro Stunde. An Land wird F-34 getankt, an Bord ist wegen des höheren Flammpunktes nur F-44 zugelassen. Die Piloten prüfen den Verbrauch alle 20 Minuten. Bei der U-Boot-Jagd mit vielen Schwebeflugminuten kann der Verbrauch deutlich höher sein, abhängig vom Wind und den Umgebungsfaktoren.

Für ihre Primäraufgabe, die U-Boot-Jagd, ist die Sea Lynx mit dem tiefenvariablen AN/AQS-18 Dipping-Sonar für aktive/passive Ortung sowie mit einem oder zwei Torpedos – Mk 46 Mod 2 oder Eurotorp MU90 – ausgerüstet. Zur Bekämpfung von Überwasserzielen kamen bis 2011 Sea-Skua-Seezielflugkörper zum Einsatz. Außerdem zählt ein FN Herstal M3M-Maschinengewehr im Kaliber 12,7 Millimeter zur möglichen Bewaffnung. Zu ihren Nebenaufgaben zählen der Transport von Personal und Material und der SAR-Dienst innerhalb eines Schiffsverbandes. Auch das Verbringen von Boarding Teams, Kampfschwimmern oder Spezialkräften durch Fast Roping oder Freifallschirm ist möglich und wird oft geübt. Je nach Einsatzspezifizierung erhalten die Lynx einen entsprechenden Rüstsatz: die geforderte Bordwaffenkonfiguration, Tauchsonaranlage, Bergungswinde oder Außenlastgeschirr für Transportzwecke.

Lynx-Attrappe bei der technischen Lehrgruppe ohne Abdeckung der rot lackierten Heckrotor-Antriebswelle. Sie übernimmt den Antrieb vom Hauptgetriebe und leitet die Kraft über das Zwischen- zum Hauptgetriebe.

Sea Lynx Waffenträger mit Torpedo des Typs Mk 46 Mod 2 und eingeklappter Rettungswinde während des TORPEX 2016 in Norwegen.

Als Radar ist das Sea Spray 3000 von Marconi verbaut, dessen Antenne unter der Nase eine 360-Grad-Rundumsicht ermöglicht. Für die Nachtsichtfähigkeit sind die Sea Lynx mit einem Infrarotsystem vom Typ Marconi Multi Sensor Turret ausgerüstet. Die Leistungsfähigkeit der Navigationsanlage wird durch GPS-Integration erhöht. Auf die Ausrüstung mit elektronischen Selbstschutzeinrichtungen wurde aus Budgetgründen verzichtet: Radarwarnempfänger und Täuschkörper sind nicht vorhanden.

Die Bundesmarine erwarb ab 1981 in drei Losen zunächst 19 Hubschrauber mit der Typbezeichnung Mk 88. Es folgten 1996 sieben Exemplare in der modifizierten Version Mk 88A zum Stückpreis von rund 40 Millionen D-Mark. Ab 1998 wurden die Mk 88-Modelle mit einem Investitionsvolumen von etwa 500 Millionen D-Mark auf Mk 88A-Standard hochgerüstet. Die Sea Lynx der Deutschen Marine sind im MFG 5 in Nordholz stationiert, nachdem sie von 1981 bis 2015 dem MFG 3 „Graf Zeppelin“ zugeordnet waren. Die fliegenden Besatzungen sind in der 3. Bordhubschrauberstaffel beheimatet, während die technische Komponente von der Technischen Staffel Mk 88A getragen wird. Wegen der wachsenden Nachfrage der Bundeswehr in internationalen militärischen Aufgabenstellungen und der Indienststellung moderner Fregatten gewannen die Hubschrauber stetig an Bedeutung. Nach fast vier Jahrzehnten

Fernweh und Abenteuer. Eine Lynx der Deutschen Marine mit Lashings und Harpune gesichert im Abendrot. Ein Bild vom Flugdeck, das die Bordhubschrauber-Crews seit 1981 mit den Schiffsbesatzungen teilen und das immer wieder hungrig auf die nächste Seefahrt macht.

Start einer Lynx in den 90er-Jahren, um von einem Mittelmeerhafen zur Fregatte zurückzukehren.

Nutzungsdauer ist jedoch das Ende der Lynx-Ära unweigerlich in Sicht. Der Beginn ihrer Außerdienststellung ist ab 2025 vorgesehen. Als potentielle Nachfolger werden die Modelle AgustaWestland Wildcat, eine Variante des Airbus Helicopters MH90, oder auch der Sikorsky MH-60R gehandelt.

Technische Daten der Westland Sea Lynx Mk 88A

Hersteller	Westland Helicopters Ltd
Ursprungsland	England
Erstflug	21. März 1971
Produktionszeit	seit 1969
Stückzahl gesamt	ca. 500 (alle Versionen)
Deutsche Marine	26 (davon 4 Verluste durch Absturz)
Besatzung	1 bis 4
Länge	15,24 m (mit Rotor)
Höhe	3,67 m
Breite	2,94 m
Durchmesser Hauptrotor	12,80 m
Durchmesser Heckrotor	2,36 m
Leergewicht	3290 kg
Startgewicht	5330 kg
Triebwerk	2 x Rolls-Royce Gem 42-1 Mk 1017
Leistung	2 x 746 kW (1014 PS)
Tankvolumen	642 l
Höchstgeschwindigkeit	255 km/h
Reisegeschwindigkeit	200 km/h
Steigrate	10,1 m/sek
Reichweite	590 km
Dienstgipfelhöhe	3050 m

Marineflieger starten ins Jet-Zeitalter

Hawker Sea Hawk

Diese Sea Hawk ist mit der komplett realisierbaren Waffenbestückung abgebildet.

Mit dem Blick zurück in die Anfänge der Marinefliegerei nach 1945 kommt der ehemalige Kommandeur der Marinefliegerdivision Flottillenadmiral a.D. Kurt Ziebis zu der Feststellung: „Wir waren damals an einer Pionieraufgabe beteiligt. Mit der Hawker Sea Hawk gab uns die Marine die Verantwortung für ein millionenteures fliegendes Waffensystem, das in den 60er-Jahren als unerhört schnell galt – absolute Hochtechnologie. Wohl kaum ein junger Mann, der nicht davon träumte, Pilot auf einem modernen Strahlflugzeug, auf einem Jet zu werden."

Anfang der 50er-Jahre fuhr Kurt Ziebis auf einem Frachter zur See. In großer Fahrt transportierte sein Schiff weltweit Fracht im Auftrag der US-Regierung, hatte zum Teil amerikanische Militärangehörige in der Besatzung. Im Bordkino wurden während der monatelangen Seereisen US-Spielfilme gezeigt. Den jungen Berliner faszinierten vor allem die im Korea-Krieg spielenden Fliegerszenarien des Films „Die Brücken von Toko-Ri" mit Grace Kelly und William Holden in den Hauptrollen. Jet-Fliegen – das war es, was er sich für seine Zukunft im tristen Nachkriegsdeutschland vorstellen konnte.

Während eines kurzen Werftaufenthalts seines Schiffes in Hamburg ließ sich Kurt Ziebis bei der Freiwilligen-Annahmestelle der Bundeswehr in Köln mustern und formulierte seinen Wunsch. „Man wollte mich einige Wochen später schriftlich über eine Entscheidung informieren, doch dann wäre ich schon längst wieder auf See gewesen", erinnert er sich. „Jetzt oder nie – so habe ich die Behördenmitarbeiter unter Druck gesetzt. Und es hat geklappt. An Ort und Stelle wurden die medizinischen und psychologischen Untersuchungen durchgeführt. Noch am gleichen Tag hatte ich grünes Licht für die Marinefliegerei. Ab dem 1. Mai 1956 trug ich die blaue Uniform."

Das Wort Stars will er für die Jetpiloten der ersten Generation nicht gebrauchen, doch das mag den Kern wohl treffen. Wer wie Kurt Ziebis die knallharte Ausbildung bei der US Navy erfolgreich durchlaufen hatte, konnte die anschließend verliehenen „Wings of Gold" mit Stolz tragen. In den Vereinigten Staaten wurden neben der fliegerischen Ausbildung auf verschiedenen Flugzeugmustern auch die Schulung an Funkgeräten, die Funknavigation, der Instrumentenflug und die Waffeneinsätze trainiert. Außerdem durchliefen die Piloten eine 25 Übungsstunden umfassende Ausbildung für die Flugzeugträgerqualifikation.

In der Luft agierten die Maschinen nahezu ausschließlich in Formation.

„Die Sea Hawk ließ uns jederzeit wissen, welche brachialen Kräfte das Triebwerk in unserem Rücken entfesselte", resümiert der pensionierte Offizier über das Verhalten des Jets im Flug. „Sie ließ sich einfach steuern und hatte ein hervorragendes Handling, wenn man denn einige Macken der britischen Diva beachtete. Instinkt und Erfahrung waren gefragt. Beim Start hatte man tunlichst darauf zu achten, dass das Fahrwerk zügig eingefahren wird. Ab etwa 140 Knoten Speed brach das Gestänge der Fahrwerksklappe, wenn das Bugrad noch nicht eingefahren war. Passierte dies, dann waren sofort – ein ungeschriebenes Gesetz – zwei Kisten Bier fällig: eine für die Techniker, die andere für das fliegende Personal."

Startvorbereitungen mit Unterstützung des Bodenpersonals.

Bei geringer Fluggeschwindigkeit in Kombination mit instabilen Wettersituationen war die Sea Hawk sensibel. Auch die Bedienung des Funkgeräts bereitete Probleme. Es war sehr ungünstig links hinter dem Flugzeugführer positioniert. Kurt Ziebis: „Mit den heutigen modernen Jets kann man die Sea Hawk natürlich nicht vergleichen. Dieses Flugzeug zu beherrschen, mutet aus heutiger Sicht als pures Handwerk an. Es gab keine elektronischen Systeme, die dem Piloten die Arbeit erleichterten. Die Navigation erwies sich, besonders bei fehlender Bodensicht, als nicht ganz einfach. Der Radiokompass zeigte häufig ungenau an und der Direction Finder funktionierte nur im damaligen britischen Sektor."

Die Fliegenden Fische heben 1961 beim Flugtag in Jagel von der Startpiste ab.

Die Fliegenden Fische

Kunstflug war zu dieser Zeit eine moderne Form des Entertainments und in der Bevölkerung äußerst beliebt. Das nutzten die fliegenden Streitkräfte der Bundeswehr gern, um Werbung in eigener Sache zu machen. So trat im Frühjahr 1961 Fregattenkapitän Ernst H. Thomsen, der Kommodore des MFG 1, an den jungen Flieger heran und betraute ihn mit der Aufgabe, eine Sea-Hawk-Kunstflugstaffel aus dem Boden zu stampfen. Kurt Ziebis stellte nur eine Bedingung: Er wollte sich die Piloten seines Teams selber aussuchen. Dem wurde entsprochen.

„Für den Kunstflug in Formationen waren die Sea Hawks hervorragend geeignet", sagt der pensionierte Flottillenadmiral. „Das Flugzeug reagierte angemessen auf die Steuerung und verfügte über ausreichend Schubreserven. Anregungen holte ich mir persönlich bei den Blue Angels, den berühmten Kunstfliegern der US Navy. Wir Oberleutnante fanden für unsere Viererformation die selbstgegebene Bezeichnung Fliegende Fische als Werbung für die Marine äußerst attraktiv. Mit mir als dem Leader als Nr. 1 flog zur Rechten die Nr. 2, Bernd Hausmann, zur Linken als Nr. 3 Harm Zander und hinter mir die Nr. 4, Eberhard Fledes. Dazu gehörte der Joker als sogenannter Singleperformer von Solokunstfiguren, Jürgen Hanss. Wir trainierten beinah täglich und hatten bis zur Performance-Reife über 250 gemeinsame Übungsflugstunden hinter uns gebracht."

Ihre erste Show lieferten die Fliegenden Fische am 18. Mai 1961 bei einer Flottenverabschiedung vor den schwimmenden Einheiten der Bundesmarine südlich von Helgoland ab. „Gleich die Premiere war ziemlich anspruchsvoll, denn über der Nordsee hatten wir natürlich keine fixen Landmarken zu Orientierung", so der einstige Chef der Kunstflieger.

Der Höhepunkt war jedoch drei Monate später die Vorführung beim Tag der offenen Tür auf dem Fliegerhorst Jagel. 130 000 Menschen waren dabei, als die Fliegenden Fische eine atemberaubende Flugshow hinlegten: Loopings in Fallformation, Diamonds, Umkehrkurven, Fassrollen, Bomb-Bursts, Rückenflug mit ausgefahrenen Fahrwerken ... Ein fulminantes Heimspiel für das gesamte Geschwader.

Das Team der legendären Fliegenden Fische. In der Mitte Oberleutnant zur See Kurt Ziebis.

Ein Zerstörer der Fletcher-Klasse wird überflogen.

Nach der Winterpause trafen Einladungen zu verschiedenen Flugtagen in Österreich, Schweden und Deutschland ein. Auf einigen kleineren Shows zeigten die Fliegenden Fische im Frühjahr 1962 noch Flagge, dann war unvermittelt Schluss. Im Juni 1962 stürzten vier Starfighter der Luftwaffe bei einer Flugshow ab, die Piloten kamen dabei ums Leben. Daraufhin untersagte die Bundeswehrführung sämtliche Kunstflugaktivitäten. Am 19. Juli 1962 nahmen die Fliegenden Fische mit einer letzten Vorführung über dem Heimatfliegerhorst Schleswig ihren Abschied.

Mitten im Kalten Krieg

Ein offensichtlicher Navigationsfehler führte am 18. August 1962 zu einem bewaffneten Konflikt und einer Belastung der Ost-West-Beziehungen: Von einem im Atlantik kreuzenden Flugzeugträger kommend und nach Zwischenstopps in Gibraltar und Bordeaux geriet Kapitänleutnant Knut Anton Winkler mit seiner Sea Hawk unbeabsichtigt in den Luftraum der DDR. Noch ehe die Flugüberwachung der BRD ihn über westdeutsches Territorium zurücklotsen konnte, reagierte die DDR-Luftverteidigung. Ein sowjetischer MiG-21 Abfangjäger beschoss Winklers Maschine und beschädigte sie stark.

Zurück im westdeutschen Luftraum stellte der Pilot des MFG 2 fest, dass sich das Fahr-

Das Anlassen der Triebwerke ging mit einer dichten Qualmwolke einher.

Einstieg ins Jet-Zeitalter

Hawker Sea Hawk

124
224

werk weder hydraulisch, elektrisch noch mit Handkurbel ausfahren ließ. Geplant war eine kontrollierte Bauchlandung auf dem nahe gelegenen Fliegerhorst im niedersächsischen Ahlhorn. Doch einen Kilometer südöstlich des Flugplatzes musste Kapitänleutnant Winkler seine Sea Hawk mit dem Schleudersitz verlassen. Der abstürzende Jet verfehlte ein Bauernhaus nur knapp, der Pilot hing mit seinem Fallschirm in einem Baum. Diplomaten und Nachrichtendienste beschäftigte dieser Fall noch länger.

Bruchlandungen und tödliche Unfälle

Dass Jet-Fliegen in dieser Zeit, in der die Triebwerkstechnologie noch in ihren Kinderschuhen steckte, eine brandgefährliche Sache war, untermauert die Tatsache von insgesamt 22 Unfällen mit der Sea Hawk während ihrer achtjährigen Einsatzzeit bei den Marinefliegern. Elf Piloten ließen dabei ihr Leben. Gemessen an geflogenen Stunden verursache die Sea Hawk mehr tödliche Unfälle als das Nachfolgemuster F-104G Starfighter. Als Erster verunglückte am 3. Februar 1958, ein Vierteljahr vor der Aufstellung der ersten Sea-Hawk-Staffel, während der US-

Fregattenkapitän a.D. Karl Friedrich Schinkel während seiner Jet-Ausbildung in den USA vor dem Start mit einer F-84F der US Air Force.

Ausbildung der Fähnrich zur See Niko Cetto tödlich.

Der pensionierte Fregattenkapitän Karl Friedrich Schinkel, den wir bereits aus dem Kapitel über die Breguet Atlantic kennen, hatte mehr Glück, als er am 18. Juli 1963 durch widrige Umstände zu einer Bauchlandung gezwungen war. Ort des Geschehens war die

Sea Hawks in Paradeaufstellung auf dem Fliegerhorst der Marine in Jagel.

Landebahn des Royal Navy-Stützpunktes Lossiemouth, wo er gemeinsam mit weiteren Kameraden vom MFG 1 ein mehrmonatiges, fliegerisch strapaziöses Waffeneinsatztraining absolvierte.

„Wir befanden uns in einer Dreierformation auf dem Rückflug von einem Zielwerfen mit scharfen Bomben an der Nordspitze Schottlands, als ich an der Rumpfunterseite der Maschine meines Seitenmanns Oberleutnant zur See Reinhold Kiermayr einen nicht gelösten 250-Kilogramm-Sprengkörper entdeckte", erinnert sich der damalige Oberleutnant zur See an die dramatischen Ereignisse. „Die Bombe baumelte wie am seidenen Faden schräg unter dem Flugzeug, das Gestänge der Abwurfeinrichtung war verbogen. Bei einer Landung in diesem Zustand hätte es die Sea Hawk ganz sicher zerrissen."

Reinhold Kiermayr schüttelte die Maschine in 1000 Metern Flughöhe radikal durch. Steil hochreißen, negativ drücken. Das gefährliche Anhängsel pendelte, schlackerte wie ein Lämmerschwanz. Erst nach quälend langen Minuten löste sie sich, fiel vornüber und verschwand in der Tiefe. Einen Wimpernschlag später detonierte die Bombe auf dem Wasser, riss eine riesige Fontäne in die Luft.

Bergung der Sea Hawk nach ihrer Notlandung auf Landebahn des Royal Navy-Stützpunktes in Lossiemouth.

Doch jetzt drohte weiteres Ungemach, was durch das rote Aufleuchten der Tankanzeige in den Cockpits der beiden Sea Hawks signalisiert wurde. Das ungeplante Manöver hatte den Treibstoffverbrauch zum Aufleuchten der Tankreserve gebracht. Bei Kiermayr früher als bei Schinkel. Deswegen sollte der Bombenabschüttler als Erster landen. Die Idee war, zur Verringerung des Luftwiderstands zugunsten eines geringen Kerosinverbrauchs das Fahrwerk erst im letzten Moment auszufahren.

Sea Hawk-Wrack nach einer missglückten Landung im Juli 1962 in Jagel.

Eine Notmeldung an den Tower wurde abgesetzt, schon kam die Anflugbefeuerung in Sicht. Zuerst setzten die Räder von Oberleutnant zur See Kiermayrs Maschine auf. Sie knickte nach rechts weg, die rechte Tragfläche berührte den Boden. Metallteile wirbelten durch die Luft, Funken sprühten und Rauchschwaden versperrten die Sicht. Die lädierte Bombenaufhängung riss ab und sprang sich mehrfach überschlagend hinter dem Flugzeug her … Wo sollte Leutnant zur See Schinkel seinen Vogel sicher auf die Erde bringen?

Er rekapituliert: „Die Landebahn vor mir war eine Trümmerwüste, die Tankanzeige stand auf Null und die Warnlampe leuchtete rot. Ein Wunder, dass das Triebwerk noch lief. Zum Durchstarten hatte ich keine Chance mehr. Alles ging rasend schnell."

Hamburg, 6. Dezember 1963 • BILD • Seite 3

Ein 19jähriger Obergefreiter löste Großalarm aus

Mit diesem schweren Düsenjäger vom Typ „Seahawk" kurvte der Amateur 45 Minuten lang am Himmel.

Düsenjäger entführt!

Aufregung übe einen „geliehenen" Jet auf der Titelseite der Bild-Zeitung.

In dieser Ausnahmesituation gab es für ihn keine Gelegenheit mehr, das Fahrwerk auszufahren. Schon knirschte es heftig im Gebälk und die Sea Hawk rutschte auf dem Bauch über den Asphalt, eine weiße Flamme hinter sich herziehend. Noch während er die Gurte abwarf und sich seitlich aus dem Cockpit rollte, legte die Feuerwehr einen dicken Teppich aus Löschschaum über die havarierte Maschine. „Sicher kein Glanzpunkt in meiner Fliegerkarriere, aber Hauptsache heil rausgekommen aus dem Schlamassel", so sein Resümee.

Jet geklaut

Einem Mann gelang es, die Sea Hawk nicht nur auf die Titelseite der Bild-Zeitung zu bringen, sondern sie auch für ewig ins Geschichtsbuch der deutschen Marineflieger einzuschreiben: dem Hauptgefreiten Peter Metzger.

Am 5. August 1963 war wenig los auf dem Fliegerhorst in Jagel. Flugbewegungen waren kaum geplant, ein großer Teil der Offiziere befand sich in Mürwik auf der HiTaTa, der Historisch Taktischen Tagung. Kurz vor 9 Uhr rollte eine Sea Hawk auf die Startbahn und hob ab. Beim Tower war die Maschine nicht angemeldet. Man schoss rote Leuchtkugeln, um die Nichterteilung der Startgenehmigung optisch zu signalisieren. Vergebens. Der Jet verschwand in südlicher Richtung. In der Flugleitung brach Hektik aus. Wer fliegt die

Maschine? Sämtliche Piloten befanden sich am Boden. Sofort nahm eine Rotte Sea Hawks die Verfolgung auf und fing den Ausreißer über Rendsburg ab.

Im Cockpit saß ein junger Mann im olivgrünen Parka und mit Ohrschützern statt eines Helms auf dem Kopf, der besagte Hauptgefreite. Der 19-Jährige arbeitete als Techniker beim Bodenpersonal. Ein flugbegeisterter junger Mann mit Segelflugerfahrung. Jetzt wollte er einmal erleben, wie sich Jet-Fliegen anfühlt, sagte er später. Am Tag vor dem Flug hatte er in der Staffel das Flughandbuch für diesen Flugzeugtyp stibitzt und es über Nacht ausführlich studiert. In der Luft hielt er sich recht wacker, attestierten ihm seine Verfolger. Lediglich die Landung war im dritten Anlauf eine recht holprige Sache.

Alle waren erleichtert, als der Hauptgefreite nach 45 Minuten Flugzeit unversehrt aus dem Cockpit stieg. Offensichtlich hatte eine ganze Armee von Schutzengeln in dem Einsitzer Platz gefunden. Beim anschließenden Anschiss konnte sich der verantwortliche Flugsicherheitsoffizier Fregattenkapitän zur See Gerhard Reger das Grinsen nicht verkneifen, wird überliefert.

Die Presse berichtete ausführlich, teils mit humoristischer Häme über das Husarenstück, das natürlich alles andere als eine Heldentat war. Peter Metzger landete zunächst in der Arrestzelle und wurde anschließend aus der Bundesmarine entlassen. Doch seinen Traum vom Fliegen hatte er sich erfüllt und noch heute unterhält man sich nicht nur in Fliegerkreisen äußerst amüsiert über diese Story.

Hawker Sea Hawk: Technik und Geschichte

Die Ursprünge des Flugzeugbauers Hawker Siddeley Aircraft Corporation Ltd gehen zurück auf das Jahr 1920. Entstanden ist der

Flottillenadmiral a.D. Kurt Ziebis mit dem Modell einer Sea Hawk, das ihm sein einstiger Chefmechaniker gebaut und geschenkt hat.

Konzern 1935 durch den Zusammenschluss von fünf Unternehmen der englischen Luftfahrtbranche. Er zeichnete in der Folge unter anderem verantwortlich für die Entwicklung und den Bau so berühmter Flugzeuge wie der leistungsfähigen Propellerjäger Fury, Hurricane, Typhoon und Tempest.

Mit der bahnbrechenden Technologie der neuen Turbinentriebwerke beschäftigte man sich ab 1944. Im Oktober dieses Jahres absolvierte das Rolls-Royce RB.41 Nene erfolg-

Montage von HVAR-Raketen unter dem Flügel.

Zeitgenössische Werbeanzeige des Herstellers in der Luftfahrt-Fachpresse.

reich seinen Erstlauf. In Absehbarkeit einer Serienfertigung des Antriebs begann die Entwicklungsabteilung von Hawker mit den Projektstudien für einen ersten Jet. Ein konkreter Entwurf fiel im Januar 1945 bei der Royal Air Force und dem Luftfahrtministerium durch. Lebhaftes Interesse bekundete hingegen die Royal Navy.

Hawker überarbeitete die Konstruktion, navalisierte sie und legte die modifizierte Version im Januar 1946 bei den britischen Marinefliegern vor. Die waren mit der Aussicht auf ein leistungsstärkeres Triebwerk von der berechneten Leistungscharakteristik und der Reichweite überzeugt. Vier Monate später hatten die Militärs eine Spezifikation formuliert und orderten drei Prototypen.

Auf Basis des naturgemäß noch nicht überzeugenden ersten Prototyps VP 401 – sie meisterte am 2. September 1947 mit Hawker-Cheftestpilot Bill Humble im Cockpit ihren Erstflug – entstand die VP 413. Diese Version deckte den Anforderungskatalog der Royal Navy in vollem Umfang ab. Für den Einsatz auf Flugzeugträgern besaß sie einen Fanghaken, Katapultbeschläge, nach oben klappbare Tragflächen sowie eine Frontscheibe aus Panzerglas. Auch die Bewaffnung mit vier 20-mm-Maschinenkanonen Hispano Mk 5 war installiert. Nach einem ausgedehnten Prüfungsprogramm, unter anderem Decklandungen, Starts und Handlingtests auf dem Flugzeugträger „Illustrious“ im April 1949, flossen die gemachten Erkenntnisse in den dritten Prototyp ein, die VP 422. Die entsprach in großen Teilen der Serienfertigung, die Ende 1949 im Hawker-Werk in Dunsfold anlief. Zuvor hatte die Royal Navy den Auftrag zum Bau von 35 Jets der Version Sea Hawk F.1 erteilt. Am 14. November 1951 wurde die erste Maschine ausgeliefert.

Langsamflug-Training mit ausgefahrenem Fahrwerk.

Noch während sich die Sea Hawks in der Truppenerprobung befanden, vergab die Royal Navy einen weiteren Auftrag, nun über 40 Maschinen. Diese verfügten über hydraulikunterstützte Querruder und trugen die Zusatzbezeichnung F.2. Gefertigt wurden sie fortan bei der Konzerntochter Armstrong Whitworth Aircraft. 1954 startete in deren Fabriken in Baginton und Bitteswell der Bau der Sea Hawk FB.3, die mit 116 Exemplaren am meisten gebaute Variante des Jagdflugzeugs. Die im gleichen Jahr folgende Baureihe FGA.4 mit erhöhter Zuladung und verstärkter Bewaffnung wurde 97 Mal hergestellt. Die letzte Evolutionsstufe markierte die FGA.6

Gegenüber den folgenden Jet-Generationen war der Wartungsaufwand für die überschaubare Technik der Sea Hawks noch recht gering.

mit dem leistungsstärkeren Triebwerk Nene 103. Bis zum Ende der Produktion für die Royal Navy am 10. Januar 1956 verließen 86 Maschinen dieses Typs die Werkshallen. Ein Auftrag der Niederländischen Luftwaffe über 22 Sea Hawks schloss sich im April 1956 an.

Hilfe für den Piloten beim Angurten im engen Cockpit.

Erster Jet für die Marineflieger

Den Beschluss zur Beschaffung von 68 Sea Hawks für die deutschen Marineflieger fasste die Bundesregierung am 6. Juli 1956. Über 50 Millionen D-Mark bekam der britische Hersteller für das Kriegsgerät aus dem deutschen Verteidigungshaushalt überwiesen. Wie bereits bei der Fairey Gannet und der Bristol Sycamore waren auch bei dieser Entscheidung die schnelle Verfügbarkeit und das unkomplizierte Handling der Kampfjets die vordergründigen Argumente.

Vizeadmiral Friedrich Ruge, der damalige Inspekteur der Marine, stellte die erste Sea Hawk-Staffel als Marine-Mehrzweck-Staffel am 19. Mai 1958 im schottischen Lossiemouth in Dienst, da die Bauarbeiten am vorgesehenen Fliegerhorst in Jagel noch in vollem Gang waren. Einen Monat später verlegte die Staffel nach Deutschland, der neue Marinefliegerhorst nahm am 1. August 1958 den Betrieb auf. Damit war die 1. Marinefliegergruppe einsatzbereit und wurde als erster fliegender Verband der Bundesmarine am 2. August 1958 in Dienst gestellt und in die NATO eingegliedert.

Parallel zu dieser Entwicklung wurden die künftigen Piloten bei der US Navy ausgebil-

Mit den vier Zusatztanks unter der Tragfläche konnte das Kraftstoffvolumen um 1636 Liter gesteigert werden.

Durch das Hochklappen der Flügel konnte die Breite der Sea Hawk am Boden auf vier Meter reduziert werden.

det und ab Februar 1958 auf die Sea Hawk umgeschult. Das technische Spitzenpersonal erhielt seine Ausbildung in England in den Flugzeugfabriken des Herstellers und bei der Royal Navy. Später waren hierfür die technischen Schulen der Luftwaffe sowie die Marinefliegerlehrgruppe in Westerland zuständig. Die substantielle technische Betreuung der britischen Jagdbomber übernahmen die Focke-Wulf-Flugzeugwerke in Bremen.

Die zweite Sea-Hawk-Staffel wurde als Marine-Aufklärungs-Staffel ab dem 1. September 1958 in Jagel aufgestellt. Wenige Wochen später waren die neuen Marine-Jagdbomber bereits am großangelegten NATO-Manöver „Tigre Bleu“ beteiligt und zeigten auf internationalem Parkett eine glänzende Vorstellung. Im April 1959 lieferte Armstrong Whitworth die letzte Maschine aus, ein Vierteljahr später entstanden im Zuge einer Umstrukturierung die Marinefliegergeschwader 1 und 2.

Ausgepowerte Piloten nach einem Trainingsflug.

Jagdbomber und Aufklärer

Die von der Bundesmarine geflogenen Sea Hawks trugen die Bezeichnungen Mk 100 und Mk 101. Sie entsprachen in weiten Teilen der Royal Navy-Version FGA.6, waren dabei zusätzlich mit UHF-Funkgeräten ausgerüstet und erhielten ein größeres Seitenleitwerk zur Verbesserung der Stabilität. Die Mk 101-Ausführung war als Aufklärer und für den Schlechtwettereinsatz vorgesehen und entsprechend ausgerüstet: Ein externer Radaraufklärungspod Ekco 38B war als Zusatzbehälter an der Laststation unter der rechten Flügelfläche angebracht. Eine Schrägsichtkamera F 24 im unteren Heckbereich gehörte ebenfalls zur Ausrüstung.

Der einstrahlige Jagdbomber war als freitragender Mitteldecker mit dreiteiliger Tragfläche in Ganzmetallbauweise ausgeführt. Wie bei Trägerflugzeugen üblich, waren die Außenflügel nach oben automatisch klappbar. Dadurch war die Breite in der Parkposition von rund zwölf auf vier Meter reduziert. Auch ein Fanghaken am Heck sowie Vorrichtungen zur Katapultarretierung gehörten zur trägerspezifischen Ausstattung.

Die Bremsklappen hatten die Hawker-Ingenieure als Doppelspreizklappen konstruiert und mit den Landeklappen kombiniert. Die Querruder fuhren elektrohydraulisch. Auch das freitragende Leitwerk war komplett aus Metall gefertigt. Das Fahrwerk ließ sich hydraulisch einziehen – das Bugrad nach hinten in den Rumpf, das Hauptfahrwerk nach innen in das Mittelstück der Tragfläche.

Das Strahltriebwerk Nene basierte auf einer Entwicklung des englischen Jet-Pioniers Frank Whittle und wurde von Rolls-Royce in Serie produziert. Dabei kam ein Radialverdichter mit zwei Einläufen für eine verbesserte Kompressionsrate und eine erhöhte Schubkraft zum Einsatz. Es hatte neun Brennkammern und eine einstufige Axialturbine. Bei den deutschen Sea Hawks kam die Version Nene 103 zum Einbau mit einem Schub von 23,1 Kilonewton. Das Tankvolumen betrug 1769 Liter und konnte durch die Montage von bis zu vier Zusatztanks mit jeweils 409 Litern erweitert werden.

Bewaffnet waren die Jagdbomber mit vier Maschinenkanonen Hispano Mk 5 im Kaliber 20 Millimeter. 200 Schuss Munition befanden sich an Bord. Angeordnet waren sie im vorderen Rumpfbereich unterhalb des Cockpits. Unter den Tragflächen konnten vier 227-Kilogramm-Sprengbomben oder 20 HVAR-Raketen im Kaliber 12,7 Zentimeter montiert werden. Erprobt wurde außerdem der Einsatz von Sidewinder AIM-9 Luft-Luft-Raketen sowie einer 70-Millimeter-Luft-Boden-Rakete.

Bereits bei ihrer Einführung war klar, dass es sich bei der Sea Hawk um eine Anfangsausstattung und Zwischenlösung handelte. Ende 1960 hatte sich der Führungsstab der Marine auf die F-104G Starfighter als Nachfolger festgelegt und ab dem 1. Oktober 1963 begann beim MFG 1 die Umrüstung auf dieses Modell. Dieser Prozess war am 30. Juni 1965 abgeschlossen, die freigesetzten Sea Hawks übernahm das MFG 2. Hier war die Umstellung auf den Starfighter bis Ende 1966 vollzogen und damit das Sea-Hawk-Kapitel endgültig geschlossen. Exakt 25 464 Flugstunden lautet ihre stolze Bilanz.

Die meisten der britischen Kampfjets wurden verschrottet, 20 hingegen an die Marine Indiens verkauft. Das führte zu einem handfesten politischen Skandal, als sie 1965 im Indisch-Pakistanischen Krieg scharfe Einsätze flogen. Für das indische Militär baute Armstrong Whitworth 1961 nochmals eine

Sea Hawk mit ihrem umfangreichen Waffenarsenal.

Tranche von 14 Exemplaren der bereits stark betagten Konstruktion. Bis 1983 fanden sie hier Verwendung. Die Sea Hawks der britischen und niederländischen Marineflieger waren bereits zu Beginn der 60er-Jahre aus dem Dienst genommen worden.

Technische Daten der Hawker Mk 100/101 Sea Hawk

Hersteller	Armstrong Whitworth
Ursprungsland	Großbritannien
Erstflug	2. September 1947
Produktionszeit	1950 bis 1961
Stückzahl gesamt	542
Bundesmarine	68
Besatzung	1
Länge	12,09 m
Höhe	2,98 m
Spannweite	11,89 m
Rumpfbreite	4,04 m (Tragflächen gefaltet)
Leergewicht	4208 kg
Startgewicht	7327 kg
Triebwerk	1 x Rolls-Royce Nene 103
Leistung	23,134 kN
Höchstgeschwindigkeit	964 km/h = Mach 0,83
Steigrate	28,95 m/s
Reichweite	770 km
Dienstgipfelhöhe	13 500 m
Startstrecke	1147 m
Landestrecke	1143 m
Bewaffnung	4 x Kanonen Hispano Mk 5, 20 mm 4 x 227-kg-Bomben 20 x 12,7-cm-Raketen HVAR 2 x Sidewinder

Verborgene Qualitäten der unscheinbaren Französin

Fouga CM 170 Magister

Unscheinbare Erscheinung: Fouga Magister in Parkposition am Rande des Rollfelds.

Dieser kleine Unterschalljet führte bei den Marinefliegern ein ähnlich unaufgeregtes Dasein wie die Pitschi oder die Sycamore. Deutlich mehr Strahlkraft in der öffentlichen Wahrnehmung hatten die Starfighter und zuvor die Sea Hawks. Doch die Piloten, die sie geflogen haben, schwärmen bis heute von der Fouga CM 170 Magister.

Flottillenadmiral a.D. Kurt Ziebis hatte als Jet-Flieger der ersten Generation auf der Sea Hawk, wie im vorherigen Kapitel berichtet, reichlich Erfahrungen gesammelt und schulte 1964 auf das Waffensystem Starfighter um. Mit der Magister verbinden ihn nicht nur 1500 Flugstunden, unter anderem als Testpilot und Fluglehrer, sondern auch eine tiefe Wertschätzung für die unscheinbare Französin. „Ich habe die Magister ausgesprochen gern geflogen", erklärt er. „Nichts an ihr war kompliziert. Sie hat einfach Spaß gemacht. Easy Flying. Sogar auf Graspisten konnte man den Vogel starten und landen."

Ab Januar 1961 fand die Ausbildung der Marinefliegeranwärter aus Kostengründen nicht mehr in den USA statt, wurde stattdessen von der Luftwaffe vorgenommen. Jeder angehende Jetpilot hatte also zwangsläufig bei der Flugzeugführerschule A in Landsberg seine ersten fliegerischen Schritte bei strahlgetriebenen Flugzeugen im Cockpit der CM 170 zu meistern. Das Pensum belief sich auf 130 Flugstunden.

In vielerlei Hinsicht war die Fouga ein ideales Trainingsflugzeug. „Kein hochgezüchteter Kampfjet, ausgereizt bis ins letzte technische Detail", sagt der pensionierte Flottillenadmiral. „Bedingt durch die doppelte Triebwerkausführung und die dicht beieinander angeordneten Turbinen erreichte man ein Höchstmaß an Betriebssicherheit. Bei der Gestaltung des Cockpits hatten die Konstrukteure auf Einfachheit und Übersichtlichkeit geachtet. Man konnte in dieser gutmütigen Maschine kaum etwas verkehrt machen. Schwächen hatte sie eigentlich nur beim Spin, also wenn sie gewollt oder unkontrolliert nach einem einseitigen Strömungsabriss in einer steilen Spirale nach unten durchging. Sie aus dieser Trudelbewegung wieder herauszuholen, bedurfte einer gewissen Kaltblütigkeit und fliegerischer Erfahrung. Diese Eigenschaft trübte den ansonsten so tadellosen Ruf der Magister."

Mehrere Monate lang war Kurt Ziebis selbst Ausbilder an der Flugzeugführerschule A. An Schwierigkeiten mit der CM 170 kann er sich dabei nicht erinnern. Einzig an das Problem der korrekten Ansprache eines Hochadligen, wie er lächelnd erzählt: „Einer unserer Anwärter war Wilhelm Prinz von Hessen und im Kreise der Ausbilder diskutierten wir kontrovers, wie wir unseren blaublütigen Zögling denn anreden sollten. Majestät, eure Hoheit, Herr Leutnant ... Ein Kamerad von der Royal Air Force fand die Lösung mit trockenem britischen Humor: ‚I'll call him Willy!' So hat er es dann auch gemacht."

Waffentraining über See

In den beiden Marinefliegergeschwadern 1 und 2 kam die Fouga CM 170 Magister als Verbindungsflugzeug und Übungsmaschine in unterschiedlichen Anwendungsbereichen flexibel zum Einsatz.

So musste jeder Jetpilot jährlich verschiedene Checkflüge zum kontinuierlichen Nachweis seiner Kenntnisse und Fähigkeiten absolvieren: Instrumenten-, Navigations- und Nachtflüge. Sie stand zur Verfügung, wenn spezielle Technik erprobt wurde, die Flugzeugführer bestimmte Manöver trainieren oder gezielt Flugpraxis sammeln wollten.

Die Flugeigenschaften des Jettrainers waren gutmütig und fehlerverzeihlich.

Eine wichtige Rolle spielte die Magister bei der Waffenausbildung. Entgegen der französischen Basisversion, die über zwei in der Nase des Rumpfs angeordnete Maschinengewehre mit jeweils 200 Schuss 7,5-Millimeter-Munition im Gurt verfügte, waren die CM 170 unbewaffnet. Bevor die Jetpiloten auf

Der Helm des Piloten wird mit der Bordsprechanlage verkabelt.

Die Maschine ist startklar, die Piloten offensichtlich noch nicht, wie die beiden Helme auf der Tragfläche verdeutlichen.

der F-104G mit ihrem Standardraketensystem, der AS-20 und der weiterentwickelten AS-30 trainieren konnten, wurde mit der CM 170 geübt. Das geschah im Schießgebiet Schönhagen in der Ostsee südlich von Schleimünde, wo eine schwimmende Pyramide das Ziel darstellte.

„Dabei handelte es sich um Lenkwaffen französischer Herkunft zur Seezielbekämpfung, die vom Starfighter-Piloten mit einem kleinen Steuerknüppel ins Ziel gelenkt wurden", erklärt der ehemalige Offizier das System. „Zum Üben mit der Magister verwendeten wir die drahtgelenkten und deutlich kostengünstigeren AS-12-Trainingsflugkörper, die an ihren Underwing-Hard-Points montiert waren. Ich erinnere mich, dass ich einmal zwölf solche Flüge an einem Tag gemacht habe. Dabei fiel mir die gesamte fliegerische Arbeit zu, damit sich der Schüler ausschließlich auf das Zielen und Feuern konzentrieren konnte."

Während der Übungsflüge saß der Fluglehrer im hinteren Cockpit, der Schüler war vorn platziert und hatte ein freies Gesichtsfeld auf das Geschehen vor und neben ihm. Da die Sicht im achterlichen Cockpit dadurch in Teilen eingeschränkt war, gab es hier – wie in einem U-Boot – ein Periskop für einen erhöhten Vorausblick. „Die Steuerung mit Knüppel und Pedalen war leichtgängig und harmonisch, auch hatte die Maschine eine hohe seitliche Stabilität im Flug", so die Erfahrungen von Kurt Ziebis. „Und auch am Boden war die Magister eine wahre Freude: Die Kameraden von der Technik konnten einen kompletten Wechsel beider Triebwerke in deutlich unter einer Stunde durchführen. Besondere Charakerististika waren das V-förmige Leitwerk und der extrem unangenehm hohe Pfeifton der Triebwerke, der ihr in der Truppe den wenig schmeichelhaften Namen Rattentöter bescherte."

Die Tiptanks an den Flügelenden werden mit Treibstoff befüllt.

Bekannt war die CM 170 für ihre herausragenden Kunstflugeigenschaften. Im Ausbildungsbetrieb konnten mit ihr sicher Manöver trainiert werden, die bei den späteren Einsatzmaschinen schon hart am Limit gelegen hätten. Die Luftwaffe verfügte zu Beginn der 60er-Jahre gleich über zwei Kunstflugteams, die mit ihren fliegerischen Fähigkeiten auf den seinerzeit angesagten Airshows zu beeindrucken wussten. Sie waren auch auf dem legendären Flugtag in Jagel dabei, wo bekanntermaßen die Fliegenden Fische ihren großen Auftritt hatten. Kurt Ziebis: „Das ACRO-Team, das Kunstflugteam der Flugzeugführerschule A, verzauberte mit seinen fünf Fouga Magister die Zuschauer am Boden. Und die waren höchst erstaunt, was man – mit scheinbar spielerischer Leichtigkeit – alles aus dem kleinen Jet herausholen konnte. Es war eine perfekte Vorstellung."

Der Flottillenadmiral a.D. kann übrigens von sich behaupten, der einzige deutsche Pilot zu sein, der jemals mit einer Fouga Magister auf einem Flugzeugträger gelandet ist. Und diese Story geht so: Anlässlich des 75. Jubiläums der deutschen Marineflieger hatte er als damaliger Kommandeur der Marineflieger seinen französischen Amtskollegen von der Aéronautique Navale zu Gast. Vizeadmiral Guirec Doniol reagierte im Folgejahr mit einer Gegeneinladung auf den Flugzeugträger „Foche". Mit einer Do 28 flog Kurt Ziebis nach Toulon, mit dem Hubschrauber ging es an Bord.

„Abends beim Dinner fragte der Gastgeber mich: ‚Du kennst dich doch mit der Magister aus, hast du Lust auf einen kleinen Hopp morgen?' und ich sagte ‚Anytime' zu ihm", erzählt Kurt Ziebis. „Nach einem kurzen Briefing im Ready Room des Flugzeugträgers schoss man uns mit dem Katapult vom Flugdeck. Jeder für sich in einer CM.175 Zéphyr, der navalisierten Variante für den Trägereinsatz. Es wurde ein faszinierender Trip entlang der Küste und dann im Tiefflug übers Mittelmeer."

Ende und Start einer Karriere

Nachdem die Ausbildung der künftigen Starfighter-Piloten ab 1964 wegen der dort herrschenden stabileren Wetterlagen in die Vereinigten Staaten zurückverlegt worden war, begann die Zeit für die Magister abzulaufen. Auch technisch waren sie hinsichtlich der Avionik und der Waffensysteme vom Fortschritt eingeholt worden. Nach fast exakt zehn Jahren endete die Karriere der Fouga CM 170 Magister 1969 bei den Marinefliegern.

Die Karriere von Kurt Ziebis nahm zu diesem Zeitpunkt als Staffelkapitän der 2. Staffel des MFG 1 indes erst richtig Fahrt auf. 1968 wurde er Kommandeur der fliegenden Staffel beim MFG 2, war zwei Mal jeweils drei Jahre lang im Verteidigungsministerium in Bonn tätig, zwischenzeitlich Chef des Stabes der Marinefliegerdivision, und er studierte am US Naval War College in den Vereinigten Staaten. Anschließend war er Stabschef beim Flottenkommando in Glücksburg und beendete seine eindrucksvolle Karriere im Rang eines Flottillenadmirals als Kommandeur der Marinefliegerdivision.

„Fünf Jahre lang war ich Chef der Marineflieger, am 1. April 1992 war Schluss", blickt

Kurt Ziebis hat 1500 Flugstunden auf der Magister absolviert und wurde als Kommandeur der Marineflieger 1992 im Rang eines Flottillenadmirals pensioniert.

Charakteristisch: das V-förmige Schmetterlingsleitwerk.

Kurt Ziebis zurück. „Mit einer Do 28 flog ich nach Köln-Wahn zu einem Verabschiedungsessen mit dem damaligen Verteidigungsminister Gerhard Stoltenberg. Ich bekam meine Urkunde und flog zurück. Das war's, vollkommen unspektakulär."

Seit diesem Tag hat er nie wieder am Steuerknüppel eines Flugzeugs gesessen: „Vier Jahrzehnte lang konnte ich meine Leidenschaft für das Fliegen nahezu grenzenlos in den denkbar schönsten Flugzeugtypen ausleben und wurde dafür noch bezahlt. Warum hätte ich anschließend viel Geld für die Fliegerei bezahlen sollen? Nein, ich bin rundum zufrieden mit dem, was mir die Marineflieger alles geboten haben. Das reicht vollkommen."

Cockpitansichten – links für den Flugschüler, rechts für den Ausbilder mit dem Okular des Periskops.

Fouga CM 170 Magister: Technik und Geschichte

Die Entwicklung dieses zweistrahligen Jets ist eine Weiterentwicklung des 1949 präsentierten französischen Turbinenmotorseglers CM 8-R13. Verantwortlich zeichnete dafür das 1920 in Béziers gegründete Unternehmen Fouga, das sich seit 1936 im Flugzeugbau etabliert hatte. Federführend waren die Konstrukteure Robert Castello und Pierre Mauboussin, auf die das Kürzel CM in der Typbezeichnung zurückgeht.

Im Juni 1951 erteilte die französische Luftwaffe, die Armée de l'air, den Konstruktionsauftrag für drei Prototypen und war bei der ersten Leistungsdemonstration am 23. Juli 1952 beeindruckt von dem Ergebnis. Nach Optimierungen entstand zunächst eine Kleinserie von zehn Maschinen. Im Frühjahr 1956 lief die Serienfertigung, für die Fouga 1953 in Toulouse-Blagnac ein neues Werk errichtet hatte, an und die ersten von zunächst 95 Exemplaren für die Armée de l'air wurden an die Pilotenschule in Salon-de-Provence ausgeliefert.

Zeitgleich gaben die französischen Marineflieger eine navalisierte Version für den Einsatz auf Flugzeugträgern in Auftrag.

Die Endmontage der deutschen Lizenzversion der Magister fand bei Messerschmitt in München-Riem statt.

Fouga lieferte zunächst die beiden Prototypen CM.170M Magister, anschließend unter der Bezeichnung CM.175 Zéphyr eine Serie von 30 Maschinen.

Mit der Magister stieß Fouga in eine Marktnische. In vielen Ländern machten die Luftstreitkräfte bittere Erfahrungen mit den Kampfjets der ersten Generation. Es ereigneten sich viele Unfälle aufgrund von Pilotenfehlern und technischen Problemen. Gefragt war ein gutmütiges Trainingsflugzeug. Und exakt das konnten die Franzosen liefern. Es folgten Exportaufträge von 17 Nationen.

Ausgewogene Technik

Die Fouga CM 170 Magister war als freitragender Mitteldecker mit einem einholmigen Ganzmetallflügel konzipiert. Der Zweisitzer verfügte über servobetätigte Querruder mit automatischen Trimmklappen, hydraulischen Landeklappen zwischen Querruder und Rumpf sowie einfahrbare Bremsklappen auf der Flügelober- und -unterseite. Der ovale Ganzmetallrumpf entstand in Halbschalenbauweise, das freitragende, 110 Grad gespreizte V-Leitwerk in einholmiger Ganzmetallbauweise. Das Fahrwerk war einziehbar. Dabei ließen sich die Haupträder hydraulisch bremsen, das Bugrad war steuerbar.

Zwei Turboméca Marboré II A-Strahltriebwerke hatten die Fouga-Ingenieure nahe der Mittelachse des Luftfahrzeugs angeordnet. So konnte der asymmetrische Schub auf ein Minimum reduziert werden. Sie hatten ein gemeinsames Kraftstoffsystem, verfügten jedoch über unabhängige Ölsysteme. 730 Liter betrug das in zwei im Rumpf angeordneten Tanks mitgeführte Kraftstoffvolumen. Zur Erhöhung der Reichweite konnten zusätzlich zwei Flügelendtanks mit jeweils 125 Litern Fassungsvermögen montiert werden.

In der als Doppelsitzer konzipierten Maschine saßen Pilot und Flugschüler hintereinander. Die geräumige klimatisierte Druckkabine hielt für beide Piloten eine unabhängig regulierbare Sauerstoffversorgung vor. Steuerung, Anzeigen und Bedienelemente waren doppelt vorhanden. Die Cockpitelektronik entsprach den geforderten NATO-Standards.

Optisch kamen die Magister in naturbelassener Alu-Farbgebung daher. Einige wenige wurden gelb lackiert, damals die Farbe für die Trainingsmaschinen in der Anfängerschulung. Erst ab Mitte der 60er-Jahre wurde ein Tarnanstrich eingeführt.

Schleudersitze verworfen

Zur Erhöhung der Sicherheit erteilte das Verteidigungsministerium 1964 den Auftrag, eine Durchführbarkeitsstudie für den Einbau von Schleudersitzen durchzuführen. Zwei speziell auf die Magister zugeschnittene

Schnittmodell des Turboméca Marboré II-Triebwerks.

Sitze vom Typ Martin-Baker Mk-GZ4 kamen zum Einbau. Die Flug- und Abschusstests verliefen erfolgreich, ebenso die Schlussabnahme. Trotzdem wurde das geplante Einbauprogramm nicht realisiert, da die notwendigen Haushaltsmittel vor dem Hintergrund der anstehenden Ausmusterung der Maschinen nicht bereitgestellt wurden.

Die Bundeswehr erhielt zwischen 1957 und 1963 insgesamt 234 dieser Jets mit dem markanten Schmetterlingsleitwerk. Sie ersetzte bei der Ausbildung von Jetpiloten der Luftwaffe die einmotorige, noch mit einem Kolbentriebwerk versehene Havard Mk IV. Die ersten beiden Magister liefen der Flugzeugführerschule A in Landsberg am 28. Mai 1957 zu. Von 1960 bis 1965 nutzte die Waffenschule der Luftwaffe 50 ein Dutzend der französischen Jettrainer, ebenso die Aufklärungsgeschwader 53 und 54.

In der zweiten Jahreshälfte 1959 stießen die ersten fünf Magister zu den Marinefliegergeschwadern 1 und 2. Vier weitere folgten im November 1961. Sie trugen die Kennungen SC+601 bis SC+609. Um weitere vier Flugzeuge wuchs der Bestand 1964 an. 1965 wurden zwei CM 170 mit der Flugzeugführerschule A getauscht, zwei weitere kamen im Jahr darauf hinzu. Bis zur Ausmusterung 1969 flogen 17 Magister bei den Marinefliegern. Dabei kamen beim MFG 1 insgesamt 7300 Flugstunden zusammen, beim MFG 2 waren es exakt 6233.

Zwei gingen bei schweren Unfällen verloren, bei denen jeweils beide Insassen ums Leben kamen. Eine dritte wurde bei einem Bodenunfall irreparabel beschädigt. Insgesamt hat die Bundeswehr 20 Fougas durch Unfälle verloren, wobei 23 Piloten getötet wurden.

Werbeanzeige für Martin-Baker-Schleudersitze, die bei den CM 170 zwar erprobt wurden, aber nicht zum Einbau kamen.

Bereits Mitte der 60er-Jahre begann die Luftwaffe mit dem Abbau ihrer Magister-Flotte, zumal Ende 1966 die Flugzeugführerschule A aufgelöst wurde. 1967 war der Prozess abgeschlossen. Andere NATO-Streitkräfte sowie die algerische Luftwaffe übernahmen einen großen Teil der Maschinen. Einige wurden zu einem symbolischen Preis von einer D-Mark an Aero-Clubs abgegeben oder zum Kilopreis von 53 Pfennigen an einen Schrotthändler verkauft.

Lizenzbauten

Lediglich die ersten 40 Exemplare des Zweisitzers produzierte Fouga in Toulouse, die übrigen 194 entstanden in Deutschland. Für den Lizenzbau der Fouga Magister gründeten 1956 zwei traditionsreiche deutsche Luftfahrtunternehmen, die Messerschmitt AG und die Ernst Heinkel Flugzeugwerke, die Flugzeug-Union Süd GmbH, kurz als FUS bezeichnet. Heinkel in Speyer stellte den Flügel, das V-Leitwerk und den Rumpfbug her. Die Rümpfe entstanden bei Messerschmitt in Augsburg. Die Endmontage erfolgte zwischen 1958 und 1961 auf der Messerschmitt-Werft in Riem. Hier wurde auch die Wartung aller damaligen Trainer der Bundeswehr durchgeführt, neben der Magister die North American T-6 und die Lockheed T-33.

Weitere Lizenzbauten der Magister wurden bei Valmet in Finnland und von der Israel Aircraft Industries hergestellt. Hier kamen die CM 170 während des Sechstagekriegs zu einem scharfen Waffeneinsatz. Eingesetzt zur Unterstützung des israelischen Vorstoßes auf der Sinai-Halbinsel, schossen sie über 120 jordanische Panzer und gepanzerte Fahrzeuge ab. Sieben Maschinen, die in Israel die Bezeichnung Tzukit trugen, gingen während des Konflikts verloren.

Die Magister-Produktion endete 1962 in Frankreich und 1967 in Finnland. Während die meisten Streitkräfte ihre Jettrainer spätestens in den 80er-Jahren aus dem Dienst genommen hatten, waren sechs Fouga CM 170 Magister noch bis 1999 bei der irischen Luftwaffe im Einsatz.

Hersteller Fouga wurde im Mai 1958 von Potez übernommen, die später in den Unternehmen Sud-Aviation, Aérospatiale, EADS und Airbus aufging. So steht die quirlige kleine Französin mit dem schicken Schmetterlingsleitwerk heute in einer Ahnenreihe mit den modernen Luftfahrzeugen des Global Players Airbus.

Technische Daten der Fouga CM 170 Magister

Hersteller	Potez-Air Fouga/Flugzeug-Union Süd
Ursprungsland	Frankreich/Deutschland
Erstflug	23. Juli 1952
Produktionszeit	1956 bis 1967
Stückzahl gesamt	929
Bundeswehr	234
Bundesmarine	17
Besatzung	2
Länge	10,06 m
Höhe	2,80 m
Spannweite	12,14 m
Leergewicht	1936 kg
Startgewicht	3160 kg
Triebwerk	2 x Turboméca Marboré II A-Strahltriebwerke
Leistung	2 x 3,9 kN
Höchstgeschwindigkeit	740 km/h
Reisegeschwindigkeit	547 km/h
Steigrate	14,66 m/s
Reichweite	1180 km
Dienstgipfelhöhe	12 200 m
Startstrecke	550 m
Landestrecke	820 m
Bewaffnung	2 x Maschinengewehr 7,5 mm optional: verschiedene Bomben und Raketen zu Übungszwecken

Einsitzig, einstrahlig, einzigartig

Lockheed F-104G Starfighter

Mit 800 Stundenkilometern im Tiefflug, dann steil mit Mach 2 in den Himmel – wen wundert es, dass die ehemaligen Starfighter-Piloten noch heute von dem „rasenden Bleistift" schwärmen?

In der Öffentlichkeit ist das Ansehen des Starfighters auch nach fünf Jahrzehnten nachhaltig beschädigt. Wer selbst hinter seinem Steuerknüppel saß, der hat oftmals eine andere Meinung von dem legendären Überschalljet. Männer wie Fregattenkapitän a.D. Wulf Beeck: „Mich hat die Maschine vom ersten Anblick an fasziniert. Eine Leidenschaft, die bis heute anhält. Ihre spektakuläre Optik mit dem gestreckten, lanzendünnen Rumpf, den winzigen Stummeltragflächen und dem elegant geschwungenen Leitwerk. Schon am Boden vermittelte sie einen Eindruck davon, was sie in der Luft zu leisten vermochte."

Das Licht der Welt erblickte Wulf Beeck 1939 auf Rügen. 1946 in den Westen geflohen, wuchs er in Celle auf und entdeckte hier schnell seine Leidenschaft fürs Fliegen. Kaum ein Tag, den der Jugendliche nicht auf dem Segelflugplatz verbrachte. Er machte alle erdenklichen Lizenzen. 1956 begann er im Alter von 17 Jahren mit der Motorflugschulung – erst auf einer de Havilland D.H.82 Tiger Moth, danach mit der Bücker 181 Jungmann, auf verschiedenen Cessna-Modellen und auf der legendären Do 27 bei der Luftwaffen-Sportfluggruppe in Fassberg. Bei der Hamburg-Amerika-Linie fuhr er zur See, wollte eigentlich Kapitän werden. Doch 1965 wechselte er zur Bundesmarine, durchlief die Pilotenausbildung in den USA und flog fortan beim MFG 2 die F-104G.

Das war zu einer Zeit, als der Jet bundesweit für Negativschlagzeilen sorgte. Bis zur Ausmusterung des letzten Bundeswehr-

Abgesang: F-104G des MFG 2 im Formationsflug anlässlich ihrer Außerdienststellung.

Starfighters gingen von 916 beschafften Maschinen exakt 269 durch Abstürze verloren, wobei 116 Piloten ihr Leben verloren. Bei den Marinefliegern stehen bei weit über 300 000 geleisteten F-104G-Flugstunden 47 der Jets auf der Verlustliste. 22 Offiziere des fliegenden Personals starben dabei. Wulf Beeck hat auf diese Weise eine ganze Reihe von liebgewonnenen Kameraden verloren. Auch den wohl berühmtesten auf der Liste der Verunglückten, der darin den 57. Platz einnimmt: Oberleutnant zur See Joachim von Hassel, der Sohn des damaligen Bundestagspräsidenten und ehemaligen Verteidigungsministers.

„An diesem unseligen 10. März 1970 flogen wir gemeinsam in einer Dreierformation rund um Dänemark – ich war der Rottenführer, Joachim war mein Flügelmann", erinnert er sich an die damaligen Ereignisse. „Wir sollten Luftkampfprocederes trainieren. Nach unserem Start in Eggebek löste sich Oberleutnant zur See von Hassel aus unserem Trio und übernahm die Rolle des Angreifers. In der Folge tauchte er zwei Mal wie aus dem Nichts auf und simulierte eine Attacke, während mein Flügelmann und ich die vielfach geübten Ausweichmanöver flogen. Alles lief bestens."

Auf dem Rückflug bekam Wulf Beeck Schwierigkeiten mit dem Seitenruder. Sein Vogel ließ sich nicht mehr richtig steuern,

Bis heute ist Fregattenkapitän a.D. Wulf Beeck von der F-104G geradezu besessen. Seine Erlebnisse mit ihr hat er als Autor mehrerer Bücher publiziert.

Bei dieser Landung 1967 brach das Bugfahrwerk.

machte unangenehme Bewegungen um die Hochachse: „Jochen setzte sich ganz dicht hinter meine Maschine und meldete, dass mein Seitenruder in einem gleichmäßigen Rhythmus nach links und rechts ausschlägt. Beim Tower Eggebek meldete ich eine direkte Landung an, verzichtete auf die übliche Platzrunde."

Mysteriöser Absturz

Der 24-jährige Oberleutnant zur See Joachim von Hassel startete dann routinemäßig durch und wurde vom Radar Eggebek in eine GCA-Platzrunde geführt, ein radargelenktes Blindlandeverfahren. Nach Wulf Beecks Erinnerung bestätigte er die erste Kursänderung zum Querabflug 90 Grad und führte diese auch wie instruiert aus: „Die zweite vom Bodenradar angegebene Kursänderung zum Parallelflug Richtung Flensburg hat er zwar eingeleitet, aber nicht bestätigt. Er rollte aus dieser Kurve nicht in die angegebene Richtung von 10 Grad aus, sondern flog weiter in einer langgezogenen Linkskurve, in der er schließlich Höhe verlor und in einem kleinen Waldstück verunglückte."

Davon bekam Wulf Beeck nichts mit. Er legte mit seinem beschädigten Starfighter eine Bilderbuchlandung hin, machte die üblichen Routinechecks und ließ sich zurück zum Staffelgebäude bringen. „Dort fragte mich der Staffel-Einsatzoffizier, wo ich denn Joachim gelassen hätte. Etwas verblüfft antwortete ich, er wäre noch im GCA. Er müsste aber gerade landen oder bereits gelandet sein. Im

Bruchlandung mit defektem Hauptfahrwerk. Der Bremsfallschirm war aktiviert.

selben Augenblick kam die traurige Nachricht, man habe soeben einen Anruf erhalten, dass er in ein kleines Waldstück bei Sörup gestürzt sei. Ein Landwirt, der unmittelbar Zeuge des Unglücks wurde, hatte das Geschwader gerade telefonisch informiert. Das alles passierte 20 Minuten nach meinem Aufsetzen."

Der damalige Oberleutnant zur See lebte mit seiner Frau, wie viele andere Piloten auch, in Tarp in der Flensburger Straße. Ebenso Joachim von Hassel mit seiner Familie. „Der Wagen mit dem Kommodore, Staffelchef und Fliegerarzt fuhr bei seiner Wohnung vor. Etliche Ehefrauen, die den Parkplatz zwischen den drei Wohnblöcken übersehen konnten, sahen mit an, wie der Wagen unverrichteter Dinge wieder vom Hof fuhr. Elke von Hassel war nicht zu Hause. Die Fernsprechleitungen im Ort und zum Teil sogar ins und aus dem Geschwader liefen, trotz Telefonierverbots, in solchen Situationen heiß. Der Wagen kam geraume Zeit später zum zweiten Male vorgefahren. Elke war inzwischen wieder in ihrer Wohnung und nahm die schreckliche Nachricht vom Tod ihres Mannes entgegen."

Bereits etwa eine halbe Stunde später tauchten die ersten Pressevertreter an der Wohnung auf. Wulf Beeck und seine Kameraden wurden noch in der Staffel darüber informiert, dass Fotografen versuchten, sogar über ein Kellerfenster in die Hassel'sche Wohnung zu gelangen: „Als wir mit mehreren Pilotenkameraden an der Wohnung ankamen, gab es fast Prügeleien mit den Reportern.

Letztlich konnten wir Schlimmeres verhindern. Der Medienrummel war gewaltig, vieles wurde anschließend verfälscht oder aufgebauscht wiedergegeben. Ich habe viele Kameraden während meiner Dienstzeit durch Unfälle verloren, aber der Fall von Jochen war besonders schlimm. Im Zusammenhang mit der Starfighter-Krise und der Rolle seines prominenten Vaters darin war das öffentliche Interesse riesig und entwickelte sich zu einer politischen Schlammschlacht."

Absturz eines doppelsitzigen Trainers TF-104G nach einem Triebwerksausfall unmittelbar nach dem Start. Die beiden Piloten Oberleutnant zur See Otto und Kapitänleutnant Großklos konnten sich mit dem Schleudersitz unverletzt retten.

Als Unfallursache ermittelten die Behörden einen Schwächeanfall Joachim von Hassels, da er vor dem Flug nichts gegessen hatte. Diese Feststellung ist falsch, sagt Wulf Beeck mit Nachdruck: „Ich selber habe zusammen mit Joachim vor unserem gemeinsamen Flug ein zweites Frühstück eingenommen. Wir besprachen dabei bereits erste Einzelheiten über die kommende Mission. Das offizielle Briefing zwischen uns drei Piloten fand unmittelbar danach statt. Ich persönlich habe übrigens meine eigene Theorie darüber, wie und warum der Unfall passiert sein könnte. Allerdings bin ich bis zum heutigen Tage niemals von irgendeiner Stelle dazu befragt worden. Dabei war ich derjenige, der Joachim als Letzter lebend gesehen hat."

Überladen und kompliziert

Was war der Grund für diesen und so viele weitere Unfälle mit der F-104G? Die Erfordernisse für die Einführung und den Betrieb des modernen und komplizierten Hochleistungssystems wurde auf allen Ebenen unterschätzt, so der Tenor aus verschiedenen zeitgenössischen Untersuchungen. Die Umstellung von der Sea Hawk auf die F-104G war für die Piloten und die Techniker am Boden ein Quantensprung, auf den sie unzureichend vorbereitet waren.

Der ursprünglich als Schönwetterjäger ausgelegte Starfighter war in seiner europäischen Version F-104G massiv aufgerüstet, ja

überfrachtet worden. Den Charakter als schneller, agiler Jäger hatte er angesichts der schweren Extraausrüstung eingebüßt. Die komplexe Elektronik und Hydraulik der ohnehin schon radikalen Konstruktion bedurfte intensiver Wartung und hoher fachlicher Kompetenz. Auch für die Piloten war es eine Herausforderung, die Hightech-Avionik zu beherrschen. Erst recht im Stress während der häufig durchgeführten Tiefflüge oder bei doppelter Schallgeschwindigkeit.

Tausende Seiten von schriftlichen Anweisungen mussten die Pilotenschüler durchackern und beherrschen, bevor sie die F-104G fliegen durften. Im Cockpit mussten sie viele Dutzend Anzeigen gleichzeitig im Blick haben. Die Vorschriften für die Techniker am Boden wogen nahezu drei Zentner. Die Gründe für die vielen Abstürze waren vielfältig, aber immer auf technisches oder menschliches Versagen zurückzuführen. Andere NATO-Länder mit weniger überzüchteten Starfightern waren bei weitem nicht in solch hohem Maße von Unfällen betroffen.

Auch Wulf Beeck, der rund 1900 Flugstunden auf dem Hochleistungsjet gemeistert hat, kam zweimal in arge Bedrängnis. In 10 000 Metern Flughöhe in der Deutschen Bucht brach am Schaufelrad vorn im Triebwerk eine Leitschaufel ab und zerstörte die Turbine schlagartig. Dem damaligen Oberleutnant zur See gelang ein fliegerisches Hu-

Betankung während eines NATO-Manövers neben einem Jet der Royal Navy.

Der Pilot bekam, so sagte man damals wegen des engen Cockpits, seinen Starfighter praktisch untergeschnallt.

sarenstück: Trotz der – bedingt durch die extrem kurzen Tragflächen – äußerst schlechten Gleitflugeigenschaften des Starfighters gelang es ihm, die Maschine auf dem Luftwaffenflugplatz in Jever sicher zu landen. Seine umfangreichen Erfahrungen als Segelflieger kamen ihm dabei zugute.

Furche im Asphalt

Anfang 1972 dann die zweite Havarie: Mit zwölf F-104G war Wulf Beeck zum Staffelaustausch von Eggebek nach Lossiemouth in Schottland verlegt worden: „Ich rollte zu einem Übungsflug über den Taxiway Richtung ‚Number One', als es vom Bugfahrwerk spürbar ‚Klonk' machte. Da die Fugen des Taxiways teilweise erhebliche Schäden aufwiesen, machte der Flieger bei jedem Überrollen solch einer Teerfuge einen kleinen Bückling. Ich führte dieses Geräusch auf ein etwas härteres Eindrücken des Federbeines bis an seinen Anschlag zurück. Ich war absolut sicher, dass das Federbein genug Druck hatte, da ich es beim Walk Around vorschriftsmäßig geprüft hatte."

Zwei F-104G leiten den Tiefflug ein.

„NAVY 104, cleared for Take-off", so der Funkspruch vom Tower ... und schon düste er los. In dem Moment, als Wulf Beeck die Nase zum Abheben hochzog, machte es noch einmal „Klonk", berichtet er: „Diesmal allerdings wusste ich, dass das nicht normal war. Ich fuhr das Fahrwerk nicht ein und nahm den Nachbrenner raus, um nicht zu schnell zu werden. Da meldete sich auch schon der Tower: NAVY 104, something fell off your airplane. We are checking ..."

Er fuhr die Klappen auf Landestellung, legte den Starfighter in Schräglage und blieb in Runwaynähe. Nur Minuten später kam der Tower wieder: „Sir, you lost your nose wheel." Er flog in Absprache mit dem Tower dicht an dessen Balkongeländer vorbei und tatsächlich, man bestätigte diese Panne visuell – das Bugrad war nicht mehr vorhanden!

„Nun wollte ich mit dem Vogel nicht zu lange in der Gegend herumfliegen, zumal die zugelassene Höchstgeschwindigkeit für ein ausgefahrenes Fahrwerk 240 Knoten betrug", schildert der pensionierte Fregattenkapitän die damalige Situation. „Da die Maschine aber erst bei 196 Knoten abhebt, muss man sehen, dass man die Geschwindigkeit nicht im Handumdrehen übersteigt. Dann würden vermutlich auch noch die Klappen der Fahrwerkschächte wegfliegen ..."

Nach der Emergency Procedure ging er mit vollen Landeklappen in eine 60-Grad-Links-

Ausgelöster Martin-Baker GQ 7A, ein Schleudersitz der zweiten, deutlich sichereren Generation.

kurve und zündete wie vorgesehen den Nachbrenner. In dieser Konfiguration brauchte es nur rund zehn Minuten, bis so viel Kraftstoff verbrannt war, dass der Jet ein sicheres Landegewicht erreicht hatte. Die Landung verlief völlig normal, plaudert er lächelnd: „Ich senkte die Nase gaaaanz behutsam zur Landebahn und kam problemlos zum Stehen, schaltete das Triebwerk ab und wartete auf eine Leiter. Jede Menge Blaulichter tauchten rechts und links auf ... Ich stieg normal aus und bewunderte die halb abgewetzte Achse des Bugrades und die lange Furche, die hinter meiner F-104 nun die Startbahn in Lossiemouth zierte. Es brauchte sicherlich etliche Kanister Teer, um die Spur später auszubessern."

Mehr Sicherheit

Problematisch war der Schleudersitz, mit dem der Starfighter zu Beginn werksseitig ausgerüstet war. Das Modell Lockheed C-2 erwies sich bei der Auslösung in geringer Höhe und bei hoher Geschwindigkeit als unfallträchtig. Hinzu kam seine nicht einfache Handhabung in der Stresssituation eines Notausstiegs. Mehrere Todesfälle ließen sich eindeutig auf den C-2 zurückführen. Auf Druck der Flugzeugführer erfolgte ab 1968 die Umrüstung auf den deutlich besser geeigneten Schleudersitz Martin-Baker GQ 7A aus englischer Fertigung. Dieser sogenannte Zero-Zero-Sitz funktionierte bereits bei sehr geringen Geschwindigkeiten und sogar am Boden hervorragend. Die Überlebensrate bei Notfällen schnellte deutlich nach oben.

Zu Beginn der 70er-Jahre gingen die Abstürze bezogen auf die geleisteten Flugstunden deutlich zurück. Verbesserung in der Techniker-Ausbildung, die Optimierung einzelner unfallträchtiger Komponenten sowie eine deutliche Erhöhung der Flugstundenzahl und damit der Pilotenpraxis waren die Gründe dafür. Bei den Marinefliegern kamen eine spezielle Rettungsausrüstung und eine wirkungsvolle Neukonzeption für Luftnotfälle über See hinzu.

Die F-104G allein auf die Abstürze zu reduzieren, würde der Maschine nicht gerecht werden, meint Wulf Beeck. „Die Todesnachrichten waren schrecklich. Aber ich war fest davon überzeugt: Mir kann das nicht passieren, ich lande wieder. Auch meine Kameraden dachten so. Einige von ihnen habe ich verlo-

Demonstration des Waffendisplays beim MFG 2.

ren. Alle paar Monate zog ich die Parade-Uniform an und ging zu einer Beerdigung. Das war tragisch für die Hinterbliebenen – die Witwen und die Kinder. Trotzdem haben wir die Dramatik irgendwie kompensiert in dieser Zeit. Auch wenn man das heute nur noch bedingt nachvollziehen kann."

Kameraausrüstung der Aufklärungsvariante RF-105G.

Adrenalin und Geschwindigkeit

In ganz Europa war der Fregattenkapitän a.D. unterwegs. Norwegen, Schottland, Frankreich ... kaum ein NATO-Flugplatz, auf dem er nicht gelandet ist. Ein typischer Long Range Flight: Freitag nach dem Frühstück im Staffelgebäude in einem Stück nach Decimomannu auf Sardinien. Eindreiviertel Stunden von Eggebek aus. Tankstopp und zweites Frühstück, weiter nach Tanagra in Griechenland. Nach dem Mittagessen im Tiefflug übers Mittelmeer zur Landung in Izmir in der Türkei. Rückflug am darauffolgenden Montag mit einem Tankstopp im italienischen Grosseto.

„Das war ein Leben in Höchstgeschwindigkeit, ein permanenter Adrenalinkick", schwärmt er. „In Zweierformation zum Schiffe-Jagen im Tiefflug über die Nordsee, zum Raketenschießen nach Sylt oder Helgoland. Einmal habe ich in der Bucht von Athen beim mehrfachen übungsmäßigen Überfliegen eines amerikanischen Flugzeug-

Bei den Piloten löste jeder Flug mit dem rasend schnellen Waffensystem einen Adrenalinschub aus.

trägers den internationalen zivilen Luftverkehr lahmgelegt. Irre Zeiten, in denen bei aller Disziplin in der Sache so manches Abenteuer mit dem Starfighter durchlebt wurde. Wir hatten großen Spaß, nahmen unseren Job aber immer ernst."

Nicht eine Minute im Cockpit, in dem der Pilot festgezurrt wie Houdini saß, will Wulf Beeck missen. Eng war es in der schmalen Röhre, knochenhart der Schleudersitz. Alles war spartanisch darin, fühlte sich kompromisslos an. Man war eins mit dem Starfighter, sagt er: „Von null auf tausend in einer knappen Minute und dann weiter über die zweifache Schallgeschwindigkeit hinweg. Wie im Rausch war das. Rechts in der Hand der Steuerknüppel, links der Hebel für den Schub. Ein leichter Druck nach vorne und der Nachbrenner zündete, trat einem gleichzeitig in den Hintern und presste einen in den Sitz. Ja, dieser rasende Bleistift war einzigartig."

Befragt nach einem Resümee sagt Wulf Beeck nach kurzem Nachdenken: „Die F-104G war beherrschbar und zuverlässig. Sie forderte die ganze Aufmerksamkeit des Piloten und verzieh kompromisslos keinen Fehler. Genauso war sie."

Lockheed F-104G Starfighter: Technik und Geschichte

Ab Mitte der 60er-Jahre bildete die F-104 das Rückgrat der Bundesluftwaffe und einer ganzen Reihe von NATO-Staaten in Westeuropa. Im Rahmen der Strategie Massive Retaliation. der Massiven Vergeltung, und später der ihr folgenden abgeschwächten Reaktion Flexible Response trug der Starfighter mit zur Abschreckung und Stabilisierung der Lage im Kalten Krieg bei.

Verantwortlich für die Entwicklung des einstrahligen Kampfjets war die US-amerikanische Lockheed Corporation. Der Chefingenieur des Flugzeugbauers, Clarence Johnson, befragte intensiv Piloten der US Air Force nach ihren im Korea-Krieg gemachten Erfah-

Training am Boden im Simulator.

Wartung der sechsläufigen T171-Gatling-Maschinenkanone.

rungen beim Aufeinandertreffen ihrer North American F-86 und der sowjetischen MiG-15. Die forderten ein kleines, wendiges und einfach zu bedienendes Kampfflugzeug mit hohen Leistungsreserven.

Auf Basis dieser Erkenntnisse entstand binnen eines Jahres der Prototyp Lockheed L-246. Dieser fand das Interesse der US-Militärs, was im März 1953 zu einem Entwicklungsauftrag führte. Bereits am 4. März 1954 flog das erste Exemplar des Starfighters, 1956 lief die Serienfertigung zunächst bei Lockheed, später auch bei kanadischen und europäischen Lizenznehmern an. Er war als reiner Tag- und Abfangjäger konzipiert worden, kompromisslos ausgelegt auf hohe Geschwindigkeit und Steigraten.

Die zweite Jet-Generation

Die Luftwaffe der Bundeswehr befand sich noch inmitten ihrer Aufbauphase, als sie schon Ersatz für die F-86 Sabre suchte. Auch andere NATO-Staaten in Europa hielten Ausschau nach einem Mehrzweckkampfflugzeug, so dass die internationale Luftfahrtindustrie einen lukrativen Großauftrag witterte. Umso größer das Erstaunen in der Fachwelt, als der damalige Verteidigungsminister Franz Josef Strauß nach einem technisch-wirtschaftlichen Vergleich mit anderen Baumustern am 6. November 1958 die Kaufentscheidung zugunsten des Starfighters bekanntgab. Denn einerseits bestand die für europäische Bedürfnisse von Lockheed optimierte Ausführung nur auf dem Papier, auf der anderen Seite hatte sich das Luftfahrzeug bei der US Air Force keinesfalls einen guten Namen gemacht. In den Punkten Reichweite, Flugdauer und Zuladung hatten sich in der Praxis schnell Defizite eröffnet. Hinzu kam die mangelnde Allwetterfähigkeit. Die Amerikaner selbst erwarben keine 300 von insgesamt 2578 weltweit produzierten Starfightern und entfernten diese zügig und enttäuscht aus ihrer Luftflotte.

Für den Bau der Europa-Variante, der F-104G, entstanden unter Federführung des NATO-Starfighter-Management-Office fünf Arbeitsgemeinschaften renommierter europäischer und kanadischer Flugzeughersteller, die von 1961 bis 1972 im Rüstungsverbund insgesamt 1127 Maschinen in den Ausführungen als Jagdbomber, Aufklärer und doppelsitziger Trainer ablieferten.

Die Marineflieger wollten andere Wege gehen. Für den Anfang der 60er-Jahre anste-

Techniker nehmen Checks am Radarsystem in der Bugnase vor.

henden Ersatz der Sea Hawk – sie war von Beginn an als Übergangslösung betrachtet worden – forderte die Marineführung einen zweisitzigen Jagdbomber mit zwei Triebwerken. Gründe dafür waren die besonderen Sicherheitsanforderungen über See sowie die mögliche Arbeitsteilung im Cockpit. Es waren wirtschaftliche und politische Gründe, die dazu führten, dass diesem Wunsch nicht entsprochen und auch die Marineflieger mit dem Starfighter ausgerüstet wurden.

Die Beschaffung des Starfighters, ein milliardenschwerer Rüstungsauftrag, ist bis heute geheimnisumwittert. Rund sechs Millionen D-Mark kostete 1961 eine einzelne Maschine. Der Vorwurf der Korruption wurde laut, konnte bis heute jedoch nicht bewiesen werden. In Zusammenhang mit der hohen Zahl von Abstürzen führte dies zur Starfighter-Krise, in deren Folge Verteidigungsminister Franz Josef Strauß seinen Hut nehmen musste.

Prüf- und Wartungsarbeiten an den Tragflächen und am Fahrwerk.

Geliebt und gefürchtet

Lockheed F-104G Starfighter

MARINE
MARINE
MARINE
26 81

Unmittelbar vor dem Start des zweisitzigen Trainers TF-104 G.

Filigrane Konstruktion

Lockheed hatte die gesamte Konstruktion des Starfighters auf Aerodynamik und Gewichtsersparnis ausgelegt, um im Überschallbereich auch die letzte Leistungsreserve herauszukitzeln. Die Tragflächen waren so dünn wie möglich ausgelegt und äußerst kurz gehalten. So blieb kein Platz für die Aufnahme von Fahrwerk und Tanks, die stattdessen im hinteren Teil des Rumpfes Platz fanden. Um Verletzungen vorzubeugen, musste das Bodenpersonal nach der Landung sofort Gummileisten über den scharfen Tragflächenkanten anbringen. Auch das lange und schmale Rumpfsegment trug zur Verringerung des Luftwiderstands bei. Daraus resultierte eine hohe Landegeschwindigkeit, die durch zwei großdimensionierte einteilige Landeklappen wirksam reduziert wurde. Rumpf, Tragflächen sowie Seiten- und Höhenleitwerk waren aus Leichtmetall gefertigt.

Zunächst kam für den Antrieb ein Axialverdichter-Turbinentriebwerk mit verstellbaren Leitschaufeln und Nachbrenner vom Typ J79-GE-11A von General Electric zum Einsatz. Abgelöst wurde es 1979 durch das von MTU optimierte Strahltriebwerk GE-MTU J79-J1K. Als Problem erwies sich dabei das geringe interne Tankvolumen, das lediglich für eine Reichweite von 670 Kilometern ausgelegt war. Durch das Anbringen von Zusatztanks ließ sich die zu durchmessende Distanz zwar auf bis zu 1740 Kilometer ausweiten, was sich aber negativ auf die Geschwindigkeit und die Manövriereigenschaften auswirkte.

Die Avionik der F-104G war hochmodern und richtungsweisend. Der Flugzeugführer konnte auf ein boden- und wetterunabhängiges Navigationssystem zurückgreifen, in das auch der Waffeneinsatz komplett integriert war. Die elektronischen Waffenleit-, Navigations- und Funkanlagen bildeten zusammen mit dem IFF-System und der Flugregelanlage eine Einheit.

Bewaffnet war die F-104G mit einer sechsläufigen T171-Gatling-Maschinenkanone, die unter dem Cockpit links rumpfbündig positioniert war. Sie feuerte mit einer Kadenz von 4000 Schuss pro Minute. In der Aufklärervariante RF-104G gab es statt der 20-Millimeter-Kanone einen Kamerasatz. Sie wurde später durch die modernere M61A-1 ersetzt. An den fünf Flügel- und Rumpfstationen konnten maximal 2200 Kilogramm Außenlasten angebracht werden. Dabei erstreckte sich das Waffenspektrum von einfachen Bomben über Lenkflugkörper und Raketen bis hin zu thermonuklearen Bomben. Letztere wurden bei der Luftwaffe unter strenger Aufsicht der US Army vorgehalten, spielten bei der Marine aber keine Rolle.

Im Einsatz über See

Im Frühjahr 1963 begann beim MFG 1 in Jagel die Umrüstung auf das Waffensystem Starfighter. Das MFG 2 in Eggebek übernahm im März 1965 seine erste F-104G, wenig später auch den Aufklärer RF-104G und den zweisitzigen Trainer TF-104G. Ihr operativer Auftrag war im Konfliktfall die Sicht-, Radar- und Fotoaufklärung als Basis zur Erstellung eines Lagebildes. Außerdem die See- und Luftzielbekämpfung der gegnerischen Seestreitkräfte im Nord- und Ostseeraum,

Rund 312 000 Flugstunden leistete der Starfighter bei den Marinefliegern.

wobei hier im Besonderen die Vernichtung feindlicher Landungsverbände, Versorgungseinheiten, Häfen und Stützpunkte sowie Lenkwaffeneinheiten zu nennen sind.

Die seinerzeit eingesetzten Hauptwaffensysteme waren die Seezielflugkörper AS 34 Kormoran. Sie konnten aus zwölf Kilometern, weit außerhalb der Waffenreichweite des Gegners abgefeuert werden. In 30 Metern Höhe flogen sie selbstständig auf ihr Ziel zu, tauchten im Endanflug auf drei bis vier Meter Höhe ab.

Zu einem scharfen Einsatz kam es mit den Starfightern der Bundeswehr bekanntermaßen nie. Ursprünglich war eine siebenjährige Nutzungsdauer vorgesehen, doch begann die Umstellung auf das Waffensystem Tornado tatsächlich erst 1982.

Während der 23-jährigen Gesamteinsatzzeit des Starfighters in seinen drei Varianten gingen 47 Maschinen verloren, 22 Piloten starben. Ursachen für die Unfälle waren technischer Natur, Vogel- und Blitzschlag, Kollisionen in der Luft, am Boden und der Wasseroberfläche sowie Strömungsabrisse.

Nach 132.000 Flugstunden hob beim MFG 1 am 29. Oktober 1981 zum letzten Mal ein Starfighter ab. Die Umschulung auf den Nachfolger, den Tornado, hatte bereits begonnen. Der letzte Starfighter-Start beim MFG 2 erfolgte am 3. September 1986 nach über 180 000 Flugstunden.

Technische Daten der Lockheed F-104G Starfighter

Hersteller	Lockheed Corporation
Ursprungsland	USA
Erstflug	4. März 1954
Produktionszeit	1961 bis 1972
Stückzahl gesamt	1127
Bundeswehr	916
Besatzung	1
Länge	16,66 m
Höhe	4,09 m
Spannweite	6,68 m
Leergewicht	1936 kg
Startgewicht	3160 kg
Triebwerk	1 x General Electric GE-MTU J79-J1K Strahltriebwerk
Leistung	52,8 kN / 79,6 kN mit Nachbrenner
Höchstgeschwindigkeit	2200 km/h
Reisegeschwindigkeit	833 km/h im Tiefflug
Steigrate	14,66 m/s
Reichweite	1740 km
Dienstgipfelhöhe	16 764 m
Startstrecke	1828 m
Landestrecke	820 m
Bewaffnung	1 x Maschinenkanone 20 mm 2 x Seezielflugkörper AS 34 Kormoran optional: weitere verschiedene Bomben und Raketen

Kunstfluglegenden: Die Vikings

Zeitweise waren die Starfighter der Vikings blau-weiß-rot lackiert, in den Landesfarben Schleswig-Holsteins.

Kunstflugstaffeln waren bei der Bundeswehr seit 1962 von oberster Stelle verboten worden. Mit einem Winkelzug gelang es den Marinefliegern trotzdem, eine solche Staffel aufzustellen. Anlässlich eines Flugtags 1983 in Eggebek begeisterte eine aus zwei F-104G bestehende Two-Ship-Formation die Massen am Boden. Das Programm bestand aus einer Verkettung von taktischen Flugmanövern und wurde damit nicht mehr als Kunstflug, sondern als Demonstration bezeichnet. Das fliegerische Entertainment sollte die Sicherheit und Leistungsfähigkeit zeigen, letztendlich das ramponierte Image des Jets aufpolieren.

Fortan zeigte die Zweierformation mit wechselnden Piloten im Cockpit unter dem Namen Vikings Flagge auf unzähligen Flugshows. Auch im europäischen Ausland und in den USA erlangten sie große Popularität. Nach Ausmusterung des Starfighters sattelten die Vikings auf den Tornado um. Der Unfall der Frecce Tricolori am 28. August 1988 in Ramstein markierte das Ende aller kunstfliegerischen Aktivitäten in der Bundeswehr.

Während einer Tour durch die Vereinigten Staaten überflog die deutsche Two-Ship-Formation die Golden-Gate-Brücke in San Francisco.

Die Vikings paradieren vor der Marineschule in Flensburg-Mürwik.

Schlagkräftiges Multi-Role Aircraft

Panavia PA-200 Tornado

Zwei Sitze, zwei Triebwerke – der Tornado entsprach konzeptionell den Wunschvorstellungen der Marineführung.

Flottillenadmiral a.D. Wolfgang Kalähne blickt auf eine beeindruckende Karriere bei der Marine zurück. Er beendete 2006 seine Laufbahn als Führer des multinationalen Flottenverbands SNMG 1 der NATO. Zuvor war er unter anderem Kommandeur der Marinefliegerflottille, Referatsleiter im Führungsstab der Marine und im Internationalen Militärstab der NATO, Kommodore des MFG 1 und Adjutant des Inspekteurs der Marine. Blickt er zurück, so sind es vor allem die vielen Jahre als Einsatzpilot auf dem Starfighter und dem Tornado, die ihn prägten.

„Wir Piloten standen dem Tornado aus dem Bauch heraus zunächst reserviert gegenüber", erinnert sich Wolfgang Kalähne. „Die F-104 war bei uns geliebt und wertgeschätzt. Da stand nun dieser pfeilschnelle Bleistift mit seiner magischen Charakteristik neben dem vergleichsweise behäbig anmutenden Tornado. Aber das war Nostalgie und relativierte sich praktisch mit der ersten Flugstunde."

Der Tornado bot Fähigkeiten, die die Marineflieger schon immer auf ihrem Wunschzettel hatten. Es ist ein multirole combat aircraft, kurz MRCA genannt, zu Deutsch Mehrzweckkampfflugzeug. Zwei Strahltriebwerke versprachen ein deutliches Plus an Sicherheit. Alle im Cockpit anfallenden Arbei-

Mit seinen während des Fluges verstellbaren Schwenkflügeln war der Kampfjet äußerst beweglich.

ten teilte sich der Pilot fortan mit seinem Backseater.

Der Pilot konzentrierte sich auf die sichere Flugdurchführung insbesondere im Tiefstflug, der seine ganze Aufmerksamkeit erforderte. Im hinteren Cockpit gab es keinen Steuerknüppel. An diesem Arbeitsplatz war der Waffensystemoffizier für die Navigation, den Funk sowie die Einleitung von Waffeneinsätzen und die Bedienung der Selbstschutzausrüstung verantwortlich. Umverteilungen einzelner Aufgabenbereiche waren jederzeit möglich.

„Dem Starfighter wurde seine Allwetterfähigkeit aufgesattelt und er blieb in deren Grenzbereich immer ein Kompromiss", weiß der pensionierte Admiral aus eigener Erfahrung. „Der Tornado war von Beginn an für diesen Zweck konzipiert und konstruiert. Diese Tatsache in Verbindung mit vielen Erleichterungen, die die moderne Technik damals mit sich brachte, sowie der strukturierten Aufgabenverteilung im Cockpit machten diese Maschine für uns Marineflieger zu einem optimalen Waffensystem."

Geboren wurde Wolfgang Kalähne in Zoppot bei Danzig und kam in den Nachkriegswirren mit seiner Familie nach Schleswig. Als Schüler verdiente er sich mit dem Einsammeln von Kartoffeln auf dem damals von der Royal Air Force betriebenen Fliegerhorst Jagel ein wenig Taschengeld. Nicht wissend, dass er hier von 1990 bis 1993 Kommodore des MFG 1 werden würde. Mitte der 60er-Jahre kam er zur Marine und durchlief die Ausbildung zum Jetpiloten, war anschließend zehn Jahre lang Einsatzpilot auf der F-104G beim MFG 2. Danach war er als Einsatzoffizier der 1. Staffel des MFG 1 in die Umrüstung auf den Tornado verantwortlich eingebunden.

Tornados begleiten das unter Vollzeug einlaufende Segelschulschiff „Gorch Fock".

Die technisch aufwändigen Systeme des Kampfflugzeugs erforderten einen beträchtlichen Wartungsaufwand.

„Die Jetkomponente der Marine war inzwischen erwachsen geworden", sagt der Offizier. „Den hohen Unfallzahlen mit der Sea Hawk und dem Starfighter war mit sehr viel Training pragmatisch begegnet worden. Das hat sich ausgezahlt, brachte Sicherheit und Routine, auch beim technischen Personal am Boden. Und dadurch bereitete uns letztendlich der Umstieg auf den Tornado keinerlei unüberwindbare Schwierigkeiten."

Die variable Geometrie machte den Tornado sehr beweglich. Der Pilot änderte die Stellung der Schwenkflügel während des Fluges aus dem Cockpit heraus: Bei Start und Landung standen die Flächen vorn, Wings 25, bei Reisegeschwindigkeit in mittlerer Stellung und bei hohen Geschwindigkeiten hinten nahezu an das Heck angewinkelt, Wings 67. „Das MRCA war zwar nicht so feurig wie der Starfighter, ihm aber in der Summe seiner Fähigkeiten deutlich überlegen", fasst Wolfgang Kalähne zusammen. „Die Steuerung fühlte sich dank Fly-by-Wire direkt und trotzdem weich-nuanciert an."

Ein Höchstmaß an Sicherheit bot der Martin-Baker-Schleudersitz Mk 10A in allen Fluglagen.

Kontrollierter Ausstieg

Sicherheit bot im Fall eines Absturzes ein Martin-Baker-Schleudersitz Mk 10A. Er war in der Lage, die Besatzung aus einem breiten Band an Fluglagen zu retten. Auch aus dem Zero-Zero-Status, also aus einer am Boden stehenden Maschine heraus. Bei der Aktivierung wurde zunächst das Kabinendach abgesprengt, anschließend wurden die kompletten Schleudersitze aus dem Cockpit katapultiert. Um einen Zusammenstoß in dieser kritischen Situation zu vermeiden, zündeten die beiden Raketensätze so, dass erst der hintere und nach kurzer Verzögerung der vordere Sitz aus dem Tornado schoss. Die Auslösung des Hauptschirms erfolgte automatisch und abhängig von der barometrischen Höhe durch einen Steuerschirm.

Bei den ersten ausgelieferten Tornados hatte einzig der Pilot die Möglichkeit, beide Schleudersitze gleichzeitig zu aktivieren. Das wurde auf beide Cockpits erweitert, nachdem es in England zu einem tödlichen Unfall gekommen war. Während eines Trainingsflugs über See wurde der Flugzeugführer offensichtlich ohnmächtig. Der Jet begann zu sinken, kippte langsam über die rechte Tragfläche ... Alle Versuche des Backseaters, seinen Piloten anzusprechen, blieben ohne Antwort. Er rettete sich schließlich mit dem Schleudersitz, konnte seinen abstürzenden Piloten jedoch nicht aus der Maschine katapultieren. Seitdem sind in beiden Cockpits Einzel- und Doppelaktivierungen des Rettungssystems möglich.

Während eines Besuchs bei den polnischen Marinefliegern im pommerschen Puck, ehemals Putzig, hatte Flottillenadmiral a.D. Wolfgang Kalähne in seiner damaligen Position als Kommandeur der Marineflieger die Gelegenheit, die in Russland konstruierte MiG 21 ausgiebig zu testen.

Variantenreiche Waffenplattform

Weiterhin setzten die Marineflieger auf das bewährte Modell: allerhöchste Standards in der Ausbildung. „Davon habe ich als Tornado-Pilot profitiert und darauf später als Kommodore und schließlich als Flottillenchef der Marineflieger größten Wert gelegt", unterstreicht Flottillenadmiral a.D. Wolfgang Kalähne das Konzept. „Im Tiefflug war der Tornado unschlagbar, es war pure Faszination, in 30 bis 60 Metern Höhe über See oder Land zu rasen. Ebenso die regelmäßig stattfindende Waffenausbildung direkt vor der Haustür auf dem Schießplatz am Sylter Ellenbogen, den Seeschießgebieten nordöstlich von Helgoland oder in der Ostsee. Mit Übungsmunition, versteht sich. Dabei setzten wir unsere beiden Maschinenkanonen Mauser BK 27 und verschiedene Bomben ein. Luftziele wurden hingegen mit AIM-9L Sidewinder-Raketen und Seeziele mit Anti-Schiff-Flugkörpern AS 34 Kormoran II beschossen. Ergänzt wurde der Waffenmix durch die Luft-Boden-Rakete AGM-88 HARM, High-Speed-Anti-Radiation-Missile, speziell zur Bekämpfung von gegnerischen Radaranlagen, die land- oder seegestützt agierten."

Sidewinder-Rakete zur Bekämpfung feindlicher Luftfahrzeuge.

Bei der Kormoran II war gegenüber der analogen Vorgängervariante Kormoran I die gesamte Elektronik digital ausgeführt. Sie war deutlich resistenter gegen elektronische Abwehrmaßnahmen. Der Radarsuchkopf, die Booster und der Hauptantrieb waren optimiert worden. Für den Einsatz im Tornado entwickelte man eine neue Datenschnittstelle und einen speziellen Launcher. Das Handling des Flugzeugs mit den modernisierten Flugkörpern und die Erfolge beim Schuss rechtfertigten den hohen Entwicklungsaufwand.

Während des Kalten Kriegs war der russische Jagdbomber MiG 21 der unmittelbare Gegenspieler der Marine-Jagdbomber. Im Jahr

2000, nach dem Beitritt Polens zur NATO, erhielt Wolfgang Kalähne als Kommandeur der Marineflieger die Gelegenheit, den polnischen Kampfjet in der Luft zu erleben. Im Konfliktfall mit dem Warschauer Pakt hätten es die Tornados und vorher die Starfighter mit der MiG 21 zu tun bekommen, sie war der direkte Opponent.

Nach einer zweistündigen Einweisung am Boden hob er im achteren Cockpit eines zweisitzigen Trainers der MiG 21 ab. Sein Urteil: „Wir hatten Respekt gegenüber der überschallschnellen MiG des Warschauer Pakts, waren aber zu Recht von unserer Überlegenheit überzeugt", so der Eindruck des Offiziers nach seinem Flug. „In der Praxis machte die Maschine einen sehr robusten, wenn nicht groben Eindruck, vor allem was das analoge Cockpit-Layout anging. Nicht zu vergleichen mit der Auslegung des Tornado-Cockpits. Mit ihren Flugeigenschaften wusste die MiG schon zu beeindrucken. Sie war schnell und ausgesprochen wendig. Doch sie gehörte der vorherigen Generation von Kampfjets an und hatte ihren Zenit bereits überschritten."

Neue Herausforderungen

Mit dem Ende des Warschauer Pakts hatte sich auch das Anforderungsprofil an die Marine-Jagdbomber geändert. Bislang waren die Nord- und Ostsee sowie die Seegebiete im Süden Skandinaviens die vornehmlichen Einsatzräume. Hinzu kam die jährliche Verlegung nach Decimomannu auf Sardinien, wo die Tornado-Besatzungen mehrere Wochen Luftkampf und den scharfen Waffeneinsatz trainierten.

Auch Konteradmiral a.D. Michael Mollenhauer – Jahrgang 1951 – hat die Tornado-Ära bei den Marinefliegern in all ihren Facetten begleitet. Nach knapp 2000 Flugstunden auf dem Starfighter wurde er im britischen Cottesmore auf den zweistrahligen Jagdbomber PA-200 umgeschult und erlebte die Zeit des großen weltpolitischen Umbruchs als Staffelkapitän der 1. Staffel des MFG 1.

„Eine Tornado-Besatzung muss so oft wie möglich in der Luft sein, fortlaufend die vielschichtigen Einsatzrollen trainieren und sich

Über der Flensburger Förde passiert ein Marine-Jagdbomber das Flottenkommando in Glücksburg.

Zwei Panavia P-200 Tornado bei der Luftbetankung durch eine „fliegende Tankstelle" der US Air Force.

dabei in ihrem Operationsgebiet hervorragend orientieren können", teilt er die Ansicht seines Weggefährten Wolfgang Kalähne. „Mit der Ausweitung unseres Einsatz- und Aufgabenspektrums innerhalb der strategischen Neuausrichtung der NATO erweiterte sich unser Aktionsradius Anfang der 90er-Jahre deutlich. Er umfasste den gesamten NATO-Bereich."

Fortan wurde extremer Tiefflug in Goose Bay, einer entlegenen Region in Kanada, zusammen mit Verbänden anderer NATO-Staaten geübt. Im Zweijahresrhythmus verlegte zudem ein gutes Dutzend Tornados in die Karibik auf die amerikanische Naval Air Station Roosevelt Roads auf Puerto Rico. Hier trainierten sie gemeinsam mit den Zerstörern und Fregatten der Deutschen Marine und der US Navy den scharfen Waffeneinsatz. Insbesondere mit den Lenkflugkörpern HARM und Kormoran II.

„Die Panavia PA-200 Tornado verfügte über sehr zuverlässige Triebwerke, die im Friedensflugbetrieb zur Materialschonung in ihrer Leistung gedrosselt waren, im Konfliktfall aber mit maximal möglicher Power in den Einsatz geflogen wären", sagt Michael Mollenhauer. „Ein Transfer über den Atlantik war für uns reine Routine. Abwechslung und gleichzeitig ein wenig Nervenkitzel brachten auf diesen langen Flügen stets die Betankungen in der Luft mit sich."

Luftbetankung

Dazu befand sich auf der rechten Seite des Bugs ein nach außen klappbarer Tankstutzen, den der Pilot beim Rendezvous mit dem Tankflugzeug per Knopfdruck ausfuhr und anschließend mit einem präzisen Manöver in den Betankungskorb des Versorgers ein-

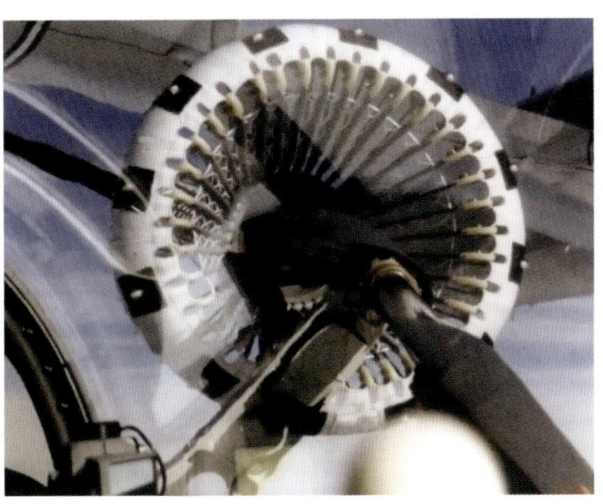
Es erfordert Geschick, Erfahrung und Fingerspitzengefühl vom Piloten, den Betankungskorb des Versorgers mit dem Tankstutzen zu treffen.

Tankstutzen für die Kraftstoffversorgung im Flug.

brachte. Zuvor hatte er Geschwindigkeit, Kurs und Flughöhe mit dem Tanker synchronisiert. Je nach Kraftstoffmenge dauerte die eigentliche Betankung zwischen fünf und zehn Minuten.

Mit einem solchen Manöver wurden die Reichweite und der Einsatzradius des Waffensystems deutlich erhöht und damit weltweit flexible Operationsmöglichkeiten geschaffen. Der Treibstoff wurde in der Regel von einem großen Tankflugzeug übernommen. Die US Air Force hat eine ganze Flotte solch „fliegender Tankstellen", die mit dem Boeing KC-135 Stratotanker ausgerüstet sind. Aktuell hält die Luftwaffe mit dem Airbus A310 MRTT ein solches System vor.

Die Kraftstoffversorgung durch geschwadereigene Tornados war gängige Praxis bei den Marinefliegern. Im August 1985 verlegten beispielsweise zwei Tornados zu einer Visite auf die Luke Air Force Base in Arizona, besuchten auf dem Weg dahin verschiedene Air Bases in den USA. Bereits vorher waren mehrere Maschinen nach Beja in Süd-Portugal und Lajes auf den Azoren verlegt worden, die das während der Atlantiküberquerung erforderliche Nachtanken sicherstellten. Begleitet wurden die beiden Maschinen von einer Breguet Atlantic mit Technikern und Ersatzteilen an Bord, die aber nicht benötigt wurden. Auf der zehntägigen Langstrecke trat kein einziger Defekt auf. Einmal mehr bewies der Tornado seine Standfestigkeit und sein hohes Sicherheitspotential für die Besatzung.

„Das Tankmanöver in der Luft erforderte Fingerspitzengefühl und Erfahrung, wurde von uns aber regelmäßig trainiert und stellte dadurch im fliegerischen Alltag keine große Herausforderung dar", beschreibt Konteradmiral a.D. Michael Mollenhauer das spektakulär anmutende Flugmanöver. „Es läuft nach einem international standardisierten Verfahren und in einem zuvor festgelegen Luftraum ab."

Seit dem Ende des Kalten Kriegs waren die Tornados intensiv in multinationale NATO-Manöver eingebunden.

Tornado-Flotte in Parkposition am Rand des Rollfeldes aufgereiht.

Fully Mission-Capable

Im Frühjahr 2000 erhob sich das MFG 2 selbst durch eine eindrucksvolle Demonstration seiner Leistungsfähigkeit in den militärfliegerischen Adelsstand. Unter dem Kommando von Michael Mollenhauer, seinerzeit Kapitän zur See und Kommodore des MFG 2, unterwarf sich das komplette Geschwader einer umfänglichen taktischen Überprüfung der NATO.

„Das ist im weitesten Sinne vergleichbar mit der Qualitätszertifizierung eines Großunternehmens", erklärt er das Szenario. „Mit 730 Soldaten und zwölf Tornados sind wir auf den Flugplatz Ovar in Portugal verlegt worden. Hier gab es kaum mehr als eine Startbahn, einen Tower sowie Hangars. Binnen kürzester Zeit mussten wir eine komplette Infrastruktur herstellen. Von der Unterbringung des Personals über Fernmeldeleitungen bis hin zum technischen Betrieb. Dabei wurden 900 Tonnen Material von Eggebek an die nasse Südflanke der NATO bewegt. Realisiert wurde die Herstellung der Einsatzbereitschaft nach einer Geschwaderverlegung unter Ernstfallbedingungen."

An die logistische Meisterleistung schloss sich das Manöver „Linked Seas" an, woran über 30 000 Soldaten, 100 Schiffe und 120 Luftfahrzeuge beteiligt waren. Unter den kritischen Augen von 100 NATO-Beobachtern füllte das MFG 2 die von ihm geforderte Rolle als integraler Bestandteil eines seegestützten Einsatzverbandes mit Bravour aus. Es bestand die taktische Überprüfung Tac Eval und trug fortan als erster NATO-Verband überhaupt die renommierte Einstufung „Fully Mission-Capable" – uneingeschränkt einsatzfähig!

Weichenstellung

Das Ende der Jet-Ära in der Deutschen Marine erlebte Michael Mollenhauer 2006 im Rang eines Flottillenadmirals als Leiter Operationsabteilung des Flottenkommandos in Glücksburg. 2009 wurde er zum Konteradmiral befördert, war zeitweilig Befehlshaber

Konteradmiral a.D. Michael Mollenhauer im Tornado-Cockpit. Fast 2000 Flugstunden hat er an diesem Arbeitsplatz verbracht.

Das mit dem Autopiloten kombinierte Geländefolgeradar ermöglichte sichere Tiefstflüge bis zu einer Höhe von 60 Metern.

der Flotte und ging 2014 als Abteilungsleiter Einsatz des Marinekommandos in den Ruhestand.

Im Januar 2004, als die Entscheidung des Verteidigungsministeriums zur Überführung der Marine-Tornados zur Luftwaffe längst gefallen war, formulierte Flottillenadmiral Wolfgang Kalähne als Kommandeur der Flottille der Marineflieger folgendes, an dieser Stelle leicht gekürztes Statement: Es ist keine Frage, dass der Befehlshaber der Flotte heute mit dem Marinejagdbomber im Marinefliegergeschwader 2 über ein gut geschnürtes Paket komplexer maritimer Fähigkeiten verfügt – effizient und im nationalen wie im multinationalen Einsatz sehr gut bewährt. Die Fähigkeiten der Marinejagdbomber können vereinfacht mit Sicht- und Fotoaufklärung über See und Land, mit der klassischen Bekämpfung von See- und Landzielen aus der Luft und der Unterdrückung von elektronischen Strahlungsquellen wie Such- und Zielzuweisungsradargeräten beschrieben werden und sind im MFG 2 in Eggebek abgebildet. Es ist ein hochmobiles, komplexes und dennoch handliches Paket, das für den streitkräftegemeinsamen Einsatz bis Ende 2004 zur Verfügung steht. Bis zu diesem Zeitpunkt ist nach der Entscheidung des Bundesministers der Verteidigung vom Mai 2003 das Fähigkeitenspektrum dieses Seekriegsmittels in die Luftwaffe zu überführen. Ziel ist sein umfassender und dauerhafter Erhalt. Das ist sehr wichtig, denn damit ist klargestellt, dass diese maritimen Fähigkeiten für die Streitkräfte nicht überflüssig ge-

Einer der beiden im Aeronauticum in Nordholz ausgestellten Tornados.

Die Umschulung der deutschen Besatzungen auf den Tornados fand im britischen Cottesmore statt. Hier werden sie von Queen Elizabeth gemustert.

worden sind. Im Gegenteil! Nur liegt ihre Zukunft nicht mehr in der Marine, sondern in der Luftwaffe. Dass ich es mir anders gewünscht hätte, ist keine Frage, schließlich waren die Vorschläge der Marine am streitkräftegemeinsamen Ansatz orientiert und damit durchaus zukunftsfähig.

Panavia PA-200 Tornado: Technik und Geschichte

Mit der Einführung des Starfighters gingen bereits die Überlegungen über seinen Nachfolger einher. Vorbei waren die Zeiten, in denen Flugzeugkonstruktionen binnen kürzester Zeit aus dem Boden gestampft wurden, zu komplex waren mittlerweile die technischen Anforderungen. Militärs, Industrie und Politik begannen 1967 mit der Konzeption eines Mehrzweckkampfflugzeugs, bezeichnet als Multi-Role Aircraft 75. Beteiligt waren ursprünglich Deutschland, Italien, Kanada, Belgien sowie die Niederlande. Die drei Letztgenannten verließen das Projekt, England kam hinzu. 1969 trat das multinationale Projekt in seine Definitionsphase: Gefordert war am Ende ein Jet, der die Einsatzszenarien konventioneller und nuklearer Luftangriffe, Luftaufklärung und Seekriegführung abdecken konnte. Und das bei höchster Durchsetzungs- und Überlebensfähigkeit, verbunden mit extremen Tiefflugeigenschaften, präzisem Waffeneinsatz und Einsatzfähigkeit bei Tag und Nacht in allen Wettersituationen. Das Anforderungsprofil umfasste eine effektive Selbstschutzausstattung ebenso wie die Fähigkeit, auch unter provisorischen Bedingungen sicher starten und landen zu können.

Die Entwicklung fand unter dem Dach der NAMMO statt, einer Interessenvertretung der beteiligten Regierungen und der NATO. Verantwortlich für die Produktion war die Panavia Aircraft GmbH, die ihren Sitz in Hallbergmoos in Oberbayern hat und am 26. März 1969 von Messerschmitt-Bölkow-Blohm, der British Aircraft Corporation und Fiat Aviazione ins Leben gerufen wurde.

Nach Abschluss der Studien- und Konstruktionsphase fand am 14. August 1974 der Erstflug der MRCA statt, die erst zwei Jahre später den Namen Tornado bekam. In der Folge entstanden für die Flugerprobung zehn Prototypen und sechs Vorserienflugzeuge. 1980 lieferte Panavia den ersten Tornado für Ausbildungszwecke ab, die Ausrüstung der Streitkräfte Großbritanniens und Deutschlands lief 1982 an.

Bis zum Ende der Produktion – 1999 wurde die letzte neu gebaute Maschine an die Luftwaffe Saudi-Arabiens ausgeliefert – entstand der Panavia PA-200 Tornado in den beiden Hauptausführungen IDS als Jagdbomber und ADV für die elektronische Kampfaufklärung. Hiervon gab es wiederum verschiedene Konfigurationsvarianten für

Die Aufhängepunkte unter den Tragflächen ermöglichten verschiedene Kombinationsmöglichkeiten bei der Bewaffnung.

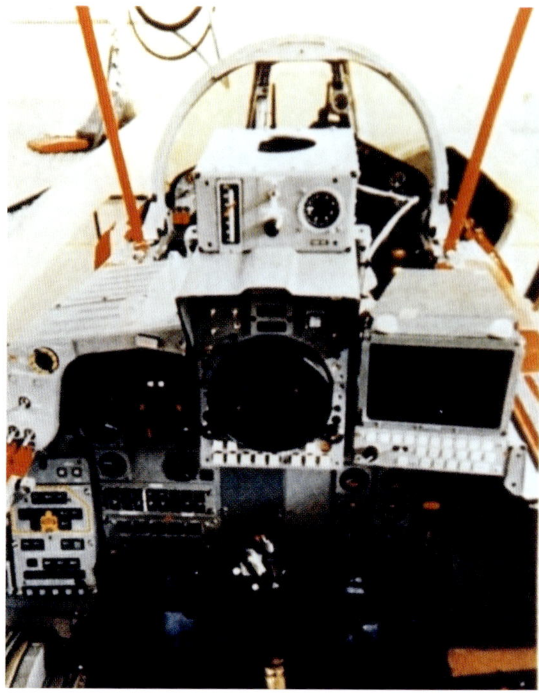

Die Cockpits von Pilot und Waffensystemoffizier waren seinerzeit mit modernster Avionik und Sensorik ausgerüstet.

speziell definierte Aufgabenstellungen. Die einzelnen Baugruppen des Tornados wurden arbeitsteilig hergestellt: Messerschmitt-Bölkow-Blohm fertigte den Rumpfmittelteil und die Lufteinlässe, die Cockpit- und Hecksektion sowie das Seitenleitwerk baute die British Aircraft Corporation, während Fiat Aviazione für die Tragflächen mit den Hochauftriebshilfen verantwortlich war. Die Endmontage lief 1973 im oberbayerischen Manching, im britischen Warton sowie in Turin bei den Italienern an.

Bis 1992 erhielt die Bundeswehr insgesamt 357 Tornados. Großbritannien hatte 398 Maschinen im Einsatz, Italien 100 und Saudi-Arabien 120 Exemplare. Der Hersteller gibt die Gesamtzahl von 992 produzierten Maschinen inklusive Prototypen an.

Das multinationale Projekt MRCA 75 wurde von Deutschland, Großbritannien und Italien realisiert.

Anspruchsvoll und ausgereift

Bei dem Mehrzweckkampfflugzeug handelt es sich um einen von zwei Turbofan-Triebwerken angetriebenen Schulterdecker mit Schwenkflügeln, dessen Zelle aus Leichtmetall, Stahl und Titan gefertigt ist. Die vom Piloten direkt aus dem Cockpit veränderbare Pfeilung der Tragflächen ermöglicht kurze Start- und Landerollwege bei relativ niedrigen Geschwindigkeiten mit niedrigen Winkeln. Bei hohen Schwenkwinkeln sind entsprechend hohe Fluggeschwindigkeiten möglich. Die gegenläufig ansteuerbaren Höhenruder an den Tragflächen übernehmen zudem die Funktion des Querruders. Das Hauptfahrwerk und das steuerbare Zwillingsbugrad des englischen Herstellers Dowty werden hydraulisch ein- und ausgezogen.

Die beiden Triebwerke vom Typ Turbo Union RB.199-34R Mk.103 verfügen über Nachbrenner und sind darüber hinaus mit Schubumkehr ausgestattet. So wird die Landestrecke verkürzt und auf einen Bremsschirm kann verzichtet werden. Die Höchstgeschwindigkeit liegt bei theoretischen Mach 2,2. Da die Triebwerke der deutschen Tornados aufgrund der Lebensdauerverlängerung in ihrer Leistung gedrosselt sind, schaffen sie nur etwa Mach 1,1. Die interne Tankgruppe im Rumpf und in den Tragflächen hat eine Kapazität von 8500 Litern. An den Außenlastträgern können standardmäßig zwei weitere Tanks mit einem zusätzlichen Volumen von 1870 Litern montiert werden.

Beim Tornado handelt es sich um das erste Kampfflugzeug mit einem Fly-by-Wire-System mit integriertem Autopiloten, das dreifach ausgelegt ist. Dabei werden alle verfügbaren Informationen wie Kurs, Höhe, Beschleunigung, Konfigurationen über einen Zentralrechner elektronisch an die jeweiligen Aktoren der Steuerung verteilt. Ein Head-up-Display im vorderen Cockpit projiziert Informationen der Hauptinstrumente sowie der Navigationssysteme ins Sichtfeld des Piloten und dient als Visiereinrichtung beim Waffeneinsatz. Bedrohungslagen meldet ein Radarwarnempfänger. Die Voraussetzung für Tiefflüge bis zu 60 Metern über dem Boden bei schlechten Sichtbedingungen schafft das mit dem Autopiloten kombinierte Geländefolgeradar. Bis zu einer Höhe vom 30 Metern fliegen die Piloten manuell.

Zwei 27-Millimeter-Revolver Maschinenkanonen Mauser BK 27 bilden die Basisbewaffnung des Tornados. Ihre Kadenz lässt sich von 1000 auf 1700 Schuss pro Minute umschalten. An den Aufhängepunkten an der Unterseite des Luftfahrzeugs können weitere Waffen miteinander kombiniert montiert werden: Lenkflugkörper, Bomben oder Kanistermunition mit einem Maximalgewicht von neun Tonnen. Ausgelöst werden sie durch ein zentrales Waffensteuersystem, das darüber hinaus die Radarwarnanlage, Täuschsender sowie Düppel- und Infrarot-Leuchtkörper-Abwurfanlage aktiviert.

Abschuss eines Kormoran II-Lenkflugkörpers. Mit scharfer Munition wurde in Sardinien und in den USA trainiert.

Die Turbo Union-Triebwerke waren zur Materialschonung zu Friedenszeiten in ihrer Leistung gedrosselt.

Tornado über der traditionsreichen Offiziersschule der Marine in Flensburg-Mürwik.

Neben dieser als IDS – Interdiction / Strike – bezeichneten Jagdbomberversion gibt es mit dem ECR-Tornado eine weitere Variante speziell für Aufklärungszwecke. Dazu ist sie zusätzlich mit dem Wärmebildgerät IIS, dem Emitter-Location-System ELS, dem Forward Looking Infrared System FLIS, zwei optischen Luftbildkameras und dem Operational Data Interface ODIN ausgerüstet.

Jetkomponente aufgegeben

Der erste geschwadereigene Tornado landete 1981 beim MFG 1 in Jagel. Am 2. Juli 1982 war hier der erste mit diesem Waffensystem ausgerüstete Einsatzverband der Bundeswehr aus der Taufe gehoben. Das MFG 2 in Eggebek rüstete anschließend ab dem 11. September 1986 auf die Panavia PA-200 Tornado um.

Anfang 1991 wurde bekannt, dass das MFG 1 aufgelöst wird, was mit Wirkung zum 31. Dezember 1993 vollzogen wurde. Die bisherige 2. Staffel des MFG 1 wurde nach über 75 000 mit dem Tornado absolvierten Flugstunden als 3. Staffel in das MFG 2 integriert. Seitdem nutzt das Luftwaffengeschwader 51 Immelmann den Fliegerhorst in Jagel. Von den ursprünglich 56 Tornados des MFG 1 gingen sechs durch Absturz verloren, 40 erhielt die Luftwaffe und die verbleibenden zehn übernahm das MFG 2, das nun über 65 Einheiten des MRCA verfügte.

Mit der 2003 getroffenen Entscheidung, auch das MFG 2 aufzulösen, wurde das Ende der Jetfliegerei in der Deutschen Marine eingeleitet. Im Juni 2005 verließen die letzten beiden Tornados den Standort Eggebek. Das MFG 2 wurde am 9. August 2005 offiziell außer Dienst gestellt. Damit endete auch die Geschichte des Bundeswehrstandortes Eggebek. Hier war der Totalverlust von fünf Tornados während der gesamten Nutzungsdauer zu beklagen. Beim MFG 2 leisteten die zweistrahligen Kampfflugzeuge in der Summe rund 140 000 Flugstunden.

Mit insgesamt elf Abstürzen war die Verlustrate bei den Tornados der beiden deutschen Marinefliegergeschwader vergleichsweise gering.

Am 9. August 2005 endete bei der Deutschen Marine die Ära der Jetfliegerei.

Die Neuausrichtung der Bundeswehr nach dem Ende des Kalten Kriegs sowie immenser Kostendruck innerhalb des Marine-Etats waren die Gründe für diesen als sehr schmerzlich empfundenen Schritt. Bis heute wird die Aufgabe der als „scharfes Schwert" der Marine bezeichneten Jetkomponente in Fachkreisen kritisch gesehen. Die Aufgabe der Seekriegführung aus der Luft übernahm die Luftwaffe.

Nach seiner letzten Flugstunde am Steuerknüppel eines Tornados wird Wolfgang Kalähne, seinerzeit Kommandeur der Marineflieger, mit den üblichen Ritualen aus der fliegenden Truppe verabschiedet.

Technische Daten der Panavia PA-200 Tornado

Hersteller	Panavia Aircraft GmbH
Ursprungsland	Großbritannien, Deutschland, Italien
Erstflug	14. August 1974
Produktionszeit	1979 bis 1999
Stückzahl gesamt	992
Deutsche Marine	112
Besatzung	2
Länge	16,70 m
Höhe	5,70 m
Spannweite	13,90 m
Leergewicht	14 500 kg
Startgewicht	28 500 kg
Triebwerk	2 x Turbo Union RB.199-34R Mk.103 Turbofan-Triebwerke
Leistung	43,8 kN / 76,8 kN mit Nachbrenner
Höchstgeschwindigkeit	2230 km/h
Steigrate	165 m/s
Reichweite	1389 km
Dienstgipfelhöhe	15 240 m
Startstrecke	900 m
Landestrecke	370 m
Bewaffnung	2 x Maschinenkanone 27 mm 2 x Seezielflugkörper AS 34 Kormoran optional: weitere verschiedene Bomben und Raketen

Zum Schluss ein herzliches Dankeschön ...

... zuallererst natürlich an meine Gesprächspartner, die bereitwillig und geduldig über ihre Erlebnisse berichteten: Fregattenkapitän a.D. Wulf Beeck, Fregattenkapitän a.D. Ulrich Cramer, Fregattenkapitän Markus Gawlitza, Stabsbootsmann Mirco Hensen, Oberfeldwebel d.R. Hinrich Kaack, Flottillenadmiral a.D. Wolfgang Kalähne, Hauptgefreiter a.D. Peter Kurze, Fregattenkapitän Heiko Millhahn, Konteradmiral a.D. Michael Mollenhauer, Kapitänleutnant a.D. Hermann Neuber, Kapitänleutnant a.D. Ernst-Werner Pohl, Kapitän zur See a.D. Lothar Pollitt, Fregattenkapitän a.D. Wolf Eberhard Ramin, Fregattenkapitän a.D. Karl Friedrich Schinkel, Kapitänleutnant a.D. Wilhelm Schlobinski, Kapitänleutnant a.D. Achim Thamm, Kapitän zur See a.D. Eduard Wismeth und Flottillenadmiral a.D. Kurt Ziebis.

Außerdem an die wissenschaftliche Leiterin Dr. Anja Dörfer und den Archivar Peter Brandt des Aeronauticum in Nordholz, Simone Starke vom Havariekommando sowie Leutnant zur See Philipp Wagner und Stabsbootsmann Sascha Jonack vom Marinekommando PIZ, Außenstelle Nordholz. Und – last but not least – an Kapitän zur See Matthias Potthoff, den Kommandeur der Marineflieger, für die einleitenden Worte.

Ein besonderes Dankeschön an dieser Stelle an Fregattenkapitän a.D. Ernst-A. Schneider, der sich nicht nur als Zeitzeuge zur Verfügung stellte, sondern auch als Rezensent, inhaltlicher Berater und exzellenter Kenner der Materie wesentlich zum Entstehen dieses Buchs beigetragen hat. So wie er auf dieser Bildstrecke aus dem fliegerischen Dienst verabschiedet wurde, sah die Zeremonie anlässlich der Drucklegung dieses Buchs indes nicht aus. „Aki", Danke für dein Engagement und die wertvolle Unterstützung.

Ulf Kaack

Impressum

Ein Gesamtverzeichnis der lieferbaren Titel schicken wir Ihnen gerne zu. Bitte senden Sie eine E-Mail mit Ihrer Adresse an:
vertrieb@mittler-books.de
Sie finden uns auch im Internet unter:
www.mittler-books.de

Bibliografische Information der Deutschen Nationalbibliothek. Die Deutsche Nationalbibliothek verzeichnet diese Publikation in der Deutschen Nationalbibliografie; detaillierte bibliografische Daten sind im Internet über http://dnb.d-nb.de abrufbar.

ISBN 978-3-8132-0978-5

© 2018 by Mittler
im Maximilian Verlag GmbH & Co. KG
Alle Rechte vorbehalten.

Satz und Layout:
Printhaus Syke, Horst Pawlikowski
Umschlaggestaltung:
Ulf Kaack, Horst Pawlikowski
Lektorat: Manuel Miserok, Rainer Köster

Printed in Europe

Literaturverzeichnis und Quellenangaben

Archiv des Deutschen Luftschiff- und Marinefliegermuseums Nordholz Aeronauticum, Nordholz

Beeck, Wulf: Warum tust du dir das an?, tredition, 2015
Becker, Jan: Aufgewühltes Wasser Band II, Miles-Verlag, Berlin, 2014
Deutsches Marine Institut: Marineflieger – Von der Marineluftschiffabteilung zur Marinefliegerdivision, Mittler, Herford, 1988
Deutsches Maritimes Institut: 100 Jahre Marineflieger. Mittler, Hamburg, 2013
Kaack, Ulf: Die Flugzeuge und Hubschrauber der Marine – 100 Jahre Marineflieger, GeraMond, München, 2013
Kaack, Ulf u. Kurze, Peter: Flugzeuge aus Bremen, Sutton, 2014
Neuber, Hermann: Die fliegenden Retter, Fischer, Göttingen, 1972
Diverse Ausgaben der Publikationen
Aero, F – 40, Flug Revue, Leinen los, Marine, Marine-Forum, Rotorblatt, Soldat und Technik und Wehrtechnik

Bildnachweis

Ulf Kaack: 10, 11u, 16, 21r, 27m, 29o, 30u, 35u, 42, 46, 66u, 83u, 97u, 98, 99o, 102, 104o, 105u, 107, 108, 111u, 112u, 113u, 115u, 120, 128, 134, 135, 143u, 150, 151, 169u, 170u, 171o, 178o, 180, 193o, 202o, 204o, 232u
Hinrich Kaack: 37u, 49u, 53o
Ralf Michel: 97o, 104u, 106ul, 106ur
Manuel Miserok: 5, 158/159
Klaus Reinicke: 4
Dieter Sandforth: 176u
Irmgard Schneider: 58l
Mario Schwedler: 169o

PIZ Marine/Archiv Deutsche Marine: 3, 4, 5, 6o, 8, 66o, 67o, 70, 79, 96, 110, 111o, 112o, 113o, 114u, 115o, 116/117, 118, 119u, 121, 155u, 156u, 162u, 163o, 164, 165u, 168, 170o, 172u, 173o, 174/175, 177, 178u, 182u, 206, 238
Havariekommando: 4, 99u, 100, 101, 106
Archiv Aeronauticum: 4, 5, 9, 11o, 15o, 18, 20, 21l, 22, 29u, 30o, 31, 32, 34, 35o, 36, 38o, 40, 44, 45o, 49o, 50/51, 52u, 53u, 54, 63, 64, 65, 68, 69, 71, 72, 73, 74, 75o, 76, 77, 78, 81u, 82, 85, 90u, 103, 105o, 109, 114o, 123or. 123u, 124, 125, 131, 132, 139o, 141, 143o, 144/145, 146, 147u, 163u, 166o, 167u, 173u, 176o, 179, 183, 185, 187, 188/189, 190u, 192u, 193u, 196, 197, 198, 199, 200, 201, 203, 204u, 207o, 208, 209, 210/211, 212, 213, 214, 215, 216, 217, 218/219, 220, 221, 222, 223, 224, 225, 226, 227u, 229o, 230, 231o, 232o, 234o, 235o, 236, 237o
Archiv Hubschraubermuseum Bückeburg: 122, 123ol, 129, 130, 133, 142o, 147o
Archiv Dornier: 84o, 89, 90o
Archiv Peter Kurze: 41, 194o

Sammlung Beeck: 207u, 233
Sammlung Cramer: 152, 153, 154o, 155o, 156o, 157ol, 157or, 160, 161, 162o, 165o, 166u, 167o
Sammlung Gawlitza: 171u, 172o, 181, 182o
Sammlung Kaack: 6u, 7
Sammlung Kalähne: 227o, 228, 229u, 234u, 237u
Sammlung Millhahn: 67u, 119o
Sammlung Mollenhauer: 231u
Sammlung Neuber: 136, 137, 138, 139u, 140, 142u, 148, 149
Sammlung Pohl: 80, 83o, 84u, 88o, 92, 93
Sammlung Ramin: 68o
Sammlung Schinkel: 5, 23, 43, 52o, 75u, 127, 184, 186o, 190o, 191o, 192o, 194u, 195
Sammlung Schlobinski: 12, 13, 14, 15u, 17, 87
Sammlung Schneider: 4, 37o, 38u, 39, 45u, 55, 56, 57, 58, 59, 60, 61, 62, 81o, 86, 88u, 91, 154u, 157u, 238
Sammlung Thamm: 47, 48
Sammlung Wismeth: 24, 25, 28
Sammlung Ziebis: 186u
Wikicommons: 26, 27o, 27u, 33, 202u, 235u

Umschlagfotos: PIZ Marine/Archiv Deutsche Marine, Havariekommando

Autorenfoto: Iris Meyer